21世纪高等学校机械设计制造及其自动化专业系列教材

3D 工程制图·理论篇

（第三版）

主编　阮春红　何建英　魏迎军

主审　黄其柏

U0293657

华中科技大学出版社

中国·武汉

内 容 提 要

本书是根据教育部高等学校工程图学教学指导委员会 2005 年制定的最新版本《普通高等院校工程图学课程教学基本要求》,以"培养具有国际竞争力的高素质创造型人才"为目标,坚持"学生的全面发展和可持续发展相结合"的教育理念,结合课程组"大机械类本科生全程三维设计能力培养模式的研究与实践"、"三维表达在工程图学中的定位研究与实践"等教改项目所取得的成果与经验编写而成的。

本书主要内容包括产品的设计过程与表达方法、几何实体的构成方式、制图的基本知识和轴测图、几何实体建模的基础知识、几何实体的三视图与三维建模、组合体的建模与三视图、几何实体的常用表达方法、零件的构形与零件工程图、零件间的连接方式、装配体设计及装配工程图等 10 章。与本书配套的辅导用书《3D 工程制图·实践篇》(第三版)、教学光盘也同时出版发行,其中光盘内容包括教学素材、电子挂图、实践篇源文件。

本书可作为高等工科院校电类、应用理科各专业工程制图课程的教材,也可供电大、职大及函授大学等高等工业院校同类专业师生及有关工程技术人员学习使用。

图书在版编目(CIP)数据

3D 工程制图. 理论篇/阮春红,何建英,魏迎军主编. —3 版. —武汉:华中科技大学出版社,2014.10
ISBN 978-7-5680-0352-0

Ⅰ.①3… Ⅱ.①阮… ②何… ③魏… Ⅲ.①工程制图-计算机制图-高等学校-教材 Ⅳ.①TB237

中国版本图书馆 CIP 数据核字(2014)第 191902 号

3D 工程制图·理论篇(第三版)   阮春红   何建英   魏迎军   主编

责任编辑:姚同梅
封面设计:潘 群
责任校对:刘 竣
责任监印:张正林
出版发行:华中科技大学出版社(中国·武汉)
　　　　　武昌喻家山　　邮编:430074　　电话:(027)81321915
录　排:华中科技大学惠友文印中心
印　刷:华中理工大学印刷厂
开　本:710mm×1000mm　1/16
印　张:16.25
字　数:343 千字
版　次:2010 年 9 月第 1 版　2011 年 8 月第 2 版　2014 年 9 月第 3 版第 1 次印刷
定　价:32.00 元(含 1CD)

21世纪高等学校
机械设计制造及其自动化专业系列教材

"中心藏之，何日忘之"，在新中国成立60周年之际，时隔"21世纪高等学校机械设计制造及其自动化专业系列教材"出版9年之后，再次为此系列教材写序时，《诗经》中的这两句诗又一次涌上心头，衷心感谢作者们的辛勤写作，感谢多年来读者对这套系列教材的支持与信任，感谢为这套系列教材出版与完善作过努力的所有朋友们。

追思世纪交替之际，华中科技大学出版社在众多院士和专家的支持与指导下，根据1998年教育部颁布的新的普通高等学校专业目录，紧密结合"机械类专业人才培养方案体系改革的研究与实践"和"工程制图与机械基础系列课程教学内容和课程体系改革研究与实践"两个重大教学改革成果，约请全国20多所院校数十位长期从事教学和教学改革工作的教师，经多年辛勤劳动编写了"21世纪高等学校机械设计制造及其自动化专业系列教材"。这套系列教材共出版了20多本，涵盖了"机械设计制造及其自动化"专业的所有主要专业基础课程和部分专业方向选修课程，是一套改革力度比较大的教材，集中反映了华中科技大学和国内众多兄弟院校在改革机械工程类人才培养模式和课程内容体系方面所取得的成果。

这套系列教材出版发行9年来，已被全国数百所院校采用，受到了教师和学生的广泛欢迎。目前，已有13本列入普通高等教育"十一五"国家级规划教材，多本获国家级、省部级奖励。其中的一些教材(如《机械工程控制基础》《机电传动控制》《机械制造技术基础》等)已成为同类教材的佼佼者。更难得的是，"21世纪高等学校机械设计制造及其自动化专业系列教材"也已成为一个著名的丛书品牌。9年前为这套教材作序的时候，我希望这套教材能加强各兄弟院校在教学改革方面的交流与合作，对机械工程类专业人才培养质量的提高起到积极的促进作用,现在看来,这一目标很好地达到了,让人倍感欣慰。

李白讲得十分正确:"人非尧舜,谁能尽善?"我始终认为,金无足赤,人无完人,文无完文,书无完书。尽管这套系列教材取得了可喜的成绩,但毫无疑问,这套书中,某本书中,这样或那样的错误、不妥、疏漏与不足,必然会存在。何况形势总在不断地发展,更需要进一步来完善,与时俱进,奋发前进。较之 9 年前,机械工程学科有了很大的变化和发展,为了满足当前机械工程类专业人才培养的需要,华中科技大学出版社在教育部高等学校机械学科教学指导委员会的指导下,对这套系列教材进行了全面修订,并在原基础上进一步拓展,在全国范围内约请了一大批知名专家,力争组织最好的作者队伍,有计划地更新和丰富"21 世纪机械设计制造及其自动化专业系列教材"。此次修订可谓非常必要,十分及时,修订工作也极为认真。

"得时后代超前代,识路前贤励后贤。"这套系列教材能取得今天的成绩,是几代机械工程教育工作者和出版工作者共同努力的结果。我深信,对于这次计划进行修订的教材,编写者一定能在继承已出版教材优点的基础上,结合高等教育的深入推进与本门课程的教学发展形势,广泛听取使用者的意见与建议,将教材凝练为精品;对于这次新拓展的教材,编写者也一定能吸收和发展原教材的优点,结合自身的特色,写成高质量的教材,以适应"提高教育质量"这一要求。是的,我一贯认为我们的事业是集体的,我们深信由前贤、后贤一起一定能将我们的事业推向新的高度!

尽管这套系列教材正开始全面的修订,但真理不会穷尽,认识不是终结,进步没有止境。"嘤其鸣矣,求其友声",我们衷心希望同行专家和读者继续不吝赐教,及时批评指正。

是为之序。

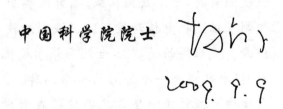

中国科学院院士

2009. 9. 9

随着计算机图形学的发展、计算机数据库的进步和计算机性能的提高，CAD/CAE/CAM 技术迅速发展，出现了新的机械产品生产模式：构思三维产品→计算机三维实体建模→数控编程→加工。传统工程图学的教学内容已落后于现代工业生产实际。为了培养适应经济发展需要、具有时代气息的创新人才，必须进行工程图学教学内容与教学方法的重新思考与定位研究——建立以三维实体设计为主，用三维模型生成符合国家标准的二维工程图的新工程制图教学体系。

本书是根据教育部高等学校工程图学教学指导委员会 2005 年制定的最新版本《普通高等院校工程图学课程教学基本要求》，以"培养具有国际竞争力的高素质创造型人才"为目标，坚持"学生的全面发展和可持续发展相结合"的教育理念，结合课程组"大机械类本科生全程三维设计能力培养模式的研究与实践"、"三维表达在工程图学中的定位研究与实践"等教改项目所取得的成果与经验编写而成的。本书具有以下特点。

（1）着重培养学生的产品表达能力，特别是熟练运用三维 CAD 系统进行产品的三维造型和二维工程图表达的能力。

（2）遵循从三维实体到二维图形的认知规律，建立从三维实体构形向二维工程图表达的体系，摒弃传统工程制图教材从抽象的平面到具体的空间的体系。

（3）对几何实体间自然形成的截交线与相贯线不作二维图解的要求，重点培养学生的三维构形思维和创新能力。

（4）结合当前二维 CAD 与三维 CAD 将在很长的一段时期内共存，是三维 CAD 的重要补充的现实，着重介绍由三维实体建模生成符合当前国家标准的二维工程图，因此表达方法仍然是本书的重点内容，同时采用最新国家标准。

（5）本书采用的三维软件——Autodesk Inventor 2010 是美国 Autodesk 公司最新开发的三维数字化设计软件，它除了具有一般三维软件的优点外，还具有以下特色：独创的自适应技术，进一步完善了参数化设计方案;与世界领先的 DWG 文件的兼容性,使设计者能最大限度地利用原有的设计数据和资源;完善的标准件和常用件资源库,可以多途径帮助设计人员提高设计能力和设计速度;可快速、精确地从三维模型中生成工程图。

(6) 书中所举实例多为常见电气元件,同时为了学生的全面发展和可持续发展,在附录中增加了 AutoCAD 二维绘图简介、Inventor 三维线路设计简介等内容,以激发非机械类学生学习的兴趣和拓宽学生的知识面。

为了方便老师教学和学生学习使用,与教材配套的教学素材库、习题等电子文档同时随光盘发行。

参加本书编写的有:华中科技大学阮春红(第 1、2、8 章、附录 B)、何建英(第 9、10 章)、魏迎军(第 5、7 章)、李喜秋(第 4 章、附录 C)、程敏(第 6 章)、张俐(第 3 章、附录 A)。本书由阮春红、何建英、魏迎军任主编。

华中科技大学黄其柏教授主审本书,并提出了许多宝贵意见和建议,在此表示衷心的感谢。

本书的编写工作得到了教研室许多老师和教辅人员的支持,本书也凝聚着参与教学改革和教学基地建设的全体同志的智慧和汗水,在此对这些人员一并表示感谢。

在编写本书的过程中参考了国内一些同类著作,相关书目已作为参考文献列于书末,在此向这些著作的作者表示深深的谢意。

由于编者水平有限,书中错误及疏漏之处在所难免,敬请读者批评指正。

编　者

2014.9 于华中科大

目　录

第 1 章

产品的设计过程与表达方法

产品是人类为了生存和发展的需要而改造自然界的产物,本章简要介绍产品的设计过程与表达方法,以及本课程的学习任务和学习方法。

1.1 产品的设计过程

产品包括的范围极其广泛,各种产品的用途和性质差别很大,这就使产品设计学科产生了许多分支,如船舶设计、飞机设计、汽车设计、家电设计、电子产品设计、服装设计、建筑设计、园林设计等。一般情况下,产品的设计过程如图 1-1 所示。由图 1-1 可以看出,产品的设计是一个复杂的过程,产品设计的表达(三维模型或二维工程图)

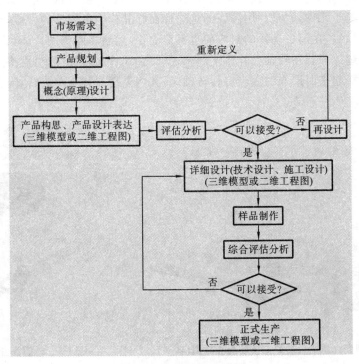

图 1-1　产品的设计过程

是设计过程中的重要一环,从评估分析到样品制作,直至产品的正式生产,这一环都是必不可少的。

1.2　产品的表达方法

产品构思与产品表达是产品设计阶段中的重要组成部分。产品构思(即构形)时,设计者必须把自己的构思用写、说、画等形式表达出来,其中写、说往往很难使人理解设计者构思的"形"。只有画,即将构思的"形"用三维模型或二维及一维图形形象地表达出来,才能方便人体会设计者的构思过程,真正理解设计者的设计意图。设计者所表达出来的就是技术图样。

技术图样是表达产品形状、大小和技术要求的重要技术资料,是一种信息载体,和文字、语言一样,是人类表达、交流设计思想的工具之一。技术图样可以用三维模型来表达,也可以用二维工程图来表达;技术图样的载体可以是纸质的,也可以是计算机存储介质。

图1-2所示为微调瓷介质电容器的三维装配立体图,图1-3所示为微调瓷介质电容器的三维装配爆炸图。图1-2、图1-3具有很强的立体感,即使缺乏工程制图知识,也能看出微调瓷介质电容器是由七个零件装配而成的,并能看出各个零件的形状、零件之间的相对位置、连接关系、装配关系、安装顺序等。微调瓷介质电容器是工业中常用的电子元件,它是利用陶瓷的绝缘性而将其作为电容器的介质,在陶瓷定片的一面部分涂银,在陶瓷动片的对应面也部分涂银,然后将陶瓷动片、陶瓷定片、接触簧片、锡片、垫片等装在转轴上并铆接起来,把陶瓷动片与转轴焊牢,再将陶瓷定片与铆钉焊片铆接起来而形成的。当旋转转轴时,其陶瓷动片就跟着旋转,陶瓷动片与陶

图1-2　微调瓷介质电容器的三维装配立体图(剖开)

图1-3　微调瓷介质电容器的三维装配爆炸图

瓷定片的涂银部分的重叠量发生改变,从而起到增减电容量的作用,这就是微调瓷介质电容器的工作原理。由此不难看出,用三维模型表达产品时可视化程度高、形象直观、设计效率高,但其尺寸标注和出图能力差。图 1-4 所示为微调瓷介质电容器的二维装配工程图,它表达的内容与图 1-2 相同,但由于没有直观性,在没有掌握正投影知识时就看不懂。二维工程图经历了两百多年的逐步完善过程,需根据多面正投影原理,采用各种视图、剖视图等方法,按照完整、清晰、合理的原则绘制,其具有规范、通用等优点,但直观性较差。

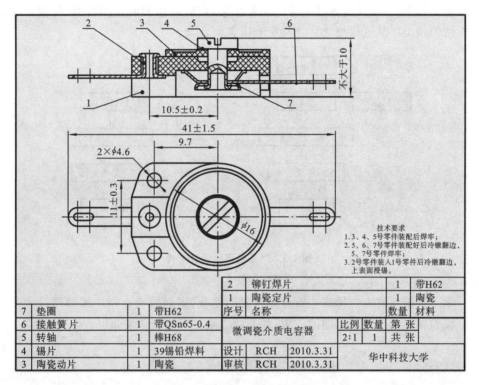

图 1-4 微调瓷介质电容器的二维装配工程图

随着计算机技术的发展和普及,人类从 20 世纪 80 年代后期开始,逐渐以计算机绘图代替了手工绘图。使用计算机绘图不仅绘图质量高,而且便于修改,但设计过程没有变化,设计质量也没有明显的提高。到了 20 世纪 90 年代末期,伴随着计算机辅助设计技术的发展,表达方式开始从二维工程图(见图 1-4)向三维模型(见图 1-2、图 1-3)转变。用三维模型表达产品时,可以从不同的角度旋转观察产品模型,就像在空间观察真实物体一样,甚至不再需要二维工程图而直接根据三维模型用数控机床加工(无图纸加工)和模拟装配。三维模型为企业数字化生产提供了完整的设计、工艺和制造信息,使设计过程发生了变化,设计质量得到提高。可是,目前受制造技术等因素的制约(包括三维系统出图能力还没有达到二维系统出图的标准化水平等),所以二维工程图必将成为三维设计的重要补充,与三维设计在很长的一段时期内共存,但"从三维开始设计"的设计表达方法必然会逐步取代传统的二维工程图的设计表达方法。

产品三维设计与二维设计过程分别如图 1-5(a)、(b)所示。三维设计过程是构思产品的形状后直接进行三维建模,再将三维模型转换成加工代码,直接进行数控加工,或者利用三维模型创建二维工程图。二维设计过程是先构思产品的三维形状,再将三维构思转换成二维工程图来表达,最后逆向思考得到三维形体,按照图样进行加工。由此可见,三维设计方法更符合人的思想过程,可做到所想即所得,而按二维设计方法需做出样品或模型之后才能见到所想。

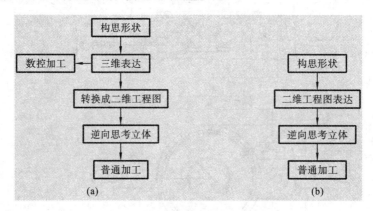

图 1-5　产品的两种设计方式

(a)三维设计方式;(b)二维设计方式

本书试图反映由二维到三维设计方式的变化,因而着重介绍三维建模技术及由三维模型转化为二维工程图的应用,并介绍二维工程图的相关知识。

1.3　本课程的学习任务

本课程是研究产品表达规律及方法的一门学科,内容包括创建、绘制、阅读三维与二维技术图样,主要是机械技术图样。绘制图样是将实物或头脑中的三维形体用三维建模技术或根据投影原理采用适当的表达方法表达出来。阅读图样是查看三维模型或采用形体分析法逆向思考,将二维图样转化为头脑中的三维形体。本课程的学习任务主要有以下几点。

(1) 培养空间形体表达能力和空间想象能力,逐步提高三维形体构思能力和创新性的三维形体设计能力,为工程设计奠定基础。

(2) 学习投影理论和正确的图学思维方法,培养用投影法表达三维形体的能力。

(3) 培养使用绘图软件进行三维表达与二维表达的能力,即培养计算机绘图、仪器绘图和徒手绘草图的能力及阅读各种介质存储的图样的能力。

（4）培养工程意识，贯彻、执行国家标准。

（5）培养自学能力、分析问题和解决问题的能力，以及耐心细致的工作作风和认真负责的工作态度。

通过学习本课程的三维建模、投影理论等相关知识，学习者可有效地开发自身的智力，提高综合素质。

1.4 本课程的学习方法

本课程的特点是既有系统理论又偏重于实践。要在学习投影理论、建模技术等基础理论的基础上，通过大量的建模实践、绘图和读图等练习来逐步掌握本课程的知识。在学习本课程的过程中需注意以下几点。

（1）要获取知识并能灵活地运用知识，必须经过感觉、知觉、记忆、思维、应用等过程。应结合教学进度，加强对教学过程中使用的模型、零件、部件的感性认识，为提高空间构思设计能力积累形体资料。

（2）从概念入手，认真学习投影理论和图学思维方法，打破思维定式，改善思维品质，为今后在学习和工作中能更好地获取知识、运用知识、创造性地解决所遇到的问题打下基础。

（3）正确处理投影理论、建模技术与计算机绘图、计算机建模的关系，前者是基础理论，后者是再现理论的手段，二者均应重视。

（4）空间思维能力和空间想象能力的培养是循序渐进的，因此，在学习过程中必须随时进行从空间形体到平面图形和从平面图形到空间形体的互相联想的思维活动，只有这样才能真正掌握投影理论。

（5）上课认真听讲、积极思考，课后争取独立完成作业。只有通过一定数量的练习才能深入理解、掌握投影理论和图学思维方法。

（6）严格遵守国家标准，努力做到正确、规范地设计技术图样，这是进行技术交流和指导、管理生产所必需的。

在学习过程中，应有意识地培养自己的工程意识、标准意识，有意识地培养自己的自学能力和创新能力，工程意识、标准意识、自学能力和创新能力是 21 世纪优秀科技人才必须具备的基本素质。

几何实体的构成方式

2.1　几何立体分类

　　任何机器或部件都是由若干零件按一定的装配连接关系和技术要求装配起来的。图 2-1(a)所示是剖开的高频插座装配三维图,图 2-1(b)所示是高频插座装配爆炸图,由该图可以看出高频插座是由 8 个零件装配而成的,还可以看出各个零件的形状以及零件之间的相对位置、连接关系、装配关系、安装顺序等,如:零件之间的连接多为螺纹连接;插脚的小段有一小孔,用于连接左端穿来的导线;上端制成半球头,用来连接另外的插头,实现电磁能的传输,其转接角为 90°,这就是高频插座的工作原理。由此可见,零件是构成机器或部件的最小单元,各个零件由于作用不同而有各种各样的结构形状。尽管零件上的立体形状是千变万化的,但从几何构形的角度来看,都是有规律可循的,即大都由棱柱、棱锥、圆柱、圆锥等几何体组成。

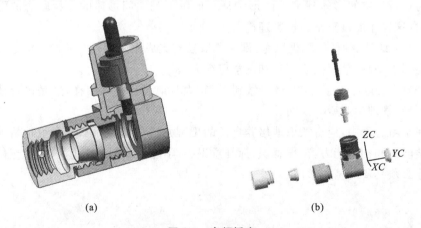

(a)　　　　　　　　　　　　　　　(b)

图 2-1　高频插座

(a)高频插座的装配三维图;(b)高频插座的装配爆炸图

　　按照立体构成的复杂程度,可将立体分为基本体(又称简单几何体)和组合体(又称复杂几何体)。在本课程中,习惯把一些单一的几何体或经一次完整构形操作所得到的实体称为基本体。如图 2-2 所示,棱锥、棱柱、圆柱、圆锥、圆球等是单一的几何

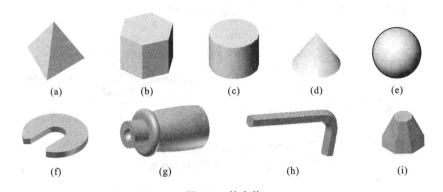

图 2-2　基本体

(a)棱锥；(b)棱柱；(c)圆柱；(d)圆锥；(e)圆球；

(f)广义柱体；(g)广义回转体；(h)扫掠体；(i)放样体

体,而广义柱体、广义回转体、扫掠体、放样体等都可以由一次完整的构形操作所得到。其中,所有表面均为平面的立体又称为平面立体,表面既有平面又有曲面的立体称为曲面立体。由若干个基本体按照一定的相对位置和组合方式有机组合而形成的较为复杂的形体称为组合体,图 2-3(a)所示的杠杆开关支座即为典型的组合体。图2-3(b)所示为杠杆开关支座的分解图。这种将组合体分解成由若干基本体组成的方法,称为形体分析法。

图 2-3　杠杆开关支座及其分解图

(a)杠杆开关支座；(b)杠杆开关支座分解图

由图 2-3 可见,要正确地分析组合体的结构,首先必须了解基本体的构成。

2.2　基本体的构成方式

依据现代三维设计理念,基本体都是利用扫描法构成的。扫描法是指将一截面线串沿着某一条轨迹线移动,移动的结果即所扫掠过的区域可以构成实体或片体。该截面线串又称为特征图形,它可以是曲线,也可以是曲面。根据移动的轨迹线的不同,基本体的构成方式可以分成以下几种。

(1) 拉伸方式　拉伸是指将某平面特征图形(可以是一个或多个任意封闭平面图形)沿该平面的法线方向拉伸而形成几何体。拉伸体及其特征图形如图 2-4 所示。

拉伸方式适用于构造柱类立体(包括广义柱体、棱柱、圆柱等)。

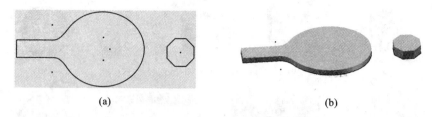

图 2-4　拉伸体及其特征图形

(a)拉伸体的特征图形;(b)拉伸体

　　(2)旋转方式　旋转是指以某平面特征图形作为母线(仅为一封闭平面图形),绕轴线旋转而形成几何体。旋转体及其特征图形如图 2-5 所示。旋转方式适用于构造旋转类立体(包括广义回转体、圆柱、圆锥、圆球等)。

　　(3)扫掠方式　扫掠是指将某一平面截面线串沿任一连续轨迹线扫掠而形成几何体。图 2-6 所示为扫掠体及其特征图形。

图 2-5　旋转体及其特征图形	图 2-6　扫掠体及其特征图形
(a)旋转体的特征图形与轴;(b)旋转体	(a)扫掠体的特征图形与轨迹线;(b)扫掠体

　　(4)放样方式　放样是指在不同的平面上由多个已定义的截面线串拟合而形成几何体。如图 2-7 所示为放样体及其特征图形。放样方式适用于构造棱锥类立体。

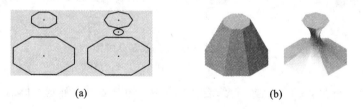

图 2-7　放样体及其特征图形

(a)放样体在不同的平面上的特征图形;(b)放样体

2.3　组合体的构成

2.3.1　组合体的组合方式

　　从立体构成的角度看,组合体都可以看成由一些基本体所组成,即基本体是构成组合体的最小单元。组合体中各基本体间的组合方式有三种:叠加(形体加运算)、切割(形体减运算)和交割(形体交运算)。图 2-8 所示为相对位置和尺寸大小不变的圆柱与棱柱分别进行形体加、减、交运算的结果。

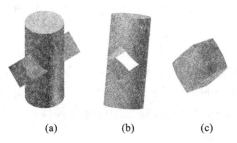

(a) (b) (c)

图 2-8　相同的圆柱与棱柱进行形体加、减、交运算的对比

(a)圆柱与棱柱加运算；(b)圆柱与棱柱减运算；(c)圆柱与棱柱交运算

由图 2-8 可以看出：叠加组合体是由若干个基本体叠合而成的，叠加是在已有的目标体中新增部分材料(填料方式)；切割组合体是从已有的目标体中去除若干个基本体而形成的，切割是在已有的目标体中去除部分材料(除料方式)；交割组合体是若干立体的公共部分的实体(求交方式)。切割组合体和交割组合体在空间应相交。

2.3.2　组合体的构成分析

通常用构造形体几何法(CSG，constructive solid geometry)直观地描述组合体的构成。

CSG 表示法是指用一棵有序的二叉树(称为 CSG 树)来表示组合体的集合构成方式。二叉树的始节点是基本体，根节点是组合体，其余节点都是规范化布尔运算(即布尔加∪、布尔减\、布尔交∩)的中间结果。CSG 表示法是组合体的计算机实体模型的构成方法之一。

如图 2-9 所示的六角法兰面螺栓毛坯，可以分解为六棱柱 1、圆柱 2、圆柱 3，通过布尔加运算得到。如图 2-10 所示的六角法兰面螺母毛坯，也可以将其分解为六棱柱

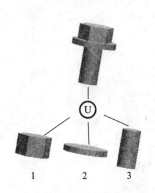

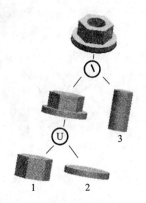

图 2-9　六角法兰面螺栓的 CSG 表示法　　**图 2-10　六角法兰面螺母的 CSG 表示法**

1、圆柱 2、圆柱 3,在计算机实体建模过程中,先将六棱柱 1、圆柱 2 进行布尔加运算得到中间结果,再与圆柱 3 进行布尔减运算得到六角法兰面螺母。

　　由图 2-9、图 2-10 可以看出:由若干个相同的基本体,通过不同的布尔运算方式可以得到不同的结构。

　　图 2-11 所示是 T 形螺母的三种 CSG 表示法方案。显然,同一个组合体,以不同的组合方式分析,其构造过程不同。因此,构成组合体时,必须合理地分解组合体,要通过反复假想分解或还原而确立最佳的构造过程,以分解为符合基本体构成特点的特征图形数量最少、布尔运算过程最简单的立体为最佳。构造过程的难易与不同决定了组合体构成的复杂程度。

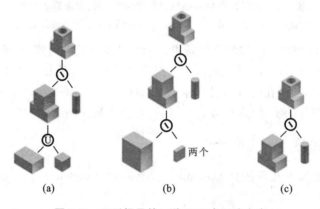

图 2-11　T 形螺母的三种 CSG 表示法方案

(a)T 形螺母的 CSG 表示法一;(b)T 形螺母的 CSG 表示法二;(c)T 形螺母的 CSG 表示法三

　　图 2-12(a)表示十字叉可以分解为三个基本体,通过布尔加运算得到;图 2-12(b)表示其基本体 1、2 的特征图形。分析特征图形的真正意义是确立构成组合体的特定表面。图 2-11 中的三种表达方案的特征图形请读者自行分析。

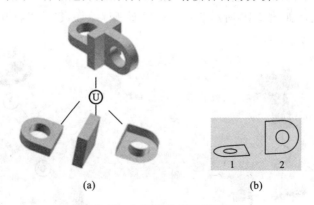

图 2-12　十字叉的 CSG 表示法

(a)十字叉的 CSG 表示法;(b)特征图形

第3章

制图的基本知识和轴测图

技术图样的表达、交流设计思想的职能是以技术标准的制定和实施为基础来实现的,因此,学习制图课程除了应掌握投影理论和建模技术,以及绘制图样、阅读图样的技能和技巧外,还应该掌握国家标准中有关制图的一些规定。

3.1 制图国家标准的基本规定

我国国家标准按属性可分为强制性标准(简称国标,代号为 GB)、推荐性标准(代号为 GB/T)、指导性技术文件(代号为 GB/Z)三种。例如,制图标准 GB/T 17451—1998 是 1998 年修改后批准颁布的推荐性国家标准。随着科学技术的发展,标准还会不断地进行修改,以适应生产上新的需要。下面就制图国家标准中的有关规定作简要介绍。

3.1.1 图纸幅面及标题栏(GB/T 14689—2008)

1. 图纸幅面尺寸

绘制技术图样时,应优先采用表 3-1 中规定的各种基本幅面的尺寸,必要时可加长边长。加长幅面的尺寸是由基本幅面的短边成整数倍增后得到的。电气图推荐采用 A3 幅面,一般不加长。

表 3-1　图纸幅面　　　　　　　　　　　　　　　　(单位:mm)

幅面代号	A0	A1	A2	A3	A4
尺寸 $B \times L$	841×1189	594×841	420×594	297×420	210×297

市场上可以购买到带图框和标题栏的 A2、A3、A4 的图纸,其中图框线为粗实线,图框内是绘图区域。一般软件也有标准图纸库,可以直接调用。图纸有留装订边的和不留装订边的两种,如图 3-1 所示。

2. 标题栏

标题栏由名称及代号区、签字区和其他区组成,所表达的信息应包括有关的文件元数据。标题栏中的文字方向一般是看图方向。标题栏应位于图纸的右下角,如图 3-1(a)所示。有时为了合理利用图纸,使得标题栏没有位于图纸的右下角,应在图纸

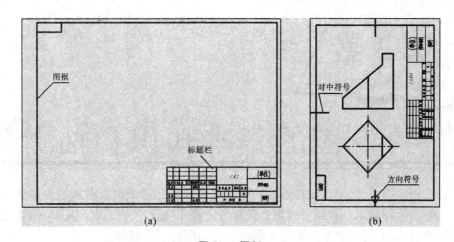

图 3-1　图纸

(a)留装订边、横装图纸；(b)带方向符号的不留装订边的图纸

的下边对中处画出对中符号和方向符号，以明确看图方向，如图 3-1(b)所示。使用时，图纸可以横放（X 型图纸），也可以竖放（Y 型图纸），如图 3-1 所示。

3.1.2　比例(GB/T 14690—1993)

比例是指技术图样中图形与其实物相应要素的线性尺寸之比。绘制图样时，应按需要从表 3-2 规定的系列中选取适当的比例。各视图一般应采用同一比例，并在标题栏中的比例栏内标注。当某个视图需要采用不同比例时，必须另行标注，如 I、A 向视图的比例可分别写成

$$\frac{I}{2:1} \qquad \frac{A}{2:1}$$

表 3-2　比例系列

采用情况	种　类	比　　　例				
优先采用	原值比例	$1:1$				
	放大比例	$5:1$ $5\times10^n:1$	$2:1$ $2\times10^n:1$	$1\times10^n:1$		
	缩小比例	$1:2$ $1:2\times10^n$	$1:5$ $1:5\times10^n$	$1:10$ $1:1\times10^n$		
必要时采用	放大比例	$4:1$ $4\times10^n:1$	$2.5:1$ $2.5\times10^n:1$			
	缩小比例	$1:1.5$ $1:1.5\times10^n$	$1:2.5$ $1:2.5\times10^n$	$1:3$ $1:3\times10^n$	$1:4$ $1:4\times10^n$	$1:6$ $1:6\times10^n$

注：n 为正整数。

3.1.3　字体(GB/T 14691—1993)

在技术图样中,除了用图形表示形体的形状外,还用文字和数字来说明形体的大小及技术要求等。图样中的项目的字母、数字应是水平或竖直方向。图样上书写的文字必须做到字体工整、笔画清楚、间隔均匀、排列整齐。字体高度(h,单位 mm)的公称尺寸系列为:1.8、2.5、3.5、5、7、10、14、20。以这八种字体高度代表字体的号数。汉字应写成长仿宋体字,汉字的高度(h)不应小于 3.5 mm,其字宽一般为 $h/\sqrt{2}$。如要写更大的字,其字体高度应按 $\sqrt{2}$ 的比率递增。数字和字母一般写成斜体。使用软件绘图时,应选择合适的字体,如 AutoCAD 为中国用户提供的符合国标的字体有:西文字体 gbenor. shx、gbeitc. shx 和 isocp. shx,中文字体长仿宋、gbcbig. shx 和仿宋GB2312,宽度比例为 2/3。

3.1.4　图线(GB/T 17450—1998、GB/T 4457.4—2002)

1. 图线

国家标准《技术制图　图线》(GB/T 17450—1998)规定了适用于各种技术图样的图线的线型、尺寸和画法,《机械制图　图样画法　图线》(GB/T 4457.4—2002)详细规定了各种图线的应用。表 3-3 所示为常用图线及其应用。

表 3-3　常用图线及其应用

代　码	名　称	线　型	宽　度 d		一般应用
01.2	粗实线	——————	0.7	0.5	可见轮廓线,可见过渡线
01.1	细实线	——————	0.35	0.25	尺寸线及尺寸界线,剖面线,引出线等
	波浪线	∿∿∿			断裂处的边界线,视图和剖视的分界线
	双折线	—⌇—⌇—			断裂处的边界线
02.1	虚线	- - - - - -			不可见轮廓线,不可见过渡线
04.1	细点画线	— · — · —			轴线及对称中心线,轨迹线,节圆及节线
04.2	粗点画线	— · — · —	0.7	0.5	有特殊要求的线,限定范围的表示线
05.1	双点画线	— ·· — ·· —	0.35	0.25	断裂处的边界线,假想投影轮廓线

注:长画长 24d,中画长 12d,短画长 6d,点长≤0.5d,短间隔长 3d,长间隔长 18d。

图样中粗线的宽度 d 应按图样的类别和尺寸在下列数值(单位为 mm)系列中选取:0.18、0.25、0.35、0.5、0.7、1.0、1.4、2.0。所有图线分为粗线、中粗线、细线三种,它们的宽度比率为 4∶2∶1。机械工程图样中一般只用粗线、细线两种,它们的宽度比率为 2∶1。

2. 图线画法

如图 3-2 所示,绘制图线时应注意以下几点。

(1)同一图样中同类图线的宽度应基本一致。虚线、点画线等不连续线的线段长度和间隔应各自大致相等。

(2)绘制圆的中心线(两条相互垂直的点画线)时,圆心应为线段的交点。点画线的首、末两端应是线段而不是短画,并且应超出图形轮廓 2∼5 mm。

(3)在较小的图形上绘制点画线和双点画线有困难时,可用细实线代替。

(4)虚线与虚线交接或虚线与其他图线交接时,应是线段交接。虚线为实线的延长线时,不得与实线相连。

(5)图线不得与文字、数字或符号重叠、混淆,以上情况不可避免时应首先保证文字、数字或符号等的清晰。

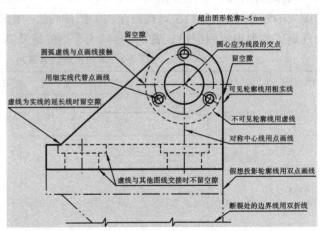

图 3-2　常用图线的应用及画法

3.1.5　尺寸标注(GB/T 4458.4—2003、GB/T 16675.2—2012)

1. 基本规则

(1)机件的真实大小应以图样上所注的尺寸数值为依据,与图形的大小及绘图的比例、准确程度无关。

(2)机件的每一个尺寸,在图样上一般只标注一次,并应标注在反映该结构最清晰的图形上。

(3)图样中所标注的尺寸应为该机件的最后完工尺寸,否则需另加说明。

（4）图样中（包括技术要求和其他说明）的尺寸，一般以 mm 为单位，不标注计量单位的符号或名称。若采用其他单位，则必须注明符号或名称。

2. 组成尺寸的要素及规定

一个完整的尺寸应由尺寸界线、尺寸线、箭头和尺寸数字四个要素组成。

1）尺寸界线

尺寸界线应从轮廓线、轴线或中心线引出并用细实线绘制，应超出尺寸线终端 2～3 mm，一般与尺寸线垂直，如图 3-3（a）所示；必要时允许倾斜，如图 3-3（b）所示。也可以直接利用轮廓线、轴线或中心线作为尺寸界线。

2）尺寸线

尺寸线用细实线绘制，不得用其他图线代替，也不得与其他图线重合或画在其延长线上，并且必须与所标注的线段平行，如图 3-3 所示。

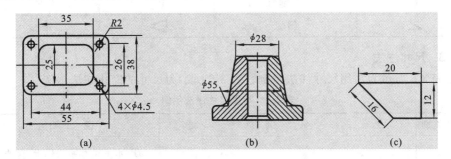

图 3-3　尺寸标注

（a）尺寸界线；（b）倾斜尺寸界线；（c）倾斜尺寸标注

3）尺寸线终端

尺寸线终端有两种形式，即箭头或细斜线。同一图样中，只能采用一种尺寸线终端形式，如图 3-4 所示。

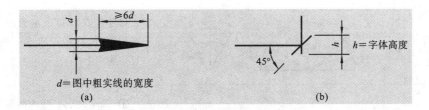

图 3-4　两种形式的尺寸线终端

（a）箭头；（b）细斜线

箭头适用于各种类型的图形，箭头的长度≥6d（d 为粗实线宽度），如图 3-4（a）所示。采用细斜线的形式时，尺寸线与尺寸界线必须相互垂直，如图 3-4（b）所示。

4）尺寸数字

线性尺寸的数字一般注写在尺寸线的上方或左侧，也可以将非水平方向的尺寸数字写在尺寸线的中断处，同一图样中最好只采用一种形式，如图 3-3 所示。同一图样内尺寸数字字体、大小应一致。尺寸数字不能被任何图线遮挡。对于互相平行的尺寸线，小尺寸在内，大尺寸在外，间距应大于 5 mm，依次排列整齐，注写的位置不够时可引出尺寸线后再标出。标注尺寸时，应尽可能使用符号和缩写词。尺寸的常用符号和缩写词如表 3-4 所示。

表 3-4　尺寸的常用符号和缩写词

符　　号	含　　义	符　　号	含　　义
ϕ	直径	t	厚度
R	半径	$\vee$	埋头孔
S	球面	$\sqcup$	沉孔
EQS	均布	$\downarrow$	深度
C	45°倒角	$\square$	正方形
$\angle$	斜度	$\triangleright$	锥度

3. 尺寸注法

表 3-5 所示为常用尺寸注法示例。表 3-6 所示为尺寸的简化注法示例。

表 3-5　常用尺寸注法示例

尺寸类别	图　　例	说　　明
线性尺寸	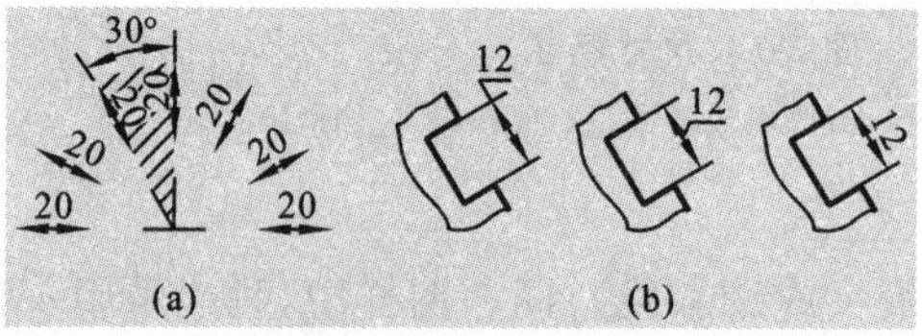	① 水平尺寸字头朝上，竖直尺寸字头朝左，倾斜尺寸字头有朝上的趋势； ② 尽量避免在图示 30°范围内标注尺寸，无法避免时可按图(b)的形式标注
角度尺寸	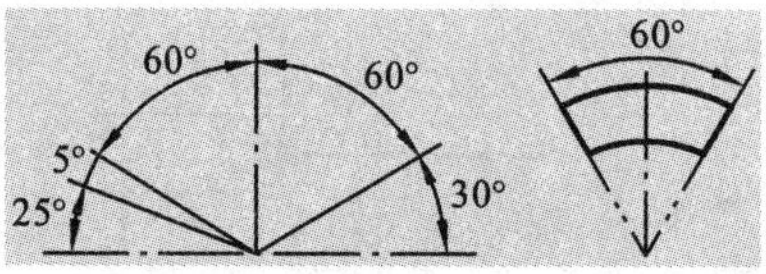	尺寸线是以角顶点为中心的圆弧，角度数字一律水平书写，且字头向上
圆、圆弧、球面尺寸	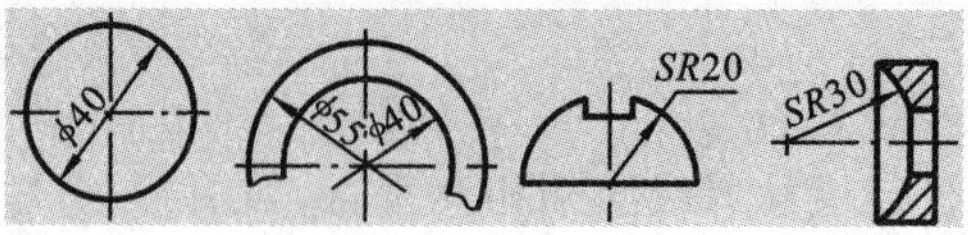	① 圆或大于半圆的圆弧一般标注直径，并在数字前面加注符号"ϕ"； ② 半圆或小于半圆的圆弧一般标注半径，并在数字前面加注符号"R"，且尺寸线应通过圆心； ③ 标注圆球的直径或半径时，应在"ϕ"或"R"前加注符号"S"

续表

尺寸类别	图　例	说　明
小尺寸	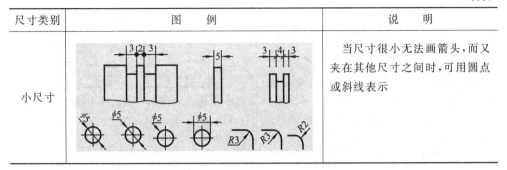	当尺寸很小无法画箭头,而又夹在其他尺寸之间时,可用圆点或斜线表示

表 3-6　尺寸的简化注法示例

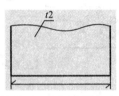

① 标注尺寸时,可使用单边箭头,但同一图样中箭头的方向应一致;
② 标注板状零件的厚度时,可在尺寸数字前加注符号 t

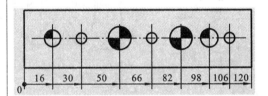

① 从同一基准出发的尺寸可按坐标的形式标注;
② 同一图形中具有几种尺寸数值相近又重复的要素时,可采用标记的方法来区别

标注尺寸时,可采用不带箭头的指引线

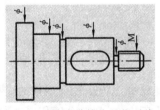

标注尺寸时,可采用带箭头的指引线

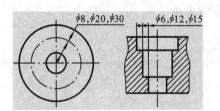

一组同心圆或尺寸较多的阶梯孔的尺寸,可用共用的尺寸线依次表示

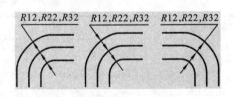

一组同心圆弧或圆心位于一条直线上的多个不同心圆弧的尺寸,也可用共用的尺寸线依次表示

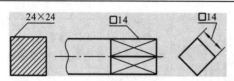

标注断面为正方形结构的尺寸时,可在正方形边长数字前面加注"□"或用"$B×B$"的形式注出	斜度、锥度符号的方向应与所表示的斜度、锥度的方向一致

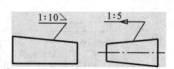

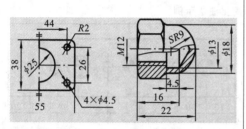

当对称图形只画出一半或略大于一半时,尺寸线应超过对称中心线或断裂处的边界线,且仅在尺寸界线的一端画箭头

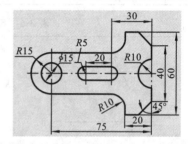

图形具有对称中心线时,可仅标注分布在对称中心线两边相同结构中一边的结构尺寸

3.2　几何作图

3.2.1　常见几何图形画法

物体轮廓形状是复杂多样的,要准确地画出物体的轮廓,必须熟练掌握各种几何图形的作图方法,如等分圆周、正多边形、斜度、锥度、平面曲线,以及圆弧连接等的作图方法。表 3-7 列出了常用的作图方法。

表 3-7　常用的作图方法

项目	作图步骤	说　明
等分直线段	(a)　　(b)　　(c)	① 从直线的一个端点 A 作一任意角度的直线 AC,用分规量取等分点 1、2、3,如图(a)所示; ② 将所得的三点与已知 B 点相连,如图(b)所示; ③ 分别过各等分点作 B3 直线的平行线,即将直线三等分,如图(c)所示

续表

项 目	作 图 步 骤	说　明
作正六边形	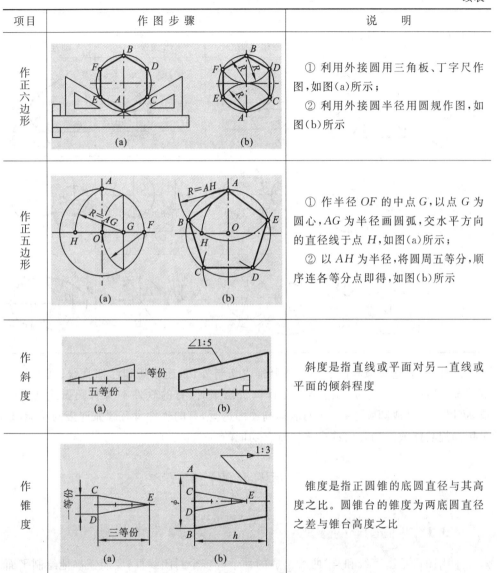	① 利用外接圆用三角板、丁字尺作图,如图(a)所示; ② 利用外接圆半径用圆规作图,如图(b)所示
作正五边形		① 作半径 OF 的中点 G,以点 G 为圆心,AG 为半径画圆弧,交水平方向的直径线于点 H,如图(a)所示; ② 以 AH 为半径,将圆周五等分,顺序连各等分点即得,如图(b)所示
作斜度		斜度是指直线或平面对另一直线或平面的倾斜程度
作锥度		锥度是指正圆锥的底圆直径与其高度之比。圆锥台的锥度为两底圆直径之差与锥台高度之比

3.2.2　圆弧连接

　　绘制平面图形时,常常从直线或圆弧光滑地过渡到另一直线或圆弧,这就是圆弧连接。圆弧连接的作图原理就是平面几何中的相切,切点就是连接点,所作圆弧称为连接弧。作图时连接弧半径是已知的,关键是准确地作出连接弧的圆心和切点。表3-8 列出了常见的几种圆弧连接的作图方法。

表 3-8　圆弧连接的作图方法

连接方式	已知条件	作图的方法和步骤		
		求连接弧圆心	求连接点	画连接弧
连接弧与两直线相切	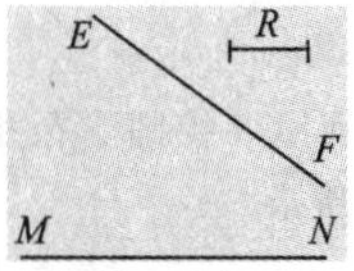	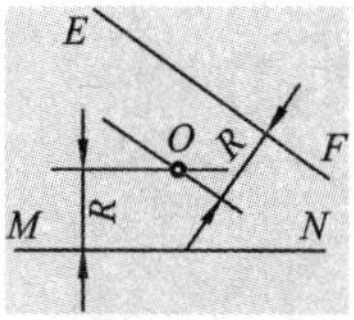	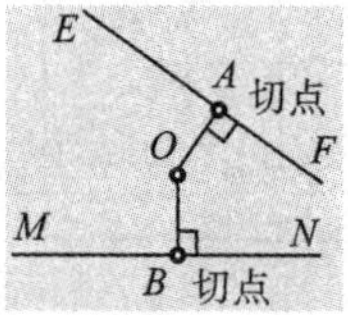	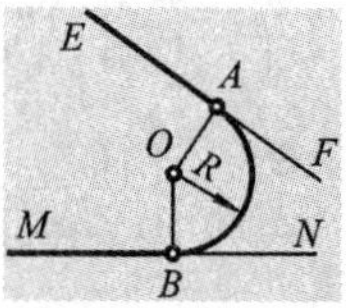
连接弧与两圆弧相外切	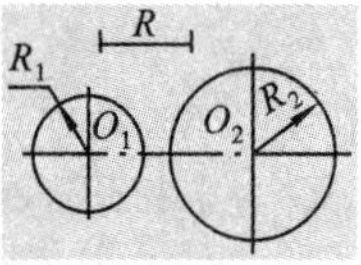	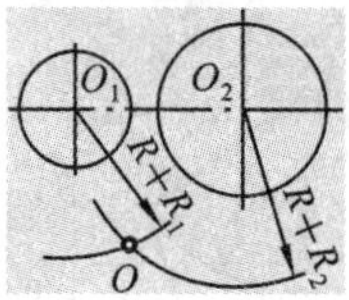	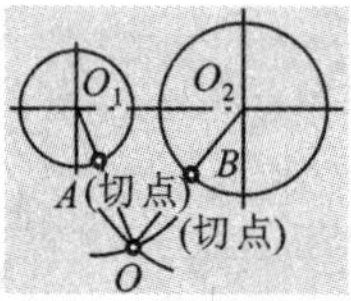	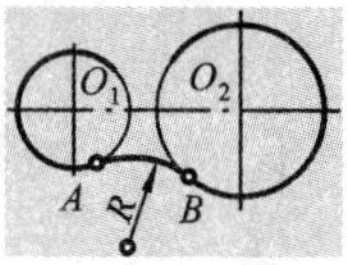
连接弧与两圆弧相内切	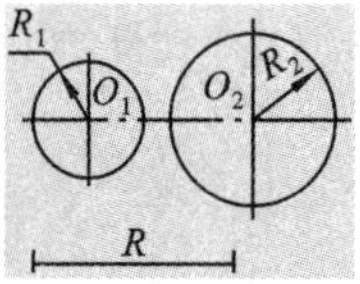	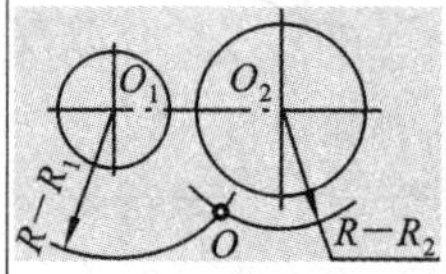	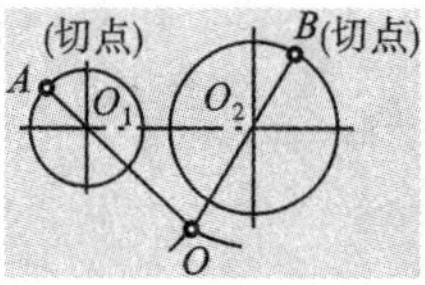	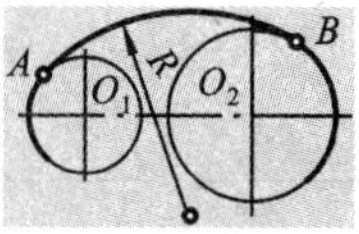

　　此外,还有连接弧和两已知圆弧分别内切与外切,连接弧和已知直线、圆弧相切等情况,请读者自行分析和总结。在计算机绘图时,有的软件本身有圆弧连接的功能,可以一步完成圆弧连接,从而能提高绘图速度,有的软件没有圆弧连接的功能,是采用捕捉功能或添加几何约束来实现该功能的。

3.3　平面图形的绘制方法

3.3.1　平面图形的分析

　　平面图形是由直线和/或曲线组成的一个或多个封闭线框,要想正确地绘制平面图形,必须对平面图形进行分析。

1. 平面图形的尺寸分析

1）基准

　　标注尺寸的起点称为尺寸基准。平面图形有长度、高度两个方向,应各有一个基准。作图基准是绘制图形的起点。通常选择对称图形的对称线、大圆的中心线、重要的轮廓线等作为基准。图 3-5 所示为手柄的特征图形,其长度方向的尺寸基准是直线 A,高度方向的尺寸基准是图形的上、下对称线 B,图中用符号"///"表示。本例中尺寸基准就是作图基准。

2）定形尺寸

确定图形各部分大小的尺寸称为定形尺寸,如直线的长度、圆的直径、圆弧的半径等,如图 3-5 中 $\phi5$、$R15$、$R50$ 等尺寸均为定形尺寸。

3）定位尺寸

确定图形各部分相对位置的尺寸称为定位尺寸,如直线的位置、圆心的位置等。图 3-5 中的尺寸 8 是确定 $\phi5$ 圆的圆心位置的定位尺寸,而尺寸 75、$\phi30$ 则分别是与确定 $R10$、$R50$ 圆弧的圆心位置有关的尺寸,也是定位尺寸。

必须指出,有时一个尺寸兼有定形和定位两种作用,如图 3-5 中的尺寸 15、$\phi20$。分析平面图形尺寸时,要注意找到典型的定形尺寸和定位尺寸。

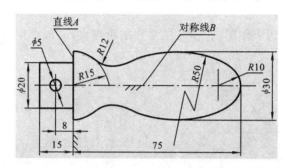

图 3-5　平面图形的尺寸分析与线段分析

2. 平面图形的线段分析

根据平面图形线段(包括直线、圆、圆弧等)的定位尺寸是否齐全,可以将线段分为三类。现以图 3-5 为例来进行线段分析。

1）已知线段

已知定形尺寸和两个方向的定位尺寸的线段称为已知线段。图 3-5 中的 $\phi5$ 圆、$R15$ 圆弧、$R10$ 圆弧及左端各直线等。

2）中间线段

已知定形尺寸和一个方向的定位尺寸的线段,称为中间线段,如图 3-5 中的 $R50$ 圆弧。

3）连接线段

已知定形尺寸,而定位尺寸全部未知的线段,称为连接线段,如图 3-5 中的 $R12$ 圆弧。

中间线段、连接线段必须依靠与相邻线段间的连接关系才能画出。在两条已知线段之间,可以有一条或多条中间线段,但必须有且只有一条连接线段。

3.3.2　平面图形的作图步骤

下面说明绘制图 3-5 所示手柄平面图形的作图步骤。

绘制平面图形时,首先要对平面图形进行尺寸分析和线段分析,以便确定画图步骤。一般应先画两个方向的作图基准,再依次画出已知线段、中间线段、连接线段,最后标注尺寸,具体步骤如下。

(1) 画基准线。画出作图基准(也是尺寸基准)即直线 A、B,作分别与直线 A 相距 8、15、75 的三条垂直于直线 B 的直线,如图 3-6(a)所示。

(2) 画已知线段。画出已知 $R15$、$R10$ 圆弧及 $\phi5$ 圆,再画表示 $\phi20$ 圆(上、下距直线 B 为 10)的两条平行线,如图 3-6(b)所示。

(3) 画中间线段。利用几何知识,画出 $R50$ 圆弧。注意:$R50$ 圆弧与 $R10$ 圆弧内切,与同直线 B 相距 30/2 的平行线相切,如图 3-6(c)所示。

(4) 画连接线段。画出 $R12$ 圆弧。注意:$R12$ 圆弧与 $R50$、$R15$ 圆弧都相外切,如图 3-6(d)所示。

(5) 校核底稿,擦去作图线,标注尺寸并加粗图线,完成手柄图形,如图 3-6(e)、(f)所示。

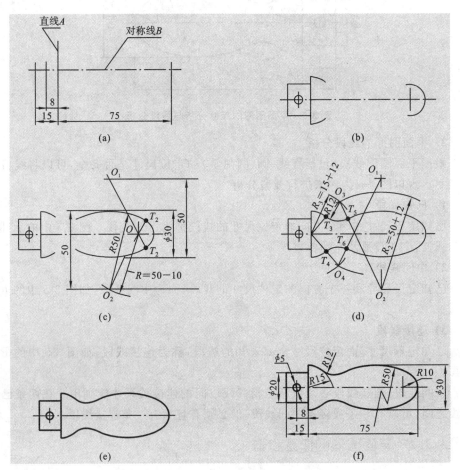

图 3-6　手柄的作图步骤

(a)画作图基准;(b)画已知线段;(c)画中间线段;(d)画连接线段;(e)擦除多余图线,描深;(f)标注尺寸

3.4　徒手画图

徒手画图就是不借助绘图仪器,采取目测按比例徒手画图样的方法,画出的图样称为徒手草图。设计者突发设计灵感,常常徒手画图来进行构形设计,表达自己的设计思想;现场测绘时,一般都采用徒手画图的方式。因此,工程技术人员也应具备徒手画图的能力。

徒手画图不但要求快,还要保证图形正确、图线分明,各部分比例与实物尽可能一致,尺寸准确、齐全,字体工整,图面整洁。徒手画图有独特的技巧,下面予以简单介绍。

3.4.1　徒手画直线

画直线时,执笔要稳,运笔要自然,眼睛看着所画图线的终点,并尽可能使铅笔与所画的直线垂直。图纸可稍微斜放。画水平线时,以顺手为原则,一般从左向右画,如图 3-7(a)所示;画竖直线时自上而下画比较顺利,还应适当转动铅笔,如图 3-7(b)所示。画短线时,手腕靠在图纸上用手腕运笔;画长线时,手腕不宜靠在图纸上,要用手臂运笔。

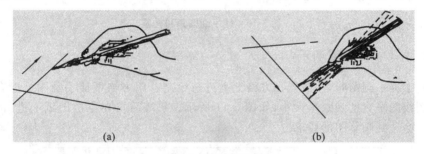

图 3-7　徒手画直线
(a)画水平线;(b)画竖直线

画 30°、45°、60°斜线,可根据两直角边的比例关系在两直角边上定出两点,目测合适后再将两点连接起来,所得即为所画斜线,如图 3-8 所示。

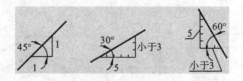

图 3-8　特殊角度斜线的画法

3.4.2　徒手画圆

画小直径圆时,先确定圆心位置,并画出中心线,在中心线上目测定四个点,然后徒手连成圆,如图 3-9(a)所示。若圆的直径比较大,可过圆心再画一对 45°的斜线,在斜线上也目测定出四个点,再徒手连成圆,如图 3-9(b)所示。

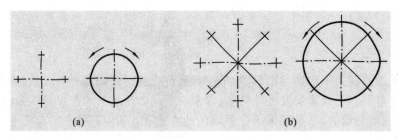

图 3-9　徒手画圆

(a)画小直径圆；(b)画大直径圆

3.4.3　徒手画圆角和椭圆

画圆角时应尽量利用圆弧与正方形相切的特点来画。画椭圆可根据长、短轴的大小，定出四个端点，然后画椭圆，并注意对称性，如图 3-10 所示。

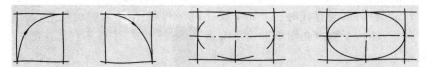

图 3-10　徒手画圆角和椭圆

3.4.4　徒手画图示例

初学徒手画图时，一般先在方格纸上进行绘制。用方格纸徒手画图可以有效地控制图线的平直度和图形大小，如图 3-11 所示。熟练后再在空白图纸上进行绘制，就自然会达到画草图的要求。

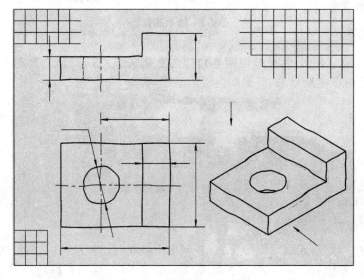

图 3-11　徒手画图示例

3.5 投影法基础

3.5.1 投影法

在现实生活中,当太阳光或灯光照射物体时,就会在地面或墙壁上产生物体的影子。人们对这类现象进行长期的观察和研究,便形成了用平面图形表达物体的方法——投影法。

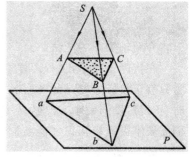

如图 3-12 所示,把光源 S 抽象为一点,称为投影中心。S 点与物体上的任一点的连线(如 SA、SB、SC),称为投射线。平面 P 称为投影面。SA、SB、SC 分别与投影面 P 的交点 a、b、c 称为 A、B、C 点在 P 面上的投影,而 $\triangle abc$ 就是 $\triangle ABC$ 在平面 P 上的投影。这种利用投射线通过物体向预定的平面投射而得到图形的方法称为投影法。

图 3-12 中心投影法

3.5.2 投影法分类及其应用

利用投影法可以把空间三维物体转换成平面二维图形。投影法分为中心投影法和平行投影法两类。

1. 中心投影法

投射线汇交于一点的投影法称为中心投影法,如图 3-12 所示,采用中心投影法得到的图形称为中心投影图。在图 3-12 中,改变投射中心 S、投影面 P 与 $\triangle ABC$ 的相对位置,投影 $\triangle abc$ 的形状、大小都会发生变化,因而中心投影法度量性较差,中心投影图不能反映原物体的真实形状和大小。但是中心投影图立体感较强,所以适用于绘制建筑物的直观图(透视图)。

2. 平行投影法

当投射中心与投影面的距离为无穷远时,则投射线相互平行。这种投射线相互平行的投影法称为平行投影法,如图 3-13 所示。在图 3-13 中,不改变投射方向,而改变物体对投影面的距离,所得的投影大小和形状不变。

平行投影又分为斜投影和正投影。

(1)斜投影 投射线倾斜于投影面的平行投影称为斜投影,如图 3-14 所示。采用斜投影法得到的图形称为斜投影图。

(2)正投影 投射线垂直于投影面的平行投影称为正投影,如图 3-15 所示。采用正投影法得到的图形称为正投影图。

按平行投影法绘制的单面投影图——轴测图一般有一定的立体感和可度量性,适用于产品说明书中的机器外观图等,也常用于计算机辅助模型的设计中。本书3.6

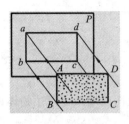
图 3-13　平行投影法

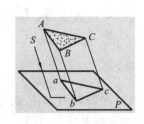
图 3-14　斜投影

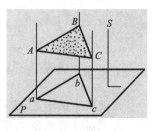
图 3-15　正投影

节将介绍轴测图的画法。

在实际工程中,工程图样主要采用正投影法绘制,特别是绘制多面正投影图。因为只有正投影才能满足工程技术界的要求——图形与物体形状保持一一对应。同时,正投影图形清晰、准确,易于测量其几何元素之间的相对位置,但直观性不好,人们需要掌握投影知识才能绘制和阅读多面正投影图。物体的三面正投影如图 3-16 所示。

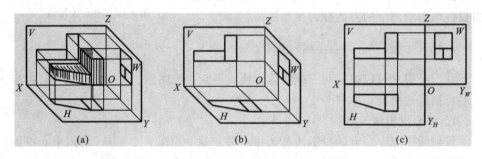
(a)　　　　　　　　　　(b)　　　　　　　　　　(c)
图 3-16　三面正投影

3.5.3　平行投影的性质

1) 类似性

直线或曲线的投影一般仍是直线或曲线,因此平面的投影一般是实形的类似形。这种性质称为类似性,如图 3-17 所示。

2) 从属性

点在直线上,则点的投影必在直线的投影上;直线或曲线在平面内,则直线或曲线的投影必在平面的投影内,这种性质称为从属性。如图 3-17 所示。

3) 积聚性

当直线与投射线方向一致时,直线的投影积聚为一点;当平面上有直线与投射线方向一致时,该平面的投影积聚为一直线。这种性质称为积聚性,如图 3-18 所示。

4) 实形性

当直线、曲线或平面平行于投影面时,它在该投影面上的投影反映直线的实长或曲线、平面的实形,这种性质称为实形性,如图 3-19 所示。

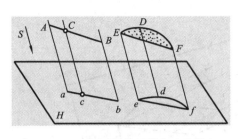

图 3-17 类似性、从属性与定比性

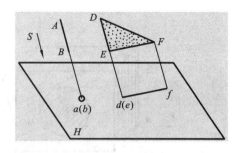

图 3-18 积聚性

5）平行性

空间两平行线段，其投影一般也平行，这种性质称为平行性，如图 3-20 所示。

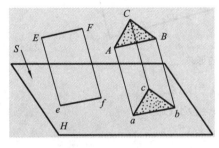

图 3-19 实形性

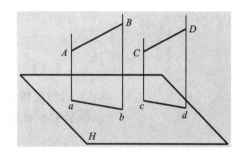

图 3-20 平行性与定比性

6）定比性

直线上两线段长度之比等于其投影长度之比，两平行线段长度之比等于其投影长度之比，如图 3-17、图 3-20 所示。

3.6 轴 测 图

3.6.1 轴测图的形成

将物体连同其直角坐标系按不平行于任一坐标平面的方向用平行投影法投射到选定的投影面上，所得到的投影图称为轴测投影图，简称轴测图。轴测图是单面投影图，物体的一个投影就能反映物体的长、宽、高三个方向的形状，具有立体感，如图 3-21 所示。

在图 3-21 中，投影面 P 称为轴测投影面；空间直角坐标轴 O_0X_0、O_0Y_0、O_0Z_0 在轴测投影面上的投影 OX、OY、OZ 称为轴测投影轴，简称轴测轴，它们相互之间的夹角 $\angle XOY$、$\angle XOZ$、$\angle YOZ$ 称为轴间角。

轴测轴上的线段投影长度与相应坐标轴上的线段长度的比值称为轴向伸缩系数，轴 O_0X_0、O_0Y_0、O_0Z_0 的轴向伸缩系数分别用 p、q、r 表示，则

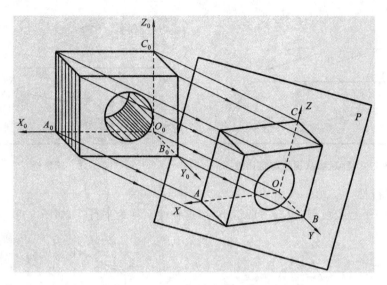

图 3-21　轴测图的形成

$$p(O_0 X_0 \text{轴向伸缩系数}) = OA/O_0 A_0$$
$$q(O_0 Y_0 \text{轴向伸缩系数}) = OB/O_0 B_0$$
$$r(O_0 Z_0 \text{轴向伸缩系数}) = OC/O_0 C_0$$

3.6.2　轴测图的种类

从投影方向与投影面是否垂直来看,轴测投影只有两类。

(1) 正轴测投影　投射方向垂直于轴测投影面,如图 3-22 所示。

(2) 斜轴测投影　投射方向倾斜于轴测投影面,如图 3-23 所示。

从三个轴向伸缩系数相等与不等来看,又可分为等测投影($p=q=r$)、二测投影($p=r\neq q$)、三测投影($p\neq q\neq r$)。

为使作图简便,国家标准《机械制图　轴测图》(GB/T 4458.3—1984)规定了常用的三种轴测图,分别是正等轴测图(简称正等测图,见图 3-22(a))、斜二等轴测图(简称斜二测图,见图 3-23)、正二等轴测图(简称正二测图,见图 3-22(b))。

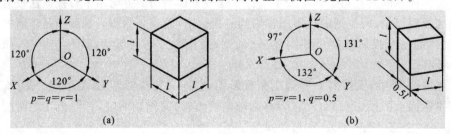

图 3-22　正轴测图

(a)正等轴测图；(b)正二等轴测图

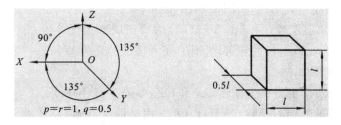

图 3-23　斜二等轴测图

3.6.3　正等轴测图

1. 正等轴测图的轴间角和轴向伸缩系数

正等轴测图的各轴间角皆为 $120°$，轴向伸缩系数 $p=q=r=0.82$。实际作图时，将各轴的轴向伸缩系数简化为 1，如图 3-22(a)所示。这样画出来的图要比实际的轴测投影尺寸大 $1/0.82≈1.22$ 倍。

2. 正等轴测图的画法

绘制立体轴测图的基本方法是坐标法，即根据物体上各点的坐标画出各点的轴测投影，然后连成轮廓线，即得立体的轴测图。

例 3-1　正三棱锥是最简单的立体。绘制特征图形是等边三角形（见图 3-24(a)）、高为 SO 的正三棱锥（见图 3-24(b)）的正等轴测图。

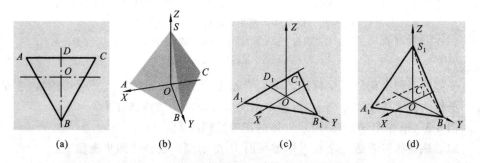

（a）　　　　　（b）　　　　　（c）　　　　　（d）

图 3-24　用坐标法画正三棱锥的正等轴测图

(a)正三棱锥的特征图形；(b)正三棱锥及其坐标系；(c)取点画特征图形的轴测图；(d)确定锥顶，连成立体

解　作图步骤如下。

(1) 在正三棱锥的直观图中确定坐标原点和坐标轴，如图 3-24(b)所示，即把底面 $\triangle ABC$ 放在 OXY 坐标面上，将 $\triangle ABC$ 的形心作为坐标原点 O，并使底边 AC 与 OX 轴平行，将锥顶 S 与 O 的连线作为 OZ 轴。

(2) 作正等轴测轴，利用从属性在轴测轴 OY 上量取 $OB_1=OB$ 实长、$OD_1=OD$ 实长；利用平行性过 D_1 作轴测轴 OX 的平行线，并量取 $A_1D_1=C_1D_1=AD$ 实长；连接点 A_1、B_1、C_1 成 $\triangle A_1B_1C_1$，如图 3-24(c)所示。

(3) 利用从属性在轴测轴 OZ 上量取 $OS_1=OS$ 实长，连接 S_1A_1、S_1B_1、S_1C_1，并

将不可见的轮廓线画成虚线,如图 3-24(d)所示。

例 3-2　已知正六棱柱(见图 3-25(a))的特征图形为图 3-25(b)所示的正六边形,用平移法画出正六棱柱的正等轴测图(正六棱柱的高为 W)。

解　作图步骤如下。

(1) 在特征图形上定出坐标轴 OX 和 OZ,如图 3-25(b)所示。

(2) 画坐标轴的轴测投影 OX、OY、OZ。用坐标定点画 OXZ 面上的正六边形,由特征图形可见,六条边两两对应平行,其中,点 3、6 在 OX 轴上。因此,先确定轴 OX 上的点 3 和 6,再分别作出轴 OZ 上的 a、b 两点,过 a、b 作平行于轴 OX 的两条直线段,并在其上分别确定两点 1、2 和 4、5,连接各顶点得到六边形,如图 3-25(c)所示。

(3) 将中心连同六边形的六个顶点(轴测图一般不画不可见部分)沿轴 OY 方向平移 W 距离,即可得正六棱柱的轴测图,如图 3-25(d)所示。

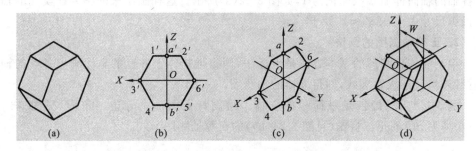

图 3-25　用平移法画正六棱柱的正等轴测图

(a)正六棱柱;(b)在已知的特征图形上定坐标轴;(c)画轴测轴,用坐标法画特征图形的轴测图;
(d)将平面图形沿轴向平移画立体

平移法实质上仍然是坐标法。下面介绍坐标法的第三种形式——切割法,它是在用坐标法完成作图的基础上,再将多余的部分切割掉的作图方法。

例 3-3　求作图 3-26(a)所示立体的正等轴测图。

解　该立体可看成一个长方体被平面 P、Q 切割而成。作图步骤如下:

(1) 根据立体的总体尺寸 L、B、H 画出完整的长方体,如图 3-26(b)所示;

(2) 根据尺寸 c、d 确定平面 P,如图 3-26(c)所示;

(3) 根据尺寸 a、b 确定平面 Q,如图 3-26(d)所示;

(4) 求 P、Q 面的交线 12。点 1 是平面 P、Q 及前棱面的交点,点 2 是 P、Q 及右棱面的交点,连接 1、2 两点,如图 3-26(e)所示;

(5) 擦除多余的线并加粗图线,完成立体的正等轴测图,如图 3-26(f)所示。

由以上例题可以看出:画平面立体的正等轴测图时,首先要选好立体的坐标系,再依据各端点的坐标确定各端点的轴测投影。需要注意的是,画轴测图时若有与三条坐标轴都不平行的线段,必须找出这些线段的端点后才能连线。

绘制曲面立体的轴测图,关键是要掌握圆的正等轴测图的画法。在一般情况下,

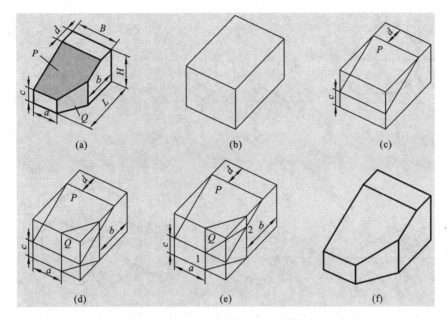

图 3-26　用平移法画立体的正等轴测图

(a)已知立体;(b)画完整长方体;(c)根据尺寸 c、d 画 P 面;

(d)根据尺寸 a、b 画 Q 面;(e)求 P、Q 面的交线 12;(f)完成的正等轴测图

平面圆的轴测投影就是椭圆,这种椭圆有两种画法:一种是坐标法,即根据圆周上一系列点的坐标画出其轴测投影,然后光滑连成椭圆;一种是四心法,即用四段圆弧连接的办法代替椭圆。

例 3-4　用四心法作平行于坐标面的圆的正等轴测图。

解　作图步骤如下:

(1)确定坐标原点和坐标轴,画出圆的外切正方形,得切点 1、2、3、4,如图 3-27(a)所示;

(2)画出轴测轴 OX、OY 和外切正方形的轴测投影,如图 3-27(b)所示;

(3)作菱形的长对角线,将其作为椭圆的长轴,如图 3-27(c)所示;

(4)用直线连接点 D 与点 2 及点 D 与点 3,分别与长轴交于 O_1、O_2 点,如图 3-27(c)所示;

(5)分别以菱形顶点 B 和 D 为圆心,以 $D2$ 或 $D3$ 为半径画长弧,如图 3-27(d)所示;

(6)分别以 O_1、O_2 为圆心,以 $O_1 2$ 或 $O_2 3$ 为半径画短弧,如图 3-27(e)所示。

(7)平行于三个坐标面的圆的正等轴测图都是椭圆,作图方法相同,如图 3-27(f)所示。

结合四心法和平移法,可以画出圆柱、圆台的正等轴测图,注意作圆柱、圆台两底面的椭圆的公切线,如图 3-28 所示。

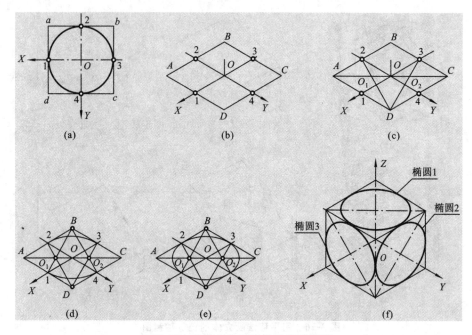

图 3-27　用四心法画圆的正等轴测图

(a)确定坐标系和外切正方形；(b)画出轴测轴和外切正方形的轴测投影；(c)确定四圆心；
(d)画长弧；(e)画短弧；(f)平行于各坐标面的圆的正等轴测图

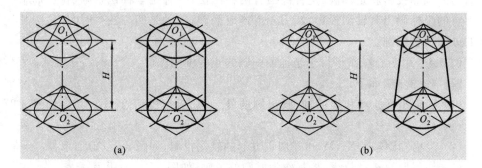

图 3-28　圆柱、圆台的正等轴测图

(a)圆柱的正等轴测图；(b)圆台的正等轴测图

机件上也经常会遇到由 1/4 圆构成的圆角轮廓，它在轴测图中是 1/4 椭圆弧，各段圆弧的圆心和半径按图 3-29 所示方法确定。

例 3-5　画出图 3-30 所示滑动轴承座的正等轴测图。

通过形体分析可知，滑动轴承座可以分为底板、正立板、肋板三个广义柱体，其特征图形分别位于三个坐标面上，如图 3-31 所示。三个广义柱体可以看成由其特征图形拉伸而成，也可以将底板、正立板看成由长方体倒圆角、挖圆孔而成。

具体作图步骤如下：

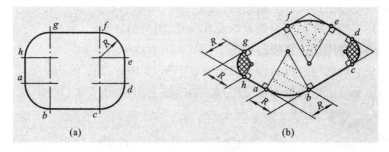

图 3-29　圆角的正等轴测图

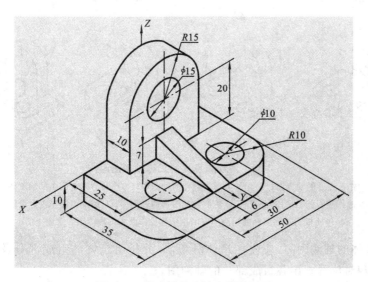

图 3-30　滑动轴承座的正等轴测图

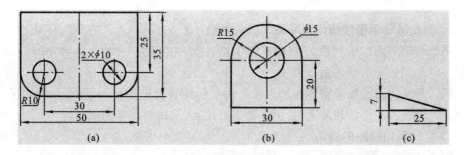

图 3-31　滑动轴承座各部分的特征图形

（a）底板特征图形，位于 OXY 面；（b）立板特征图形，位于 OXZ 面；（c）肋板特征图形，位于 OZY 面

（1）作底板的特征图形——长方形的轴测图，如图 3-32（a）所示；

（2）按相对位置作底板长方形上圆孔的轴测图，如图 3-32（b）所示；

（3）作底板长方形上圆角的轴测图，如图 3-32（c）所示；

（4）利用平移法作底板的轴测图，如图 3-32(d)所示；

（5）按相对位置作正立板长方形及其圆孔、圆角的轴测图，如图 3-32(e)所示；

（6）利用平移法作正立板的轴测图，如图 3-32(f)所示；

（7）按相对位置作肋板的特征图形的轴测图，如图 3-32(g)所示；

（8）利用平移法作肋板的轴测图，加粗，完成全图，如图 3-32(h)所示。

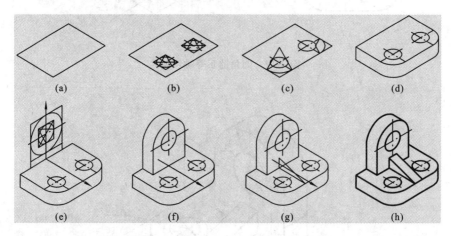

图 3-32　滑动轴承座的正等轴测图画法

(a)作长方形的轴测图；(b)作长方形上圆孔的轴测图；(c)作长方形上圆角的轴测图；

(d)用平移法作底板的轴测图；(e)作正立板的特征图形的轴测图；(f)用平移法作正立板的轴测图；

(g)作肋板的特征图形的轴测图；(h)用平移法作肋板的轴测图并完成全图

画组合体的轴测图时，应先用形体分析法，分析组合体的组成部分及其相对位置，然后按相对位置画出各组成部分的轴测图。

3.6.4　斜二等轴测图

1. 斜二等轴测图的轴间角和轴向伸缩系数

斜二等轴测图的轴间角 $\angle XOZ = 90°$，$\angle XOY = \angle YOZ = 135°$，如图 3-23 所示。斜二等轴测图的轴向伸缩系数为 $p = r = 1$，$q = 0.5$。

斜二等轴测图能反映物体与轴测投影面平行的表面的实形。因此，当物体某一方向上有较多圆或形状较复杂时，为了画图方便，常采用斜二等轴测图。

2. 斜二等轴测图的画法

例 3-6　画出图 3-33 所示法兰的斜二等轴测图。

解　法兰可以分为带四个小孔的圆板、圆柱两部分。

作图步骤如下：

（1）画圆板的斜二等轴测图，如图 3-34(a)所示；

（2）画圆柱的斜二等轴测图，如图 3-34(b)所示；

（3）画圆板上四个圆孔及圆柱上的孔，如图 3-34(c)所示；

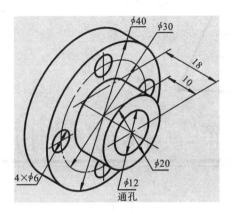

图 3-33　法兰

（4）整理，加粗，即得法兰的斜二等轴测图，如图 3-34（d）所示。

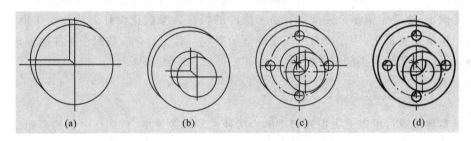

(a)　　　　　(b)　　　　　(c)　　　　　(d)

图 3-34　法兰的斜二等轴测图画法

(a)作圆板的斜二等轴测图；(b)作圆柱的斜二等轴测图；

(c)作圆板上四个圆孔及圆柱上的孔；(d)完成全图

第4章

几何实体建模的基础知识

4.1 参数化设计

在开发产品时,零件设计模型建立的速度是决定整个产品开发效率的关键。开发初期,零件形状和尺寸有一定的模糊性,要在装配验证、性能分析和数控编程之后才能确定,这就希望零件模型具有易于修改的特性。参数化设计方法就是将模型中的定量信息变量化,使之成为可任意调整的参数。对变量化参数赋予不同数值,就可得到不同形状和大小的零件模型。

4.1.1 参数化设计的优势

参数化设计可以大大提高模型的生成速度和修改速度,特别在产品的系列设计、相似设计及专用 CAD 系统开发方面都具有较大的应用价值。目前,参数化设计中的参数化建模方法主要有变量几何法和基于结构生成进程的方法。前者主要用于平面模型的建立,而后者则更适合于三维实体或曲面模型。

4.1.2 常用的约束形式

在 CAD 中要实现参数化设计,建立参数化模型是关键。参数化模型表示了零件图形的几何约束和尺寸约束。

1. 几何约束

几何约束是指图形中几何元素之间的拓扑关系,如垂直、平行、同心、相切和对称等约束,如图 4-1 所示。几何约束一旦被确定,则在图形变化的过程中始终保持不变,因此,建模时应首先确定几何约束。

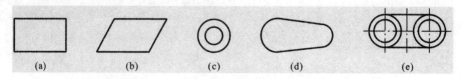

图 4-1 常见几何约束

(a)垂直约束;(b)平行约束;(c)同心约束;(d)相切约束;(e)对称约束

2. 尺寸约束

尺寸约束是通过标注尺寸表示的约束，如距离、角度、半径和直径等尺寸，如图 4-2 所示。图 4-2(b) 是通过修改图 4-2(a) 的距离尺寸 32 得到的，两幅图中的半径、直径尺寸均相同。

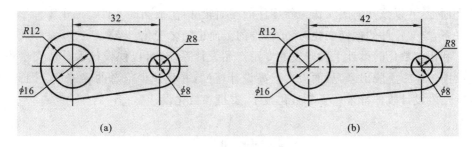

图 4-2　尺寸约束

(a) 参数化的图形；(b) 修改尺寸，图形改变

4.1.3　几种常用的参数类型

在参数化设计系统中，设计人员根据工程关系和几何关系来制定设计要求。要满足这些设计要求，不仅需要考虑尺寸或工程参数的初值，而且要在每次改变这些设计参数时来维护这些基本关系，即将参数分为两类：其一为各种尺寸值，称为可变参数；其二为几何元素间的各种连续几何信息，称为不变参数。参数化设计的本质是使系统在可变参数的作用下，能够自动维护所有的不变参数。因此，参数化模型中建立的各种约束关系，正体现了设计人员的设计意图。不同的 CAD 系统，参数的类型和名称不尽相同，大致可以分为以下几种形式。

1. 直接参数

直接参数是指给尺寸变量所赋予的一个显示数值，该数值直接驱动图形变化。

2. 表达式参数

工程设计中，零件结构之间的尺寸常常具有一定的比例关系，如轴的直径和倒角、圆角的尺寸就具有比例关系 (参见附录 A)。把这种关系用表达式表示出来，称为表达式参数。表达式参数常常在创建标准件库时使用。

3. 表格参数

工程设计中，有些相似的零件，它们在结构或结构数量上有差别，在参数处理上采用表格参数形式，即将尺寸参数和结构变化的参数列成表格。将一组参数传递给图形后，图形会发生相应的变化。

4. 自适应参数

在具有自适应功能的 CAD 系统中，自适应参数是一种更智能化的参数类型，常用于控制零件与零件之间的约束关系。例如在装配零件时，可以根据装配规则自动捕捉设计者的设计意图。参数传递的过程是隐式的，设计者感觉不到参数的传递过程。

5. 投影参数

投影参数在草绘特征中经常使用,比如新建一个特征可以参照上一个特征的投影来实现。投影参数也常用于装配设计中,可以将一个零件的几何图元投影到某一个平面上,并以该几何图元作为新零件的端面轮廓,生成新的零件。两个零件形成父子关系,当父零件的截面变化时,子零件的截面也随之变化。

利用参数化的设计手段开发的专用产品设计系统,可以使设计人员从大量烦琐的绘图工作中解脱出来,从而大大提高设计速度,并且减少信息的存储量。因此,现代的三维设计软件都采用了参数化技术,支持参数化设计。

4.2　特　征　设　计

特征技术的发展给产品的变型设计提供了一种手段,用户可通过对一系列特征的实例化和特征的自动维护实现对产品的变型设计。

4.2.1　特征的定义

特征设计面向设计和制造的全过程,它是以几何模型为基础并包括零件设计、生产过程所需的各种信息的一种产品模型方案。它允许设计者通过组合常见形体,如孔、槽、肋(筋)、凸台等来完成产品的设计,而不是使用抽象的几何点、线、面。CAD开发系统提供了用不同属性值实例化特征的功能,而且一般常用的形状特征由系统设计者以特征库的形式提供给用户,且许多系统允许用户自定义特征来扩展系统特征库。

4.2.2　特征的分类

1. 形状特征

形状特征是确定零件的几何形状的特征。通常,将形状特征定义为具有一定拓扑关系的一组几何元素构成的形状实体,它对应零件上的一个或多个功能,能够利用相应的加工方法加工出来。根据零件的形状特点及其相应的总体加工特点,可将零件主体特征分为旋转体、拉伸体、扫描体等。零件辅助特征可以分为孔、槽、腔、倒角、圆角和肋(筋)等,而孔的特征又可以细分为光孔、盲孔、台阶孔、中心孔等。图 4-3 所示为常见的形状特征分类。

2. 技术特征

技术特征是指零件的性能参数和属性。

3. 装配特征

装配特征是指零件之间的作用面、作用面的方向和零件之间的配合关系。

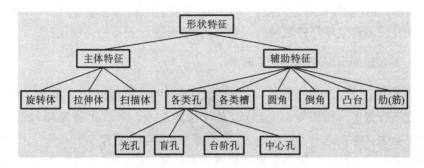

图 4-3　常见的形状特征分类

4.2.3　特征的创建

　　所谓特征的创建,就是根据零件的功能需求,从建立主体特征开始,逐步添加其他辅助特征的过程。建立特征时,用平行、垂直等几何约束条件确定特征的形状,依靠尺寸约束特征的位置和大小。图 4-4 所示为支架的特征建模过程。

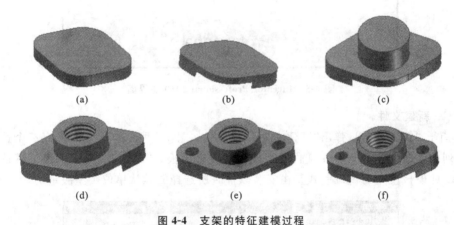

图 4-4　支架的特征建模过程

(a)建立主体特征;(b)添加辅助特征——槽;(c)添加辅助特征——凸台;
(d)添加辅助特征——螺纹孔;(e)添加辅助特征——孔;(f)添加辅助特征——倒角

4.3　基于特征的参数化 CAD 系统——Inventor 基础知识

　　Inventor 是美国 Autodesk 公司推出的一款三维可视化实体模拟软件。它是一套功能齐全的设计工具,用于创建和验证完整的数字样机,帮助制造商减少物理样机投入,以更快的速度将更多的创新产品推向市场。Inventor 可快速、精确地由三维模型生成工程图,可以帮助设计人员更为轻松地重复利用已有的设计数据,生动地表现设计意图。由此,设计人员的工作效率将得到显著提高。它可用于零件设计、钣金设计、装配设计、布管设计、电缆与线束设计及运动仿真等,具有易学易用、功能强大、与

AutoCAD等软件兼容性好等特点。Inventor包含自适应等多项专利技术,利用自适应技术能方便地建立零部件之间的关联方式,从而进行产品的关键设计。

4.3.1　Inventor 的设计环境

安装了 Inventor Professional 2010 中文版软件后,便可以启动并开始使用该软件了。单击按钮 ,需要等待几秒钟,系统才能进入 Inventor 的界面,如图 4-5 所示。界面上端有两个选项卡:"快速入门"选项卡和"工具"选项卡。

可以通过"快速入门"选项卡来打开或新建一个文件。如果需要学习软件,可以利用"快速入门手册"或"教程"进行学习,也可以按 F1 键进行 Inventor 软件的学习。

图 4-5　Inventor Professional 2010 的界面

1. 新建文件

单击"新建"按钮,弹出"新建文件"对话框,如图 4-6 所示。该对话框有三个选项卡,列出了在创建 Inventor 文件时可使用的所有模板。"默认"选项卡列出了默认的模板,此模板使用的单位制式是由安装软件时所选择的默认单位类型决定的。

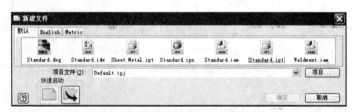

图 4-6　"新建文件"对话框

新建文件的类型有二维工程图、钣金文件、表达视图、部件文件、零件文件、焊接件文件等。一个文件在磁盘上仅以一种文件类型表示。

IPT 文件　IPT 文件(钣金文件)是零件建模环境的扩展,包含特定的钣金命令以支持创建钣金零件。Standard. ipt 用于创建零件。Sheet Metal. ipt 用于创建钣金零件。

IAM 文件　IAM 文件（焊接件文件）是部件环境的扩展，包含特定的焊接命令以支持创建焊接件。Standard. iam 用于创建部件。Weldment. iam 用于创建焊接件部件。

IDW 文件　Standard. idw 用于以 IDW 格式创建 Autodesk Inventor 工程图。

DWG 文件　Standard. dwg 用于创建 Autodesk Inventor 工程图。使用该模板可以 DWG 格式创建新的 Autodesk Inventor 工程图。可以 IDW 格式或 DWG 格式创建工程图模板，并保留工程图纸上的标注（如自定义符号、注释和修订表等）。此外，图框、标题栏和视图定义也可保留在模板中。但视图标注和通用注释不能保存在模板中。

IPN 文件　Standard. ipn 用于创建部件表达视图。部件表达视图包含特定的表达视图命令。可使用表达视图命令设计部件的分解视图、动画和其他样式的视图，从而帮助记录用户的设计。

例如，需要新建一个零件，选择"Standard.ipt"（零件模板），进入 Inventor 的零件模型设计环境，如图 4-7 所示。此时文件具有扩展名".ipt"。

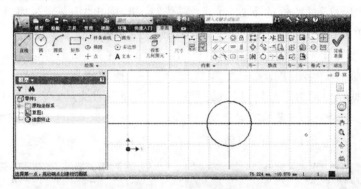

图 4-7　Inventor 的零件模型设计环境

2. 打开文件

单击"打开"按钮，弹出"打开"对话框，其主要包括三个区域：位置窗口、主窗口和预览窗口。位置窗口显示激活项目文件所指定的当前文件夹；主窗口列出所选位置中所有的文件和子文件夹；预览窗口列出所选 Inventor 文件的预览图形。

3. 创建项目文件

在"打开"对话框和"新建文件"对话框中，都有"项目"选项。单击"项目"按钮或在"打开"和"新建文件"对话框中单击按钮 项目 ，显示"项目"对话框，如图 4-8 所示。Inventor 使用项目来表示完整设计项目的逻辑关系，通过项目来管理用户的设计数据、编辑文件的存储信息并维护文件之间的有效链接,因此,在进行某项新设计时,为了方便存储和查找文件,通常都需要为该项设计创建新的项目即单独建立文件夹。在打开和保存文件时,系统自动进入该项目指向的文件夹。当然,用户也可以选择和编辑已有的项目。

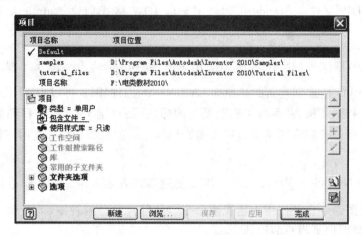

图 4-8 "项目"对话框

创建和激活项目的步骤如下。

(1) 在"项目"对话框的下方,单击"新建"按钮,弹出"Inventor 项目向导"对话框,如图 4-9(a)所示。选择项目类型,单击"下一步"按钮。

(2) 填写项目文件名称、选择项目(工作空间)文件夹、指定要创建的项目文件,如图 4-9(b)所示。单击"完成"按钮或单击"下一步"按钮。

(3) 返回"项目"对话框,可以看到刚刚创建的新项目文件。在新项目文件名称上双击,出现符号"✓"表示项目文件已被激活,单击鼠标不能激活项目文件。新建的项目文件必须激活后才可以使用。激活项目文件后单击"完成"按钮。

(a)　　　　　　　　　　　　　　　(b)

图 4-9　创建项目文件

(a)选择项目类型;(b)填写项目名称、选择项目文件夹

4.3.2　Inventor 的功能模块

Inventor Professional 2010 提供了易于理解和访问的命令组,命令组也可以自定义,所有命令都分布在不同的命令选项卡上。不同的模板,其命令选项卡会有所不

同,如零件模板有"模型"、"检验"、"管理"、"视图"、"环境"和"草图"等选项卡,而工程图模板则有"放置视图"、"标注"和"工具"等选项卡。

1. 草图选项卡

新建模型,默认弹出草图选项卡,可以进行绘图、约束、标注尺寸、修改、阵列等操作。草图选项卡如图 4-10 所示。

图 4-10　草图选项卡

2. 模型选项卡

单击"模型",弹出模型选项卡,可以创建各种特征,如拉伸、旋转或放样、扫掠等;可以生成各种修改特征,如孔、倒圆、倒角、抽壳等;还可以生成定位特征,如工作平面、工作轴等。模型选项卡如图 4-11 所示。

图 4-11　模型选项卡

3. 工具选项卡

单击"工具"按钮,弹出工具选项卡,其中有开始、测量、选项、剪贴板和查找等功能项,如图 4-12 所示。"选项"栏中的"应用程序选项"可用于对各种环境进行设置,如可利用"草图"选项设置显示网格线、优先约束、点对齐、自动投影边以创建和编辑草图等,如图 4-13 所示。

图 4-12　工具选项卡

4. 快捷键

在菜单栏最右侧有一个小按钮 ▢ ,它用来切换"选项卡"的显示模式,单击它可以在"最小化为选项卡"、"最小化为面板标题"、"显示完整的功能区"三者间进行切换。也可以在工具条或菜单栏空白区域单击鼠标右键,在右键快捷键中设置,如图 4-14 所示。对其余的快捷键读者可自行了解并熟悉。

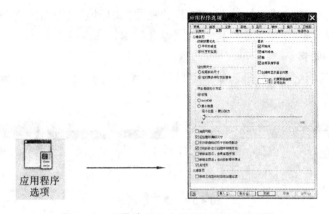

图 4-13　工具选项卡中的"应用程序选项"

图 4-14　右键快捷键

4.3.3　Inventor 显示方式

　　视图功能用来改变三维实体模型的显示、观察和投影模式。单击"视图"按钮,弹出视图选项卡,如图 4-15 所示。视图选项卡中的"外观"项提供了着色、隐藏边和线框三种显示模式,提供了平行(正交照相机)和透视(透视照相机)两种观察模式,提供了无阴影、地面阴影和 X 射线地面阴影三种投影模式。

图 4-15　视图选项卡

　　视图选项卡中的导航栏包括全导航控制盘及平移、全部缩放、动态观察等功能项。导航栏也常显示在图形窗口的右边。导航功能使用非常频繁,介绍如下。

　　(1) 三维导航工具栏 ViewCube 属于可单击界面,用于选择不同的方位观察三维模型,用鼠标单击相应位置的三角形按钮 ◁ 可切换视图,鼠标单击相应的旋转箭头 ⬅ 或 ⬋ 可以改变观察方向,如图 4-16 所示。

图 4-16　ViewCube 三维导航工具

（2）视图显示工具用来实现模型的动态显示，浮动在图形区域，如图 4-17 所示。

（a）　　　　　　（b）　（c）

图 4-17　导航与显示功能

（a）视图菜单中的导航选项卡；（b）绘图区中的导航栏；

（c）绘图区中的导航控制盘

图 4-18　"用户界面"栏

　　注意：这里视图是观察模型的显示方式，不要与后面的视图搞混。若因误动作关闭了绘图区中的导航栏、状态栏等，可以利用"视图"菜单中的"窗口/用户界面"按钮找回来，如图 4-18 所示。利用"窗口"按钮也可以在不同的文档之间进行切换。

4.4　Inventor 的特征草图设计

　　草图是建模的基础，零件建模一般由创建草图开始。草图分为二维草图和三维草图。二维草图建立在某一个平面上，与平面相关。三维草图建立在三维空间。在不特别说明的情况下，本书中的"草图"都是指二维草图。

4.4.1　草图的环境界面

　　零件的第一个特征（即基础特征）通常是一个草图特征。草图是创建特征所需的由任意几何图元组成的截面轮廓或轨迹。零件的第一个草图可以是简单的形状。

　　所有的草图图元都是在草图环境中使用功能区上的草图命令创建和编辑的。如可以控制草图网格，并使用草图命令绘制直线、样条曲线、圆、椭圆、圆弧、矩形、多边形或点。图 4-19 所示为二维草图选项卡。

图 4-19　二维草图选项卡

常用的草绘按钮如下。

绘制直线按钮 　：在图形窗口中单击确定直线的起点；再次单击，设置第二个点，以结束直线段；继续单击以创建连续的线段，或双击以结束线段的绘制。

绘制圆按钮 　：在图形窗口中单击以设置圆心，移动鼠标改变圆半径，然后单击以确定圆。利用该按钮还可以选择绘制与三根直线相切的圆。

绘制圆弧按钮 　：在图形窗口中单击以创建圆弧起点，移动光标并单击以设置圆弧终点，移动光标以改变圆弧方向，然后单击以设置圆弧上的一点。

绘制矩形按钮 　：在图形窗口中单击以设定第一个角点，沿对角移动光标，然后单击设定第二点。

绘制多边形按钮 　：根据边数创建多边形，最多允许有 120 条边。

绘制构造线按钮 　：构造几何图元，用于约束复杂的草图，简单形状的草图不需要构造几何图元。可利用构造几何图元来控制截面轮廓的大小和形状。绘制构造线按钮不能用于拉伸或旋转等操作。

绘制中心线按钮 　：绘制中心线按钮只能用于绘制直线，不能用于绘制圆弧。绘制中心线按钮和绘制构造线按钮一样不参与拉伸操作，但在旋转操作中所绘制的中心线会被自动认为是旋转轴线，而绘制构造线时所绘制的中心线需要被选择才能成为旋转轴。

4.4.2　草图设计原则

为了提高创建零件模型的效率，并为后续建模打好基础，创建草图时应遵循下面的原则。

（1）草图越简单越好。在绘制草图时，应尽量简单，如圆角、倒角等可以在基础特征完成后，通过修改特征造型而得到。

（2）在新建草图上，尽可能将原始坐标系的原点、坐标轴和坐标平面的投影作为所绘几何图形的中心、对称线等参考要素。在草图定位时尽量以基准平面 FRONT、TOP、RIGHT 面为基准进行绘制。这样，零件容易定位，也便于为复杂的图形做进一步的定位、造型。

（3）通常，生成实体所用的草图应为闭合的截面轮廓，用不闭合的轮廓一般只能生成面。截面轮廓不能出现自交叉的情况。

（4）绘制草图时一般是先画出轮廓的大致形状,但应尽量接近实际形状,否则,在添加约束时容易使绘制的草图变形。

（5）草图要求全约束。草图绘制完成后要首先添加几何约束,然后再添加尺寸约束,约束一定要完全。添加约束的顺序对草图的结果是有影响的,顺序错误甚至无法正确完成草图,因此设计者要有正确的设计思路。

（6）添加约束时应尽量采用"先定形状,后定大小"的策略,即在标注尺寸前应先固定轮廓的几何形状。尽可能用几何约束来确定几何元素的位置,而不是采用尺寸定位。

（7）可以采用投影工具将不在当前草图上的几何图元投影到当前草图中,并尽可能使投影结果与原图形之间建立某种关联。

4.4.3　草图的几何约束和尺寸约束

约束是确定几何实体相对位置和实体大小的规则,草图约束有几何约束和尺寸约束,如图 4-20 所示。几何约束可以控制草图的形状和位置关系。尺寸约束通过标注尺寸来控制图形。更改尺寸值时,会调整几何图元的大小。编辑草图尺寸时,尺寸的位置会随着草图几何图元的更新而调整。当旋转草图视图时,尺寸会重定位,以便用户能够轻松读取它们。草图绘制完成后,一般先进行几何约束,再进行尺寸的标注及修改,无须担心几何图元的大小是否正确。

图 4-20　尺寸约束和几何约束

（1）⌐ 重合约束:将两个点约束在一起,或约束为曲线中的一个点。

（2）✓ 共线约束:使两条或更多线段或椭圆轴线位于同一条直线上。

（3）◎ 同心约束:将两个圆弧、圆或椭圆约束为同一中心点。

（4）🔒 固定约束:将点或曲线约束到相对于草图坐标系的固定位置。

（5）∥ 平行约束:将两条或更多线或椭圆轴线约束为彼此平行。

（6）✓ 垂直约束:使所选直线或椭圆轴互成直角。

（7）〓 水平约束:使线、椭圆轴或成对的点的连线平行于草图坐标系的 x 轴。

（8）‖ 竖直约束:使线、椭圆轴或成对的点的连线平行于草图坐标系的 y 轴。

（9）△ 相切约束:使线与圆或圆弧相切。

（10）↗ 平滑约束:使选择的样条曲线和其他曲线(如线、圆弧或样条曲线等)之间的曲率连续(G2)。

（11）⫴ 对称约束:使线和圆弧关于选定线对称并对齐。对称约束将添加到选定几何图元中。

(12) $=$ 等半径或等长约束：将选定的圆弧和圆的半径调整为相同，或将选定的线长度调整为相同。

(13) 查看或删除几何约束：若要显示或隐藏所有活动草图几何图元的约束，可在图形窗口中单击鼠标右键，然后选择"显示所有约束"或"隐藏所有约束"，也可单击F8 或 F9。

(14) 显示几何约束：要显示或隐藏用于选定几何图元的约束，可使用"显示约束"。若要删除约束，单击以选择约束图示符，然后按 Delete 键（或单击鼠标右键并选择"删除"）。

(15) 自动标注尺寸：添加自动尺寸以完全约束草图，使用草图选项卡上除"尺寸"命令之外的命令（放置关键尺寸）。Autodesk Inventor 将记住分别利用"尺寸"命令和"自动标注尺寸"命令放置的尺寸，这样，便可防止自动标注尺寸替代特别添加的尺寸。

4.4.4　草图的编辑

草图几何特征的编辑功能有镜像、偏移、延伸与修剪等，如图 4-21 所示。

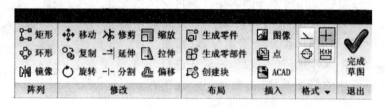

图 4-21　草图几何特征的编辑功能

1）镜像

用镜像工具镜像草图几何图元的操作步骤为：首先选择要镜像的草图几何图元，然后选择镜像对称线，最后单击"应用"按钮，完成镜像。

2）矩形阵列

创建矩形草图阵列的步骤如下。

(1) 单击草图工具面板上的工具按钮 ，打开"矩形阵列"对话框，如图 4-22 所示。

(2) 单击要阵列的草图几何图元。单击"方向 1"下面的按钮 ，选择几何图元定义阵列的第一个方向，如果要选择反方向，可单击方向按钮。

(3) 在数量框中，指定"方向 1"阵列元素的数量，在间距框中指定元素间的间距。如果需要，单击"方向 2"下面的按钮 ，选择几何图元定义阵列的第二个方向，并指定数量和间距。

(4) 如果合适，单击"更多"按钮，选择一个或多个选项。单击"抑制"按钮以选择要从阵列中删除的单个阵列元素，单击"关联"按钮以指定更改零件时更新阵列；单击

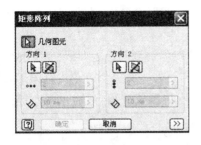

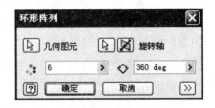

图 4-22　"矩形阵列"对话框　　　　　　图 4-23　"环形阵列"对话框

"范围"按钮以指定阵列元素均匀分布在指定间距范围内,如果未选中此选项,则阵列间距将测量元素之间的间距,而不是阵列的总间距。

（5）单击"确定"按钮创建矩形阵列。

3）环形阵列

创建环形草图阵列的步骤如下。

（1）单击草图工具面板上的工具按钮 ♣ ,打开"环形阵列"对话框,如图 4-23 所示,选择要阵列的草图几何图元。

（2）单击"方向 1"下面的按钮 ▣ ,选择几何图元定义阵列的第一个方向,如果要选择反方向,可单击方向按钮。

（3）在数量框中,指定"方向 1"阵列元素的数量,在间距框中指定元素的间距。如果需要,单击"方向 2"下面的按钮 ▣ ,选择几何图元定义阵列的第二个方向,并指定数量和间距。如果合适,单击"更多"按钮,选择一个或多个选项。单击"抑制"按钮,以选择从阵列中删除的单个阵列元素;单击"关联"按钮,以指定更改零件时要更新阵列;单击"范围"按钮,以指定阵列元素均匀分布在指定间距范围内,如果未选中此选项,则点击"阵列间距"按钮时将测量元素之间的间距,而不是阵列的总间距。

（4）单击"确定"创建环形阵列。

4）偏移

可用草图工具面板上的偏移工具来复制所选草图几何图元,并相对原几何图元偏移一定距离。偏移的操作步骤如下。

（1）单击草图工具面板上的按钮 ⟳偏移 ,选取要偏移的草图几何图元。

（2）在要放置偏移图元的方向上移动光标预览待偏移的图元,然后单击左键以创建新几何图元。如果需要,可以使用尺寸标注工具设置指定的偏移距离。

（3）单击右键,在右键菜单中选择"结束"完成草图偏移操作。

偏移的默认设置是自动选择回路（端点连在一起的曲线）并将偏移曲线约束为与原曲线距离相等。要偏移一条或多条独立曲线,或者要忽略等长约束,应单击右键并清除"选择回路"和"约束偏移量"上的复选标记。

5）延伸与修剪

可用草图工具面板上的延伸工具延伸直线或曲线,以清理草图或者闭合处于开放状态的草图。单击草图工具面板上的按钮 → ，在图形窗口中，在曲线上暂停光标以预览延伸，然后单击左键完成草图的延伸操作。

用修剪工具可修剪曲线或删除线段，将选中曲线修剪到与最近曲线的相交处，选择不相交的曲线会删除该曲线。该工具使用方法与延伸工具类似。单击草图工具面板上的按钮 ✕ ，在图形窗口中将光标暂停在曲线上以预览修剪，然后单击左键完成草图的修剪操作。

4.4.5　绘制草图

下面举例说明在 Inventor 2010 系统中进行产品设计时，如何通过绘制草图工具得到产品零件图。

创建草图的步骤如下。

（1）选择草图放置平面，投影坐标原点。草图放置平面可以选择坐标面、实体表面或新建工作平面。通常第一个草图放置平面默认为 OXY 坐标面，将原始坐标系的原点投影到当前放置平面上。

（2）绘制草图的大致轮廓。

（3）添加几何约束，确定草图的形状；添加尺寸约束，精确确定草图的大小。

（4）检查草图是否为全约束状态，绘图区域右下角的状态提示栏适时提示。

例 4-1　绘制特征图形如图 4-24(a)所示的拉伸立体，立体高度为 10 mm。

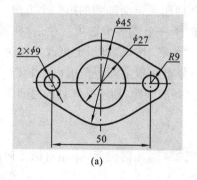　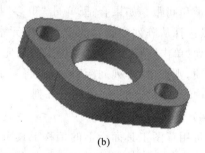

（a）　　　　　　　　　　　　　　　　　　　（b）

图 4-24　拉伸生成立体

(a)特征图形；(b)立体图形

解　画图步骤如下。

（1）进入 Inventor 后选择新建文件按钮 ，弹出"新建文件"对话框，选择新建零件图标 Standard.ipt，进入零件的设计界面。

（2）可直接按照形状绘制平面草图，注意一定先绘制中心线，选择草图格式菜单。按下按钮 ⊕ 后，再选择绘制直线按钮 ，捕捉原点，绘制中心线，绘制四条中心线，如图 4-25(a)所示。

（3）选择绘制圆弧按钮 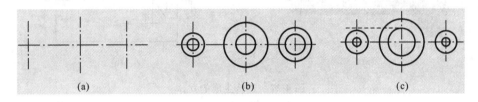，绘制六个圆，如图 4-25（b）所示。

（4）选择约束菜单，先利用按钮 进行两侧中心线关于中间的中心线的对称约束，再将利用按钮 = 进行两侧圆弧的相等约束，如图 4-25（c）所示。

图 4-25　绘制中心线与圆

(a)绘制中心线；(b)绘制六个圆；(c)对称约束、相等约束

（5）再选择绘制直线按钮 绘制四条斜线，注意四条斜线均为实线。关闭构造线工具按钮 及绘制中心线按钮 才能绘制实线，如图 4-26（a）所示。

（6）选择约束菜单，先利用按钮 进行相切约束，如图 4-26（b）所示。

（7）选择修改菜单，单击按钮 修剪，对多的线条进行修剪，如图 4-26（c）所示，注意细节处需要进行放大修剪，否则不能修剪干净，如图 4-26（d）所示。

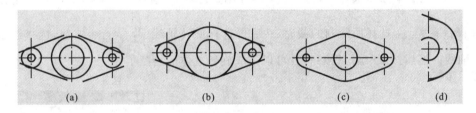

图 4-26　绘制与圆相切的斜线

(a)绘制四条斜线；(b)相切约束；(c)修剪后；(d)细节修剪

（8）最后选择尺寸标注按钮 ，约束"$\phi9$"、"$\phi27$"、"$R9$"、"$\phi45$"和"50"五个尺寸，单击完成草图按钮 ，完成草图。

（9）单击模型选项卡中的拉伸特征工具条按钮 ，弹出拉伸选项，选择截面轮廓，输入拉伸距离 10 mm，单击"确定"完成拉伸，结果如图 4-24（b）所示。

例 4-2　绘制如图 4-27（a）所示的立体，其尺寸如图 4-27（b）所示。

解　画图步骤如下。

（1）进入 Inventor 后选择新建文件按钮 ，弹出"新建文件"对话框，选择新建零件图标 Standard.ipt ，进入零件的设计界面。

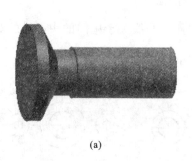

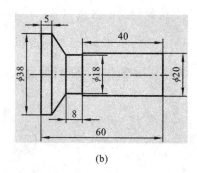

图 4-27　旋转生成的立体
(a)立体图形；(b)特征图形

（2）在草图"格式"菜单下，单击按钮 ⊖ ，再利用绘制直线按钮 ／ 绘制轴线，使一端点为坐标原点。

（3）绘制出平面草图的上面一半。注意关闭按钮 ⊖ ，用实线按照轮廓形状绘制，不需要绘制整个剖面，如图 4-28 所示。一般绘制成图 4-28(a)所示形状，中间的中心线处可以不用绘制一条实线。

（4）标注尺寸，按照图 4-27(b)中的尺寸进行标注，完成尺寸约束。

（5）完成草图后选择旋转按钮 ，弹出"旋转"对话框（见图 4-28(c)），单击按钮 截面轮廓 选择所绘制的截面，然后再选择旋转轴线 旋转轴 按钮，选择绘制的轴线。然后按下"确定"按钮，就可以完成旋转立体的绘制了。

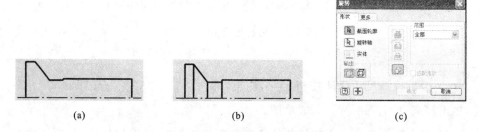

图 4-28　旋转立体的截面形状与"旋转"对话框
(a)旋转立体的截面形状（一）；(b)旋转立体的截面形状（二）；(c)"旋转"对话框

注意：用旋转法生成立体时一定要选择旋转轴线，但如果已经用按钮 ⊖ 绘制了中心线，系统会自动检测到，而且标注尺寸时，系统会标注直径。Inventor 软件对截面形状要求不是十分严格，截面可以是如图 4-28(a)或图 4-28(b)所示，但采用后者时需要多次选择截面，而采用前者时只用选一次。Inventor 软件也允许用镜像功

能按钮 ⊠ 镜像 对图形进行镜像操作,生成图 4-27(b)所示的完整图形后,再进行旋转,但一般绘制一半图形即可,否则易出错。

以上几个例子可以看成是一个个简单的产品,也可以是某个产品的一部分,熟练掌握草图的创建是成功进行后续设计最为关键的一步。

第 5 章

几何实体的三视图与三维建模

本章主要介绍几何实体的三视图与三维建模方法,以及组成几何实体的点、线和面的投影。

5.1 三视图的形成及其投影规律

5.1.1 三视图的形成

1. 视图的概念

采用正投影法将几何实体置于观察者和投影面之间,将可见轮廓线用粗实线画出,将不可见轮廓线用虚线画出,用这种方法在投影面上绘制出来的正投影图称为视图,如图 5-1 所示。本书中没有特别说明的投影指正投影。

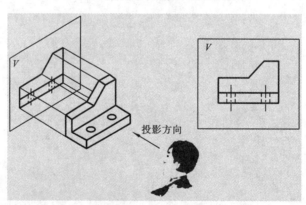

图 5-1 视图的概念

由图 5-2 可知,由多个不同的形体可得到相同的视图,因此,仅凭一个视图是不能确定实体形状的。为了把几何实体的形状表达清楚,必须增加投影面,同时向多个投影面投射,得到足够数量的视图,消除视图的不确定性。一般常用三视图来表达物体。

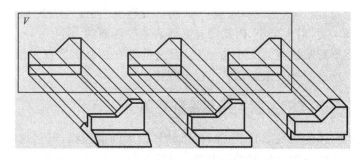

图 5-2　一个视图的不确定性

2. 物体的三视图

国家标准《技术制图》(GB/T 14692—2008)规定三投影面体系由三个互相垂直的投影面构成。相互垂直的投影面之间的交线称为投影轴,三投影轴的交点称为投影原点。各投影面、投影轴及原点字母标记必须按规定表示,如图 5-3(a)所示。其中,正对观察者的投影面称为正立投影面,水平放置的投影面称为水平投影面,另一投影面称为侧立投影面。在三投影面体系中可得到几何实体的三视图,其正面投影(即 V 面投影)称为主视图,水平投影(即 H 面投影)称为俯视图,侧面投影(即 W 面投影)称为左视图。

图 5-3(a)中的物体是用直观图表示的,为了将主、俯、左三个视图画在图纸上,必须将三投影面体系展开,即正立投影面保持不动,将水平投影面绕 X 轴向下旋转 90°

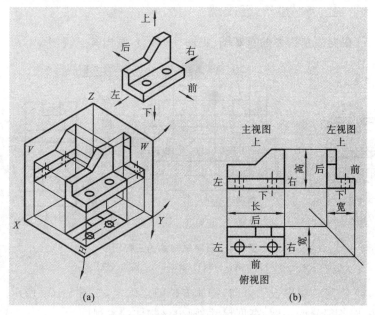

图 5-3　三视图的位置关系和投影规律

(a)直观图;(b)三视图

与正立投影面重合,将侧立投影面绕 Z 轴向右旋转 90°与正立投影面重合。由于三投影面是辅助平面,可大可小,因此没有必要表达投影面的大小;另一方面,物体与投影面间的距离不影响物体的大小与形状,因此也没有必要表达投影轴,如图 5-3(b)所示。但三视图之间的关系必须满足投影规律。

5.1.2　三视图的位置关系和投影规律

虽然在画物体的三视图时不必画投影轴和投影间的连线,但三视图仍应保持在三投影面体系中的投影位置和投影规律,如图 5-3(b)所示。三视图的位置关系是:以主视图为主,俯视图在主视图的正下方,与主视图保持长对正;左视图在主视图的正右方,与主视图保持高平齐。主视图反映了物体的长度和高度,俯视图反映了物体的长度和宽度,左视图反映了物体的高度和宽度。简单来说,三视图的投影规律为"长对正、高平齐、宽相等"。按照这种位置配置视图时,国家标准规定一律不标注视图的名称。

三视图不仅反映了物体长、宽、高三个方向的尺寸,也反映了物体本身表面间的上下、左右、前后位置关系。由图 5-3(b)可以看出:主、俯视图的左、右边就反映了物体的左、右边,主、左视图的上、下边就反映了物体的上、下边;在俯、左视图中,远离主视图的一面是物体的前面,靠近主视图的一面是物体的后面。上、下、左、右、前、后这六个方位是画图、看图时经常用到的,特别应注意区分物体的前后方位。

5.1.3　画简单物体的三视图

例 5-1　根据简单物体的直观图(见图 5-4(a)),画出其三视图。

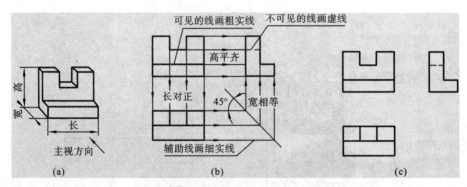

图 5-4　画简单物体的三视图
(a)直观图;(b)画三视图;(c)完成的三视图

解　(1)选定主视图投影方向,物体方位随之确定,如图 5-4(a)所示。

(2)根据各部分的长度、高度尺寸,画出该物体的主视图。

主、俯视图之间留出适当间距,根据宽度尺寸并注意"长对正",画出俯视图。

主、左视图间留出适当间距,按"高平齐、宽相等"画出左视图。为了保证宽相等,可以作出 45°辅助线。凹槽水平面的侧面投影不可见,应画成虚线。注意"宽相等"的尺寸度量及其作图方法,如图 5-4(b)所示。

(3)检查底稿,擦去多余图线,注意线型。加深点画线和虚线,加粗所有可见轮廓线,完成全图,如图 5-4(c)所示。

5.2　几何元素的三投影

三视图的"三等"规律不仅适用于物体的整体,也适用于物体的局部。点、线和面是构成物体的几何元素,掌握几何元素的正投影规律是学好工程制图的基础,特别是复杂物体,更应分析组成物体的几何元素的投影,以便看懂和表达物体。

5.2.1　点的投影

将图 5-3 中的物体"浓缩"为一点,可知:根据空间点的一个投影是不能确定点的空间位置的,必须增加其他投影面。通常采用点的三面投影。

1.　点在三投影面体系中的投影

将空间点 A 置于三投影面体系中,如图 5-5(a)所示,分别向三个投影面投影,得到的投影分别用 a、a'、a'' 表示(习惯上,用大写的英文字母表示空间点,如空间点 A,它在 H、V、W 面上的投影分别用小写的英文字母 a、a'、a'' 表示)。同样,将三投影面体系按规则展开即得到图 5-5(b)所示的投影图。去掉投影面的边界,如图 5-5(c)所示。

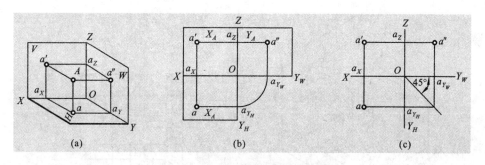

图 5-5　点在三投影面体系中的投影

根据几何学知识和三投影面体系的构成可知:图 5-5(a)中的平面 Aaa_Xa' 垂直于 H 面、V 面,也垂直于 OX 轴,所以当 H 面展开与 V 面成一平面时,$a'a_X$ 和 a_Xa 连成一条垂直于 OX 轴的直线,即 $a'a \perp OX$ 轴,同理可得 $a'a'' \perp OZ$ 轴。

另外,立体 $Aaa_Xa'a_Za''a_YO$ 组成一个长方体,有 $aa_X = a''a_Z = Aa'$,即点的水平投影 a 到 OX 轴的距离与点的侧面投影 a'' 到 OZ 轴的距离均反映空间点 A 到 V 面的距离。

因此点的三面投影规律是:点的正面投影和水平投影的连线垂直于 OX 轴;点的正面投影和侧面投影的连线垂直于 OZ 轴;点的水平投影到 OX 轴的距离与点的侧

面投影到 OZ 轴的距离相等。

同样,有 $a'a_X=a''a_Y=Aa$,即点的正面投影 a' 到 OX 轴的距离与点的侧面投影 a'' 到 OY 轴的距离均反映空间点 A 到 H 面的距离;$a'a_Z=aa_Y=Aa''$,即点的正面投影 a' 到 OZ 轴的距离与点的水平投影 a 到 OY 轴的距离均反映空间点 A 到 W 面的距离。

如果将三投影面体系看成是三维直角坐标系,则投影面 H、V、W 为坐标面,投影轴 OX、OY、OZ 为三个坐标轴,点 O 为坐标原点。由图 5-5 可知,点 A 的三面投影和点的直角坐标的关系如下:

水平投影 a 由 Oa_X 和 Oa_Y 即点 A 的 X、Y 两坐标决定;

正面投影 a' 由 Oa_X 和 Oa_Z 即点 A 的 X、Z 两坐标决定;

侧面投影 a'' 由 Oa_Y 和 Oa_Z 即点 A 的 Y、Z 两坐标决定。

由此可知,点的任意两个投影包含点的三个坐标,即反映了空间点到三个投影面的距离,从而可以确定点的空间位置。

2. 重影点及其可见性

1）重影点

如果空间有若干点位于某投影面的同一垂直线上,那么,它们在该投影面上的投影重合在一起,这些点称为重影点。

图 5-6 所示撞块上直线 AB 与 V 面垂直,端点 A、B 的正面投影重合在一起,称端点 A、B 是 V 面的重影点。同理,A、C 两点是 W 面的重影点,D、E 两点是 H 面的重影点。

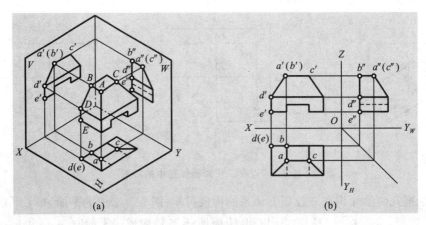

(a)　　　　　　　　　　(b)

图 5-6　重影点的投影特性

2）判断重影点的可见性

当两点的同面投影重合时,就需要判别其可见性,也就是说,需判别两点中哪个可见,哪个不可见。判断重影点的可见性,可以依据点的直角坐标。由图 5-6 可知:点 A 和点 B 的 X、Z 坐标均相同,而点 A 的 Y 坐标比点 B 的 Y 坐标大,即 $Y_A>Y_B$,

可见,点 A 位于点 B 的正前方。根据正面投影的特点,观察者从前向后看,首先看见的是点 A,点 A 将点 B 遮挡了,所以点 A 可见,点 B 不可见。在投影图上,对不可见的点要添加括号表示如(b'),如图 5-6 所示。判别某投影面上的一对重影点的可见性,可根据该投影面所缺的坐标值进行,即两重影点中坐标值较大的可见,反之不可见。同理,在图 5-6 中,点 A 在 W 面的投影可见,点 C 在 W 面的投影不可见(用(c'')表示);点 D 在 H 面的投影可见,点 E 在 H 面的投影不可见(用(e)表示)。

5.2.2　直线的投影

1. 直线的投影的画法

直线是物体表面上的棱线和素线。根据"两点确定一条直线"的几何知识,作直线的投影时,只要作出该直线上任意两点的投影,将这两点的同面投影连接起来,便可得到该直线的投影,如图 5-7 所示。这里所讲的直线是有限长的,因为研究的物体是有限大的,物体上的棱线和素线也是有限长的。

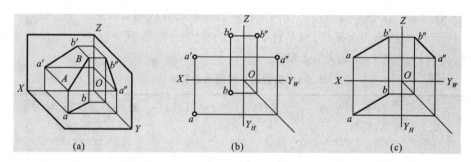

图 5-7　直线投影的画法

2. 各种位置直线的投影特性

直线是构成实体的要素之一。根据物体上的直线相对于投影面位置的不同,直线可分为三类:一般位置直线(见图 5-8(a)中的 AB)、投影面平行线(见图 5-8(a)中的 CD)、投影面垂直线(见图 5-8(a)中的 AD、BC)。后两类又称为特殊位置直线。下面对这三类直线的投影特性展开讨论。

1)一般位置直线

相对于三个投影面都倾斜的直线,称为一般位置直线。由于一般位置直线与三个投影面都倾斜,必有三个倾角。对 H 面的倾角用 α 表示,对 V 面的倾角用 β 表示,对 W 面的倾角用 γ 表示,如图 5-8 所示。

由图 5-8(b)可见,一般位置直线的投影特性如下。

(1)一般位置直线的三个投影都比实长短,且都相对投影轴倾斜,如

$$ab = AB\cos\alpha, \quad a'b' = AB\cos\beta, \quad a''b'' = AB\cos\gamma$$

(2)一般位置直线的投影与相应投影轴的夹角,都不反映该直线对投影面的倾角。

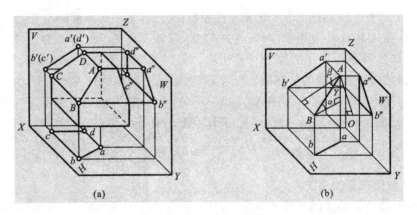

图 5-8   各种位置直线的投影

(a)物体上各种位置直线;(b)一般位置直线的投影及倾角

2) 投影面平行线

平行于某一个投影面而与另外两个投影面倾斜的直线称为投影面平行线,其中:只平行于 H 面的称为水平线;只平行于 V 面的称为正平线;只平行于 W 面的称为侧平线。它们的投影特性如表 5-1 所示。

表 5-1   投影面平行线的投影特性

名称	水平线(∥H 面,对 V 面、W 面倾斜)	正平线(∥V 面,对 H 面、W 面倾斜)	侧平线(∥W 面,对 H 面、V 面倾斜)
实例			
直观图			

续表

名称	水平线(∥H 面,对 V 面、W 面倾斜)	正平线(∥V 面,对 H 面、W 面倾斜)	侧平线(∥W 面,对 H 面、V 面倾斜)
投影图	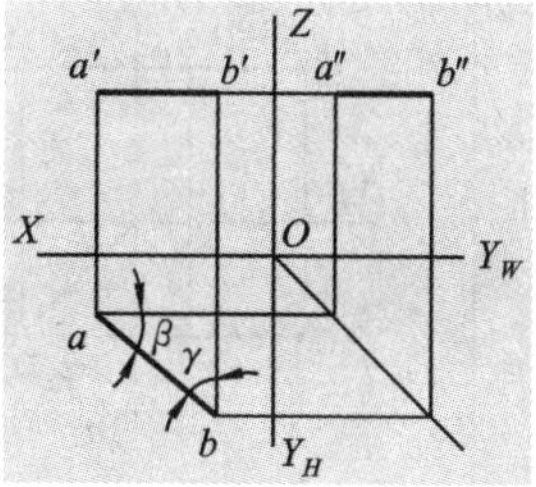	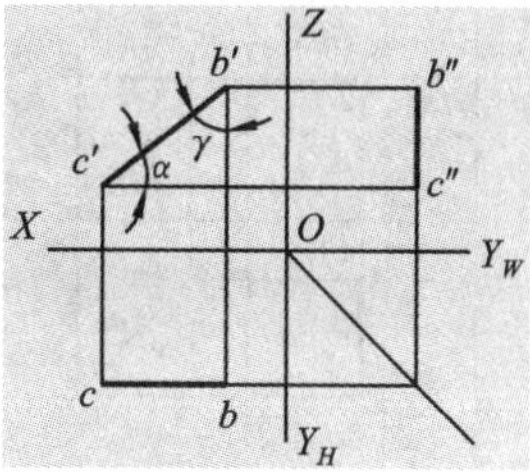	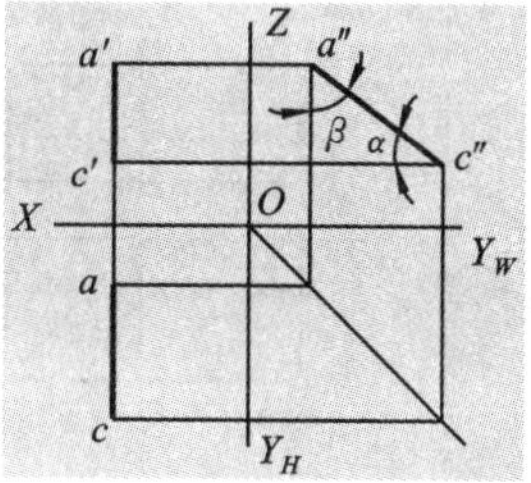
投影特性	小结:①直线在所平行的投影面上的投影表达实长; ②其他的投影平行于相应的投影轴; ③表达实长的投影与投影轴所夹的角大小等于空间直线对相应投影面的倾角大小		

3) 投影面垂直线

垂直于某一投影面的直线,称为投影面垂直线,其中:垂直于 H 面的直线称为铅垂线;垂直于 V 面的直线称为正垂线;垂直于 W 面的直线称为侧垂线。直线与一个投影面垂直,必与另两个投影面平行。投影面垂直线的投影特性如表 5-2 所示。

表 5-2　投影面垂直线的投影特性

名称	铅垂线(⊥H 面,∥V 面和 W 面)	正垂线(⊥V 面,∥H 面和 W 面)	侧垂线(⊥W 面,∥H 面和 V 面)
实例	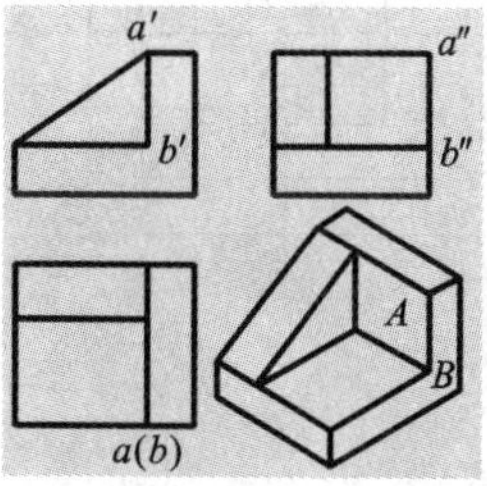	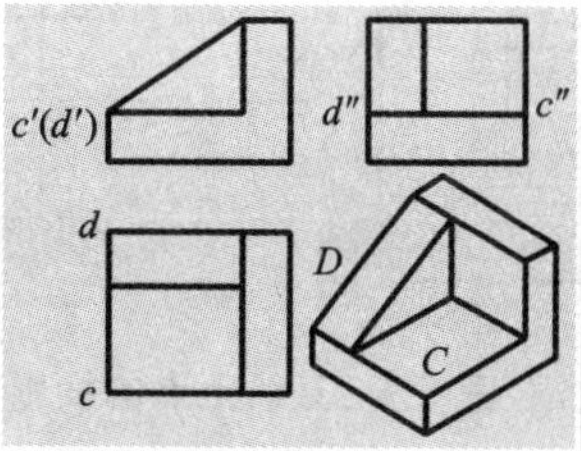	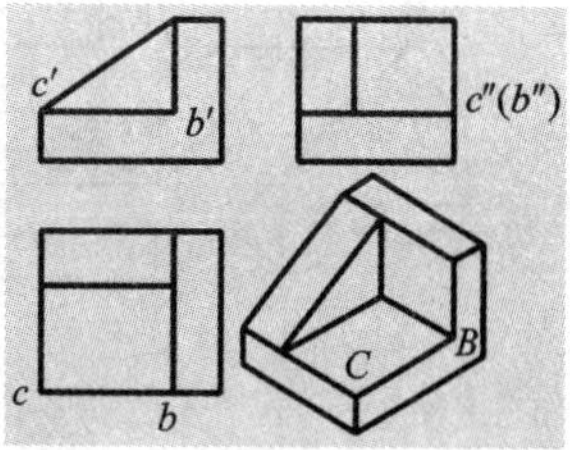
直观图	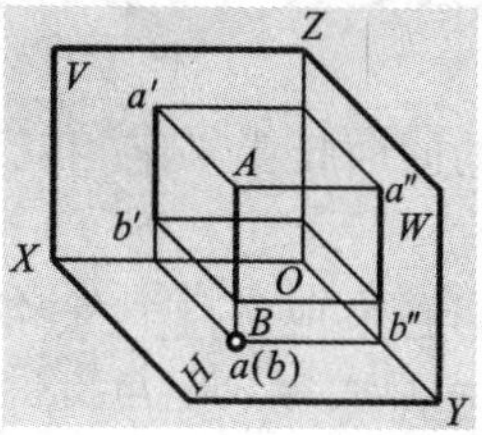	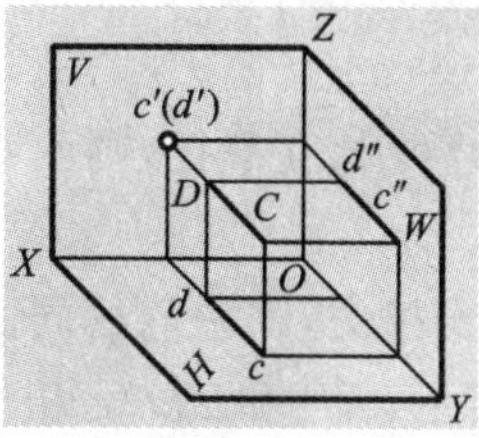	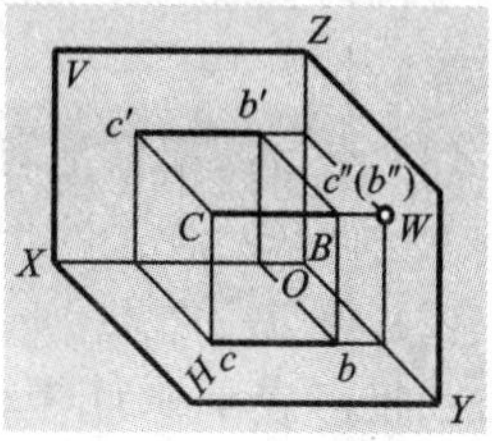

续表

名称	铅垂线（⊥H面，∥V面和W面）	正垂线（⊥V面，∥H面和W面）	侧垂线（⊥W面，∥H面和V面）
投影图	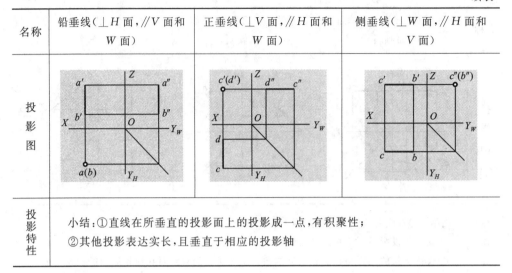		
投影特性	小结：①直线在所垂直的投影面上的投影成一点，有积聚性；②其他投影表达实长，且垂直于相应的投影轴		

4）直线上的点

点在直线上，则点的各个投影必定在该直线的同面投影上。在图 5-9 中，点 K 在直线 AB 上，则 k 在 ab 上，k' 在 $a'b'$ 上，k'' 在 $a''b''$ 上，并且 $k'k \perp OX$，$k'k'' \perp OZ$，完全符合点的投影规律。

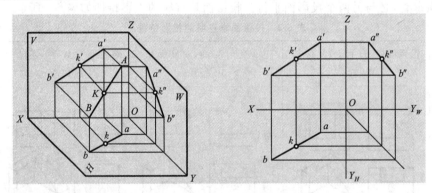

图 5-9　直线上点的投影

5）直线的相对位置

空间两直线的相对位置有以下三种情况：平行、相交及交叉。下面分别讨论它们的投影特性。

（1）平行　如果空间的两直线相互平行，则两直线的同面投影必定相互平行，如图 5-10 所示。

（2）相交　如果空间两直线相交，则它们的同面投影必定相交，且交点符合空间一点的投影规律。如图 5-11 所示，AB 和 CD 为相交的两直线，其交点为 K。根据直线上点的投影特性，则点 K 的三面投影既在 AB 的三面投影上，又在 CD 的三面投

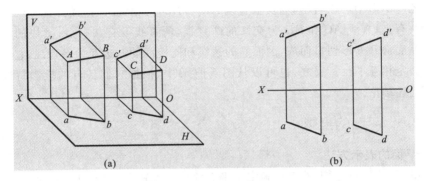

图 5-10　平行两直线的投影

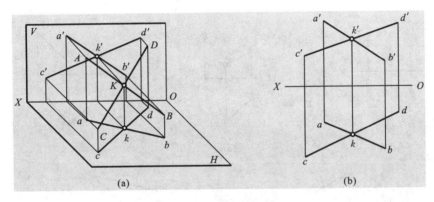

图 5-11　相交两直线的投影

影上,而且符合点 K 的投影规律,即 $kk' \perp OX$, $k'k'' \perp OZ$。

（3）交叉　如果空间的两直线既不平行又不相交,则称为交叉。两直线交叉不存在共有点,但有重影点。在某一投影面上两交叉直线的投影相交,交点实质上是两条直线上的两个点的重影点,如图 5-12 所示。

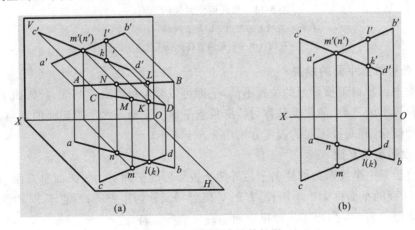

图 5-12　交叉两直线的投影

从图 5-6(a)中可以看出,撞块上直线 AB 和 BD 为相交的两直线,其交点 B 是两直线的共有点;直线 AC 和 BD 为交叉的两直线,两直线没有共有点;撞块的下部系长方体在底部开方形切口而成,因而它的棱线和同棱面的对边互为平行线,它们的同面投影必定相互平行。反之,也可以从图 5-6(b)中,根据它们各自的投影特性分析而得出上述结论。

5.2.3　平面的投影

1. 平面的表示方法

根据不在同一直线上的三点确定一平面的性质可知,平面可以用几何元素表示,如图 5-13 所示,但物体上的平面是任意的平面图形。

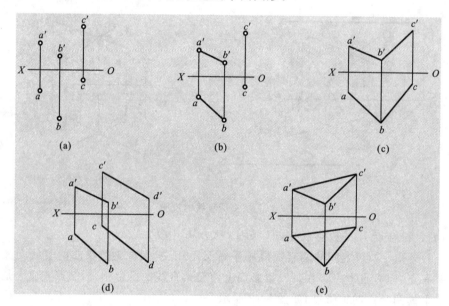

图 5-13　用几何元素表示平面

(a)不在同一直线上的三点;(b)一直线和一直线外的一点;
(c)相交的两直线;(d)平行的两直线;(e)任意的平面多边形

2. 各种位置平面的投影

根据平面相对于投影面的位置不同,平面可以分为投影面垂直面、投影面平行面和一般位置平面三类,前两类又称为特殊位置平面。平面与水平投影面的倾角、正立投影面的倾角、侧立投影面的倾角分别用 α、β、γ 表示。

1）投影面垂直面

垂直于某一个投影面而倾斜于另外两个投影面的平面称为投影面垂直面,其中:垂直于 H 面的平面称为铅垂面;垂直于 V 面的平面称为正垂面;垂直于 W 面的平面称为侧垂面。表 5-3 列出了三种投影面垂直面的投影特性。

表 5-3　投影面垂直面的投影特性

名称	铅垂面(⊥H 面,对 V 面、W 面倾斜)	正垂面(⊥V 面,对 H 面、W 面倾斜)	侧垂面(⊥W 面,对 H 面、V 面倾斜)
实例	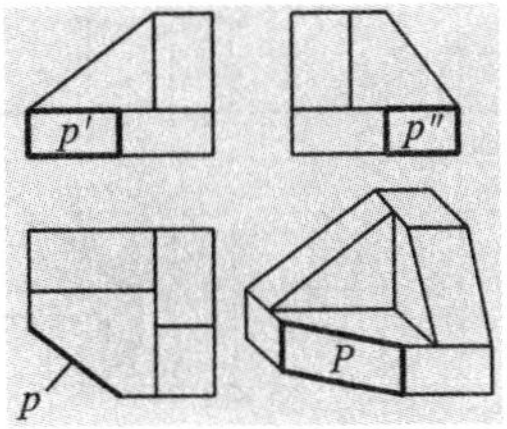	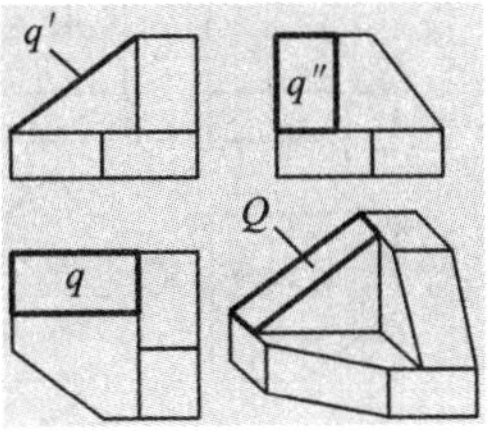	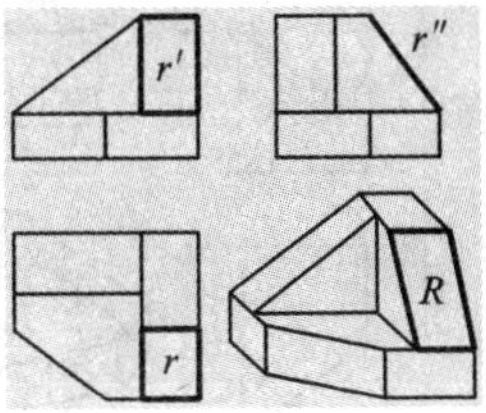
直观图	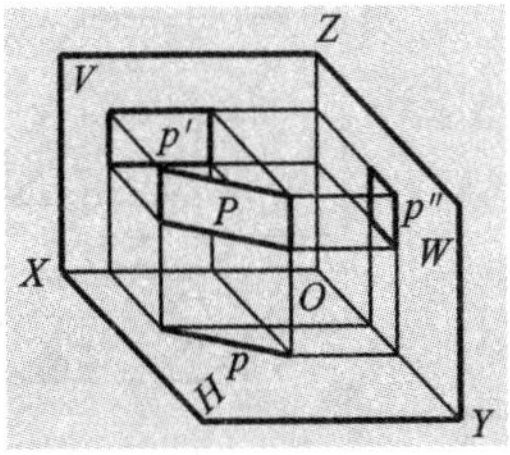	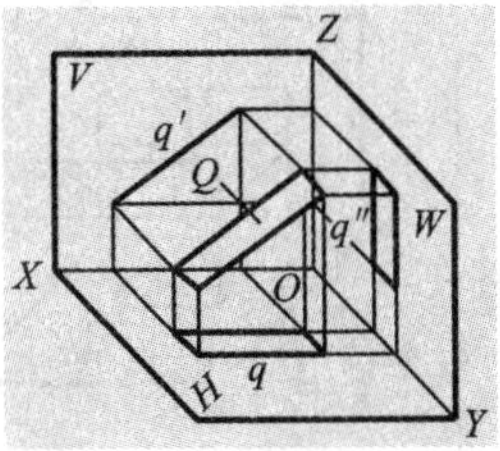	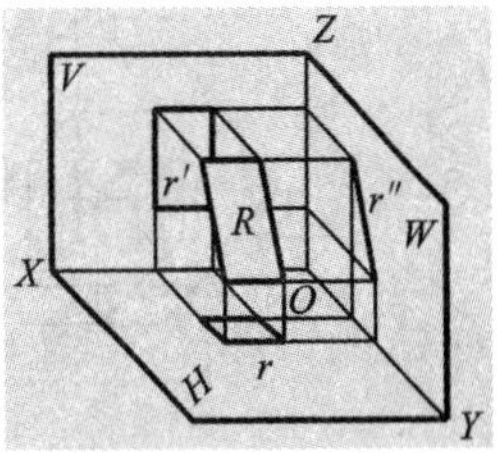
投影图	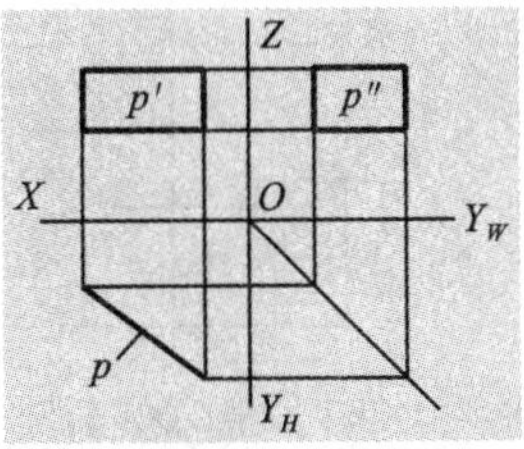	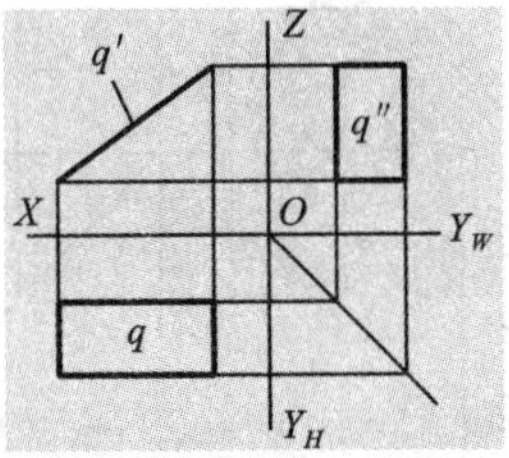	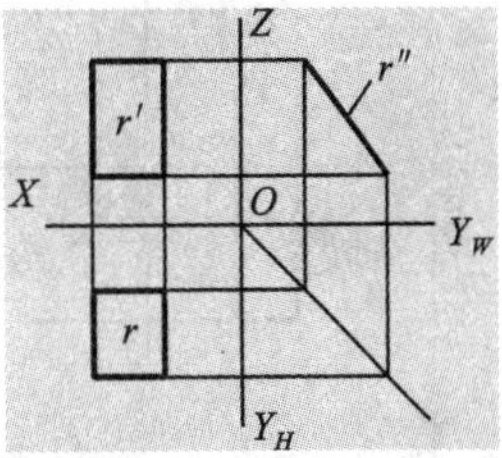
投影特性	小结:①在所垂直的投影面上的投影为倾斜于相应投影轴的直线,有积聚性,它与相应投影轴的夹角即为平面对相应投影面的倾角; ②平面多边形的其余投影均为类似形		

2) 投影面平行面

　　平行于某一投影面的平面,称为投影面平行面,其中:平行于 H 面的平面称为水平面;平行于 V 面的平面称为正平面;平行于 W 面的平面称为侧平面。表 5-4 列出了三种平行面的投影特性。

表 5-4　投影面平行面的投影特性

名称	水平面(∥H 面,⊥V 面和 W 面)	正平面(∥V 面,⊥H 面和 W 面)	侧平面(∥W 面,⊥H 面和 V 面)
实例	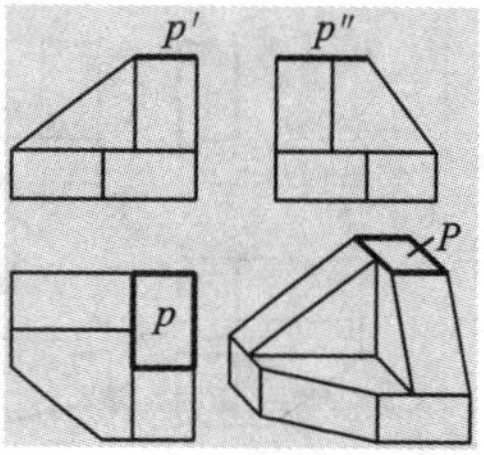	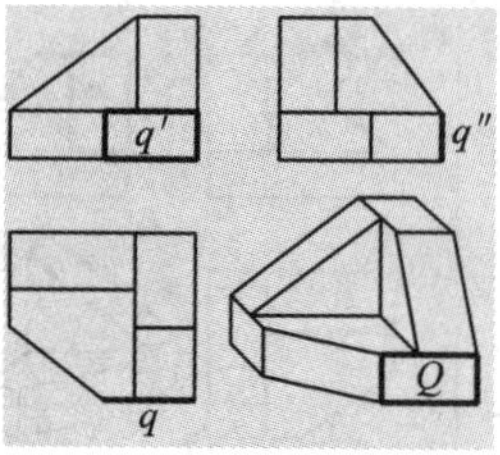	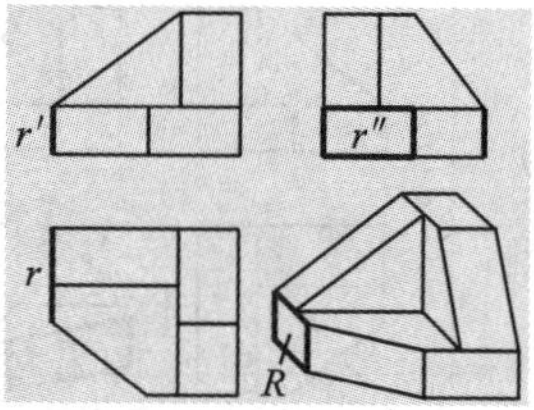
直观图	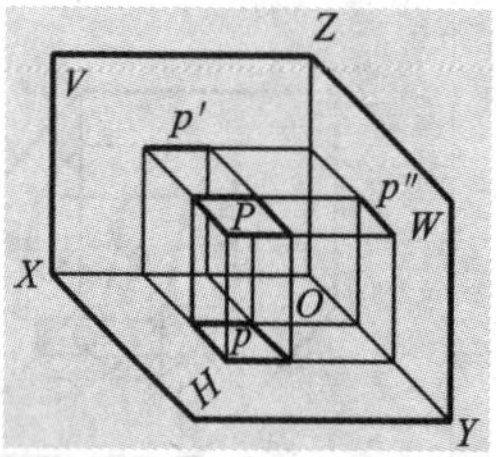	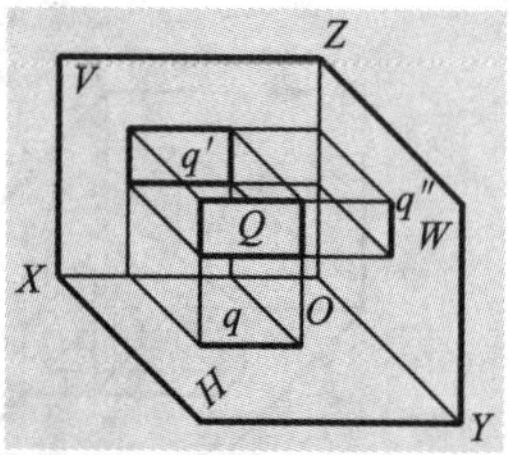	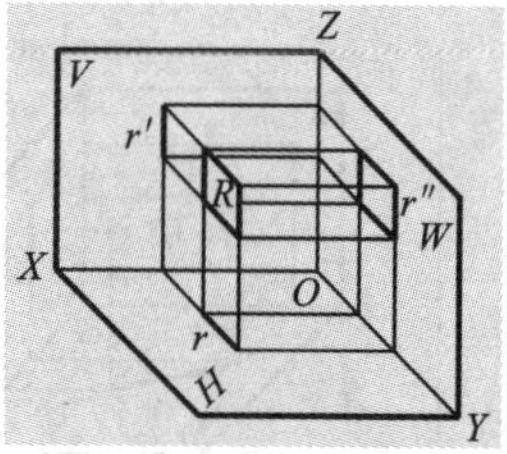
投影图	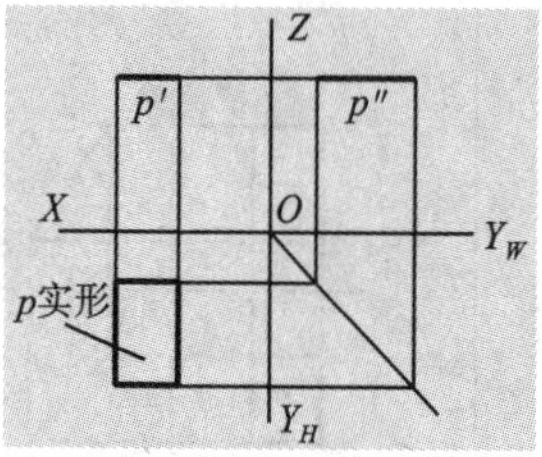	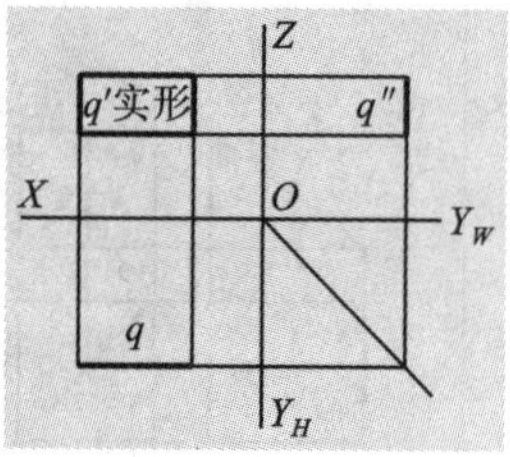	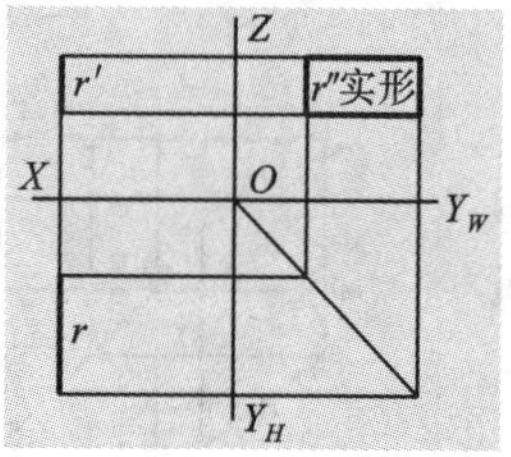
投影特性	小结:①在所平行的投影面上的投影表达实形;②其余投影均为直线,有积聚性,且平行于相应的投影轴		

3) 一般位置平面

相对于三个投影面都倾斜的平面称为一般位置平面,如图 5-14 所示。由于它对 H 面、V 面、W 面都倾斜,所以它的三个投影都既不反映实形,也不反映平面与投影面的倾角大小。

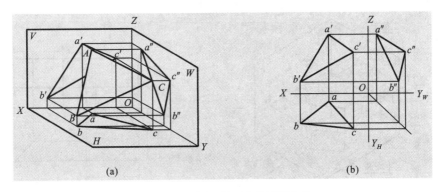

图 5-14　一般位置平面的投影特性

5.3　基本体的三视图及其建模

5.3.1　平面立体

最常见的平面立体是棱柱和棱锥，它们是由棱面和底面围成的。因此，画平面立体的投影，就是要画出它的所有棱面与底面，或棱线（棱面和棱面的交线）与底边（棱面和底面的交线），或所有顶点的投影。

1. 棱柱

如图 5-15(a)所示，正五棱柱的上、下底面是正五棱柱的特征表面，图示状态是水平面，故其水平投影反映实形，是正五边形，其正、侧面投影分别积聚成直线。五个棱面中有四个铅垂面和一个正平面，五个棱面的水平投影均积聚为直线，与底面的水平投影（正五边形）重合；左、右四个棱面的正面、侧面投影分别为与实形相类似的矩形线框；后棱面的正面投影为反映实形的矩形，侧面投影积聚为一条直线。五条棱线为铅垂线，其水平投影积聚为正五边形的五个顶点，正、侧面投影均反映棱柱的高度。

正五棱柱的三视图应从反映形状特征的俯视图画起，即先画出正五棱柱的上、下底面的水平投影，再沿图中箭头方向按"长对正、高平齐、宽相等"和已知高度画出上、下底面的正面、侧面投影，最后依次连接上、下底面的顶点，得到五条棱线的投影，如图 5-15(b)所示。在主视图（正面投影）中，后棱面上的两条棱线被前面的棱面挡住，是不可见的，因此要用虚线表示。

反过来想象图 5-15(b)所示的物体，可以看成由特征图形（俯视图）沿着高度方向拉伸而成，正五棱柱的三维模型正是这样得到的。

2. 棱锥

如图 5-16 所示，正三棱锥由底面和三个棱面组成，其底面是正三棱锥的特征表面。底面 ABC 是水平面，其水平投影为反映实形的等边三角形，其正面、侧面投影分别积聚成直线。S 为正三棱锥的锥顶，根据几何知识可知，其水平投影正好在正三

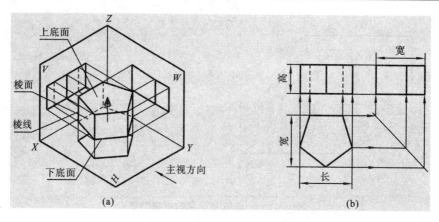

图 5-15　正五棱柱的组成及其投影

(a)直观图及组成；(b)三视图及画法

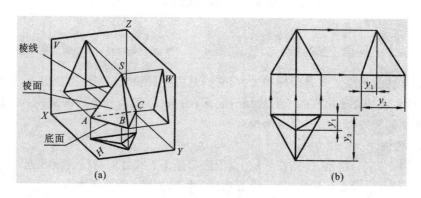

图 5-16　正三棱锥的组成及其投影

(a)直观图及组成；(b)三视图及画法

角形的中心位置上。左、右棱面为一般平面，它们的三面投影都是与实形相类似的三角形；后棱面为侧垂面（$AC \perp W$ 面），其侧面投影积聚成直线，另两个投影均是与实形相类似的三角形。

画正三棱锥的三视图时，应按如下步骤进行：先画底面 ABC 的三面投影，使底面 ABC 的三面投影保持"长对正、高平齐、宽相等"；再找出锥顶 S 的水平投影，按投影规律和正三棱锥的高度画出锥顶的另两个投影；最后将锥顶 S 和底面 ABC 三个顶点的同面投影连接起来（即画出棱线 SA、SB、SC 的三面投影），即可完成正三棱锥的三视图。

三个棱面的水平投影均可见，但后棱面 SAC 的正面投影是不可见的，右棱面 SBC 的侧面投影是不可见的。请读者思考：哪条棱线的哪个投影反映正三棱锥的棱线的实长？

想象图 5-16(b)所表达的物体，可以看成由特征图形（俯视图）沿着高度方向拉伸，而横截面同时按比例缩小而成。正三棱锥的三维模型可以采用放样的方法得到，其中一个截面草图是底面特征图形——等边三角形,另一个截面草图是正三角形中心的投影,两截面草图相距为锥高,具体操作方法参考 5.4 节。

5.3.2　曲面立体

曲面立体是由曲面或曲面和平面围成的,最常见的曲面立体为回转体,如圆柱、圆锥和圆球等。下面将分别介绍圆柱、圆锥和圆球的三视图的画法。

1. 圆柱体

如图 5-17(a)所示,圆柱体由圆柱面和上、下底面围成。圆柱面可以看成由一动直线(母线)绕一固定直线(轴线,垂直于 H 面)旋转而成。母线上任意一点的轨迹是一个在垂直于轴线的平面上的圆,该圆称为纬圆。母线在圆柱面上的任一位置时称为素线。当然,圆柱面也可以看成由一个圆(母线)沿过圆心的固定直线(轴线,垂直于 H 面)拉伸而成。画圆柱体的三视图就是画出它表面的三面投影。

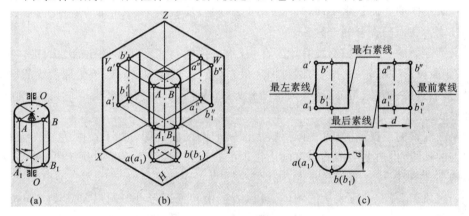

图 5-17　圆柱的形成及其投影

(a)圆柱的形成;(b)直观图;(c)三视图

如图 5-17(b)所示,圆柱体的上、下底面是垂直于轴线的水平面,其水平投影反映实形圆,其正面、侧面投影分别积聚成直线,长度为圆柱的直径。

圆柱面的所有素线均为铅垂线,所以圆柱面的水平投影积聚成一圆,并与底面圆重合。圆柱体的正面投影为矩形,其上、下两边为圆柱体底面的积聚性投影,左、右两边为圆柱面最左、最右素线的投影。

最左、最右素线称为前、后圆柱面的转向轮廓线,它们把圆柱面分成前、后两部分——前半圆柱面的正面投影可见,后半圆柱面的正面投影不可见。最左、最右素线的侧面投影与圆柱轴线的侧面投影重合,不必画出,其水平投影分别积聚在圆周左、右两点上。

同理,圆柱体的侧面投影也为矩形,其中两侧轮廓为圆柱面上最前、最后素线的投影。最前、最后素线称为左、右圆柱面的转向轮廓线,它们是圆柱体左半圆柱面与右半圆柱面的分界线,左半圆柱的侧面投影可见,右半圆柱的侧面投影不可见。最前、最后素线的正面投影与圆柱轴线的正面投影重合,也不必画出。

　　画圆柱的三视图时,可先画反映底面实形的俯视图——圆(圆心为呈"十"字形两中心线的交点),再画带轴线的主、左视图,轴线的投影用点画线表达,最后根据"长对正、高平齐、宽相等"画出圆柱体的主、左视图,均为矩形,如图 5-17(b)、(c)所示。请读者找出圆柱最前素线的三投影。

　　想象图 5-17(c)所表达的物体,可以看成由特征图形——圆沿着高度方向拉伸而成,或者看成由包含轴线的矩形绕轴线旋转而成。

　　2. 圆锥

　　如图 5-18(a)所示,圆锥体由圆锥面和圆形底面围成。圆锥面由母线 SA 绕轴线 SO 旋转而成。当然,圆锥面也可以看成一个圆(母线)沿过圆心的固定直线(轴线,垂直于 H 面)拉伸,而横截面同时按比例缩小而成。画圆锥体的三视图就是画出圆锥面和底面的三面投影。

　　圆锥体的底面是水平面,其水平投影为圆且反映实形,其正面、侧面投影积聚成一长度为底面圆直径的直线。

　　圆锥面的三面投影都没有积聚性,且水平投影与底面实形圆重合。圆锥体的正面、侧面投影中的轮廓分别为圆锥面上最左、最右、最前和最后四条轮廓素线的投影。最左、最右两条素线是前、后半圆锥的分界线,最前、最后两条素线是左、右半圆锥的分界线。

　　画圆锥的三视图时,可先画反映底面实形圆的俯视图,然后在主、左视图上画出圆锥的轴线,再根据圆锥的高度画出锥顶的三面投影,最后连接轮廓素线,画出圆锥体的主、左视图——等腰三角形,如图 5-18(b)、(c)所示。

　　想象图 5-18(c)所表达的物体,可以看成由特征图形——圆沿着高度方向拉伸、拔模角度为半锥角(圆锥素线与轴线的夹角),或者看成由包含轴线的三角形绕轴线

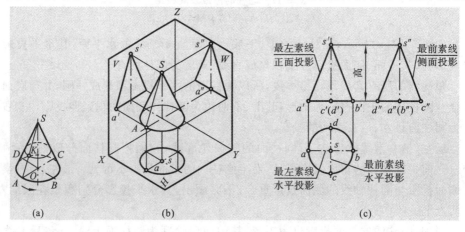

图 5-18　圆锥的形成及其投影

(a)圆锥的形成;(b)直观图;(c)三视图

旋转而成。

3．圆球

如图 5-19 所示，圆球体由圆球面围成。圆球面由半圆母线绕其直径 OO 旋转一周而成，圆球的三维模型正是这样得到的。圆球体的三视图是三个直径相等（等于圆球直径）的圆，它们分别是这个球面对三个投影面的转向轮廓线的投影。如图 5-19（b）、(c)所示，俯视图中的圆 a 为球体上平行于 H 面的最大圆的投影，它是上、下半球的分界线，其正面投影 a' 和侧面投影 a'' 分别与主视图、左视图中圆的中心线重合。与俯视图相似，主视图中的圆 b' 和左视图中的圆 c'' 分别为球体上平行于 V 面和 W 面的最大圆的投影。

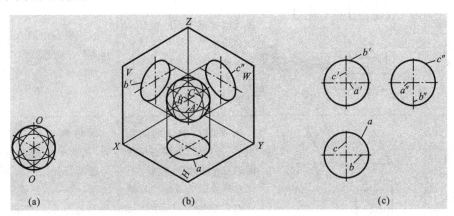

图 5-19　圆球的形成及其投影

(a)圆球的形成；(b)直观图；(c)三视图

5.3.3　其他基本体

除圆柱、圆锥、圆球外，还有一些常见的基本体，它们的三视图、投影特性、建模方法如表 5-5 所示。熟记这些基本体的三视图、投影特性和建模方法，对学习今后的课程大有好处，可以起到"事半功倍"的效果。

表 5-5　常见基本体的三视图、投影特性和建模方法

名　称	三视图与尺寸	投影特性	建模方法
三棱柱		主视图反映其特征图形——三角形，俯、左视图为矩形。 立体应标注长、宽、高三个尺寸，其中长、高应标注在反映特征图形的主视图上	以主视图中的三角形作为特征图形拉伸

续表

名　称	三视图与尺寸	投影特性	建模方法
四棱柱	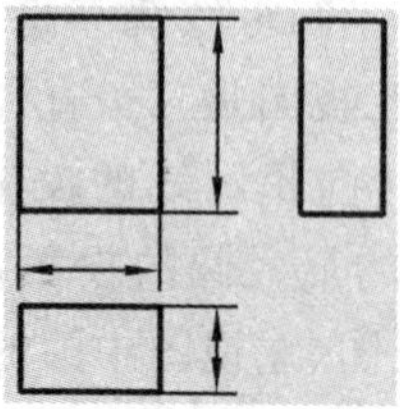	三个视图均为矩形。 在主视图上标注高度与长度，在俯视图上标注宽度	以任意视图中的矩形作为特征图形拉伸
六棱柱	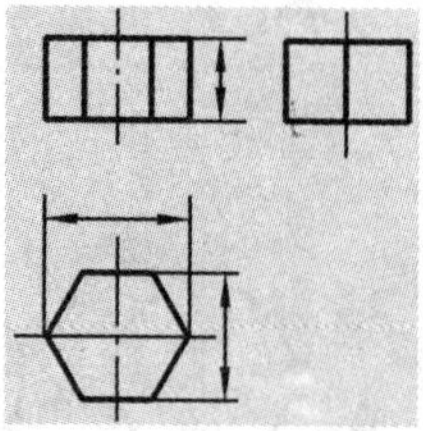	俯视图反映其特征图形——正六边形，主、左视图反映各侧棱面的矩形。 在俯视图上应标注确定正六边形实形的尺寸（任意一个），在主视图上标注高度	以俯视图中的六边形作为特征图形拉伸
四棱锥	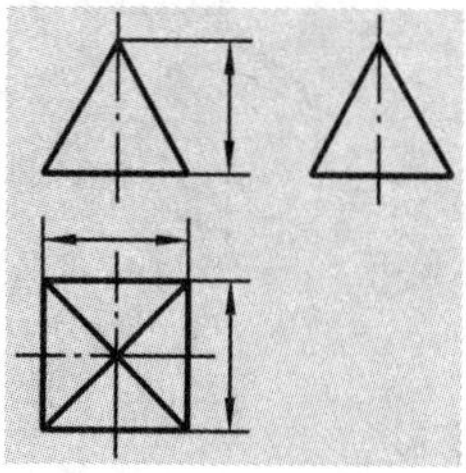	俯视图反映底面的实形，主、左视图反映各侧棱面的三角形。 在俯视图上应标注反映底面实形的尺寸，在主视图上标注高度	采用放样的方法得到，其中一个截面草图是底面特征图形——四边形，另一个截面草图是四边形中心的投影，两截面草图相距锥高
四棱台	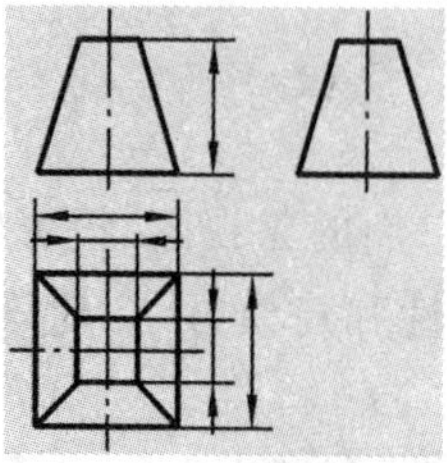	四棱台的顶面与底面在俯视图上反映实形，主、左视图为等腰梯形。 在俯视图上应标注顶面与底面的长度和宽度尺寸，在主视图上标注高度	采用放样的方法得到，其中一个截面草图是底面特征图形——四边形，另一个截面草图是顶面特征图形——四边形，两截面草图相距棱台高
圆锥台	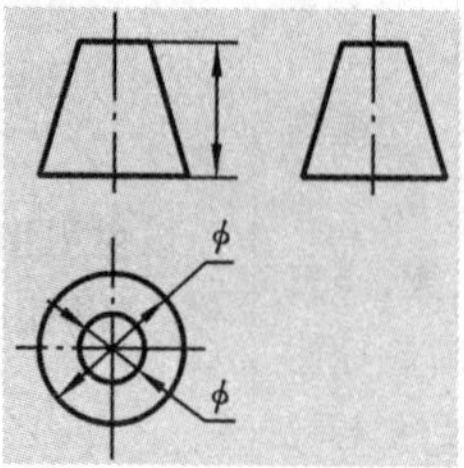	圆锥台的顶面与底面在俯视图上反映实形，主、左视图为等腰梯形。 在俯视图上应标注顶面与底面的直径，在主视图上标注高度	采用放样的方法得到，其中一个截面草图是底面特征图形——圆，另一个截面草图是顶面特征图形——圆，两截面草图相距圆台高； 或以主（左）视图作为特征图形绕轴线旋转

5.4　基本体的建模实例

前面章节已经介绍了草图设计和基本体的建模方法,本节主要介绍使用 Autodesk Inventor 软件建立基本体的模型。

例 5-2　创建正五棱柱、正五棱锥的模型。其底面外接圆直径为 $\phi50$,高为 60 mm。

解　具体步骤如下。

(1) 启动 Inventor,在"新建文件"对话框中,双击默认零件模板按钮 Standard.ipt ,进入建模的草图环境(系统默认第一个草图放置平面是 OXY 坐标面)。

(2) 展开左边浏览器中的"原始坐标系",单击"绘图"栏中的按钮 投影 几何图元 , 再单击"原点"将原点投影到当前草图平面上。

(3) 单击构造线按钮 ,单击圆按钮 ,捕捉原点(此时原点为绿色点,若漏掉第(2)步,则为黄色点)并单击,拖动鼠标到适当位置单击,画出一个辅助圆。

(4) 再次单击构造线按钮 ,准备画实线的五边形。单击多边形按钮 多边形 ,在多边形对话框中输入 5,捕捉原点并单击,拖动鼠标捕捉第(3)步所画圆上的点单击,用实线画出一个五边形,单击"完成"按钮,关闭多边形对话框。注意光标附近出现的提示符号。操作过程不同,草图要达到全约束的尺寸数量也会不同(看界面右下角状态栏中的提示),本例中需要三个尺寸,如图 5-20 所示。这三个尺寸可以通过几何约束和尺寸约束来实现。本例可以利用重合约束按钮 将五边形的端点约束到圆上,利用水平约束按钮 将五边形的一条边约束为水平线,利用通用尺寸按钮 标注圆的直径 $\phi50$,即可使草图达到全约束。

(5) 单击完成草图按钮 ,退出草图环境。单击"创建"栏中的按钮 ,在弹出的"拉伸"对话框中,选择输入"60"(系统自动选择唯一的实线封闭框,且因为是第一个实体特征,系统自动选择"并"运算),如图 5-21 所示。单击"确定"按钮完成正五

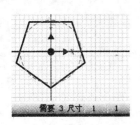

图 5-20　状态栏提示

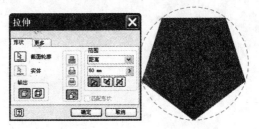

图 5-21　"拉伸"对话框

棱柱的创建。

（6）若要创建正五棱锥，则退出草图环境后，单击"定位特征"中的按钮 ，单击左边浏览器中的 *OXY* 平面，拖动鼠标，在偏移对话框中输入"60"，如图 5-22 所示。单击"确定"按钮创建工作平面。

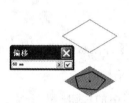

图 5-22　创建工作平面

图 5-23　"放样"对话框及正五棱锥预览效果

（7）单击"草图"栏中的按钮 ，选择刚刚创建的工作平面，按照第（2）步将原点投影到当前草图平面上，退出草图环境；单击"创建"栏中的按钮 放样，在放样对话框中的截面下单击，选择草图 1——五边形，再次在放样对话框中的截面下单击，选择草图 2——工作平面上的原点的投影，如图 5-23 所示。单击"确定"按钮创建正五棱锥。

本例使用了工作平面作为辅助定位特征。"定位特征"中还有工作轴、工作点等特征，请读者在实际操作中注意合理使用。

第6章

组合体的建模与三视图

第 2 章已经介绍了组合体的组合方式及组合体的形体分析方法,第 5 章也介绍了几何元素的投影和基本体的三视图,本章利用这些知识来学习组合体的建模与三视图。

6.1　组合体的表面关系

构成组合体的基本体之间的表面连接关系,可分为平齐、不平齐、相切、相交四种情况。

1. 平齐

当相邻两基本体的某些表面平齐时,说明此时相邻表面共面,共面的表面在视图上没有分界线,如图 6-1 所示。

2. 不平齐

当相邻两基本体的表面不平齐时,说明此时相邻表面不共面,在视图上不同表面之间应有分界线,如图 6-2 所示。

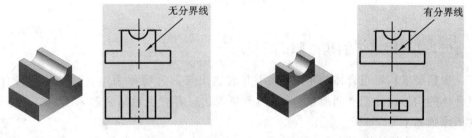

图 6-1　两表面平齐　　　　　图 6-2　两表面不平齐

3. 相切

当相邻两基本体表面相切时,由于表面连接是光滑过渡的,不存在明显的分界线,因此,在两表面相切处不画分界线的投影。相关面的投影应画到切点处,如图6-3所示。

4. 相交

当两立体表面相交时,在视图上两表面交界处应画出交线,如图 6-4 所示。

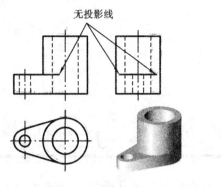

图 6-3　两表面相切

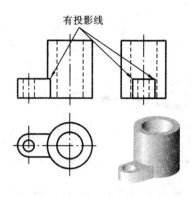

图 6-4　两表面相交

特殊情况：当两圆柱相切时，若它们的公共切平面垂直于投影面，则应画出相切的素线在该投影面上的投影；当两圆柱相切时，若它们的公共切平面倾斜或平行于投影面，则不画出相切的素线在该投影面上的投影。如图 6-5 所示。

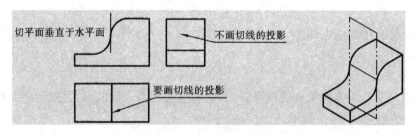

图 6-5　两圆柱相切的特殊情况

6.2　组合体的建模

6.2.1　组合体的构形原则

根据要求构思组合体的形状、大小并表达出来的过程称为组合体的构形设计。组合体的构形设计把空间想象、形体构思与表达三者有机地结合起来了。组合体的构形原则如下。

（1）以几何体构形为主。各种形体的形成都是有规律的。

（2）构形设计力求新颖、多样。构成组合体的基本体类型、组合方式和相对位置应尽可能多样化，并力求新颖。

（3）构形均衡、稳定，符合工程实际，便于成形。

① 两个形体组合时，不能出现点接触或线接触，如图 6-6 所示。

② 密封的内腔不便于成形，不宜采用，如图 6-7 所示。

图 6-6　组合体的错误连接　　　　　图 6-7　不允许出现密封的内腔

6.2.2　叠加式组合体的建模

特征是组合体建模的基本单元。组合体建模时,生成的第一个特征称为基础特征,在它的基础上,通过交、并、差等布尔运算,顺序生成其他特征。创建特征的顺序为:先整体后细节,先外部形状后内部结构,先主要结构后次要结构。逐步生成复杂的组合体。其中基础特征不能删除,在基础特征上增加其他特征的顺序将影响组合体建模的可行性和效率。

组合体的建模步骤:

(1) 在形体分析的基础上,分析每个基本体所具有的特征,如拉伸特征或旋转特征;

(2) 根据基本体之间的相对位置,决定每个基本体的特征草图的放置平面(包括已创建的实体表面、坐标面、工作平面等)。

在组合体的三维建模中,先进行形体分析,后进行线面分析,目标明确,有计划、有步骤地依次创建特征。创建一个结构可能会有多种方法,可以通过添加草图特征来实现,也可以通过放置特征来实现。应通过比较,选择合适的方法和建模顺序,通过多思考、多分析、多比较、多实践,达到"事半功倍"的效果。

组合体建模主要有两个步骤:绘制草图和添加特征。

例 6-1　说明图 6-8 所示支承座的建模过程。

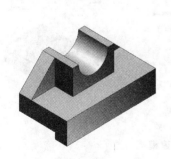

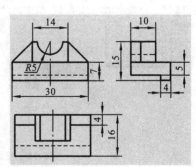

图 6-8　支承座

解　支承座为叠加式组合体,其建模过程如下。

(1) 将支承座分解为底板、立板、肋板三个基本体,其对应的特征面草图如图 6-9所示。

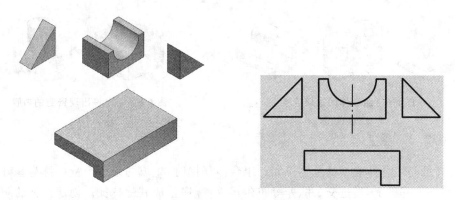

图 6-9　支承座的分析

（2）绘制底板的特征平面草图，注意捕捉原点，如图 6-10 所示。

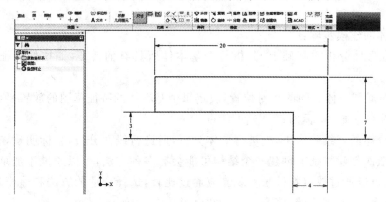

图 6-10　支承座底板的特征平面草图

（3）添加"拉伸"特征，对称拉伸，形成底板的模型，如图 6-11 所示。

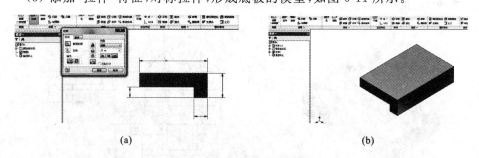

图 6-11　支承座底板的建模

（a）添加"拉伸"特征；（b）底板的模型

（4）以底板的后面作为绘制立板草图的放置平面，如图 6-12(a)所示。绘制立板的特征面的草图，如图 6-12(b)所示。添加"拉伸"特征，形成立板的模型。

（5）同样以底板的后面作为绘制肋板草图的放置平面，添加拉伸特征，形成肋板的模型，完成整个立体，如图 6-13(a)、(b)所示。

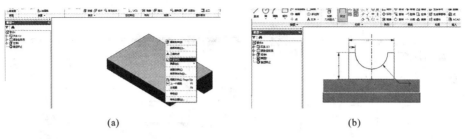

(a) (b)

图 6-12　支承座的立板草图平面

(a)设置立板草图的放置平面；(b)立板草图

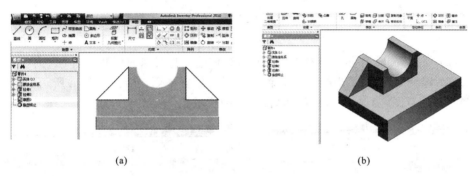

(a) (b)

图 6-13　支承座的建模

(a)肋板草图；(b)支承座的模型

6.2.3　切割式组合体的建模

例 6-2　说明图 6-14 所示立体的建模过程。

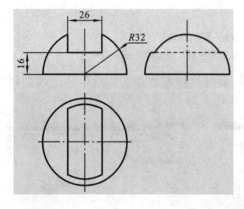

图 6-14　被截切的半球

分析　该立体的基本体是一个半圆球，被三个平面(长方体的三个表面)切割出一个槽。

解　该立体的建模过程如下。

(1) 绘制半球的特征草图，如图 6-15(a)所示。注意捕捉原点，一条半径为实线，一条半径为中心线。

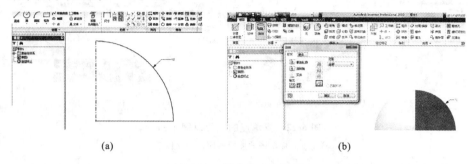

(a)   (b)

图 6-15　创建半球的模型

(a)半球的特征草图；(b)添加"旋转"特征

（2）添加"旋转"特征，如图 6-15(b)所示，创建完整半球的模型。

（3）选择原始 OYZ 坐标面作为新建草图的放置平面，如图 6-16(a)所示。绘制切割平面的草图，确保相对位置，如图 6-16(b)所示。

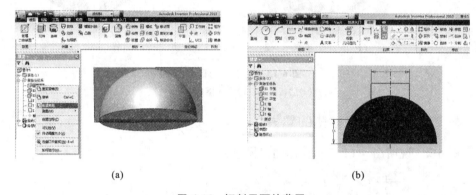

(a)   (b)

图 6-16　切割平面的草图

(a)选择坐标面作为新建草图的放置平面；(b)切割平面的草图

（4）添加"拉伸"特征，采用差集运算、双向拉伸方式建立切割半球的模型，如图 6-17 所示。

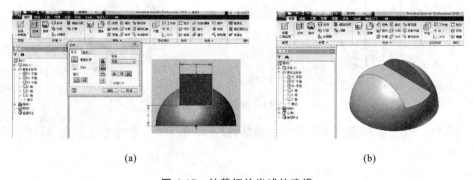

(a)   (b)

图 6-17　被截切的半球的建模

(a)添加"拉伸"特征；(b)被截切的半球

例 6-3　说明图 6-18 所示的立体的建模过程。

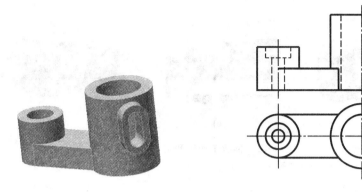

图 6-18　立体的投影

分析　该立体可以分为左、右两个空心圆筒、中间连接板和凸台。

解　该立体的建模过程如下。

（1）创建左、右两个圆柱实体。启动 Inventor，进入建模的草图环境，按照相对位置、尺寸（按比例自定）大小创建左、右两个圆柱的实体，使得右边圆柱的底面中心与系统的坐标原点重合，两个圆柱的中心线为水平线，如图 6-19 所示。

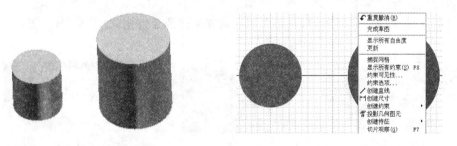

图 6-19　创建左、右两个圆柱实体　　　　　**图 6-20　创建中间连接板**

（2）创建中间连接板。单击"草图"栏中的按钮 📝，选择左边浏览器中的 *OXY* 平面，设置草图放置平面；单击"绘图"中的按钮 📋 投影 几何图元，选择两个圆柱的圆周，将两个圆柱的底面圆投影到当前平面，在绘图区域的空白处单击鼠标右键，选择右键快捷菜单中的"切片观察"，如图 6-20 所示；用菜单栏"绘图"中直线按钮 ✏ 绘制两直线，使直线与左边圆相切，另一端点在右边圆上，退出草图拉伸，生成连接板。

（3）创建工作轴和工作平面。单击"定位特征"栏中的按钮 🖵工作轴，选择右边圆柱面，创建工作轴；单击按钮 📐，依次选择刚刚创建的工作轴、浏览器中的 *OYZ* 平面，弹出角度对话框，输入 45，按"确定"按钮生成工作平面 1（过轴线且与 *OYZ* 平面成 45°角）；再单击按钮 📐，依次选择刚刚创建的工作平面 1 和圆柱面生成工作平面 2

（与圆柱面相切），如图 6-21 所示。

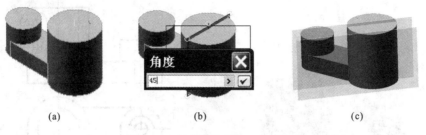

（a）　　　　　　　　　　（b）　　　　　　　　　　（c）

图 6-21　创建工作轴和工作平面
（a）创建工作轴；（b）创建工作平面 1；（c）创建工作平面 2

（4）创建凸台。单击"草图"栏中的按钮 ，选择工作平面 2，使得工作平面 2 成为当前草图放置平面；利用按钮 绘制凸台的大致轮廓，利用按钮 投影圆柱上、下底面，利用约束关系得到凸台的精确轮廓，特别是将两个半圆的圆心与右边圆柱底面中心的投影约束为一条竖直线，如图 6-22（a）所示；退出草图，双向拉伸 10 mm 生成凸台；再单击按钮 ，选择凸台的端面作为当前草图放置平面，利用按钮 投影凸台轮廓，利用按钮 偏移 产生凸台内轮廓，如图 6-22（b）所示，退出草图，拉伸至工作平面 1，利用布尔减运算生成凸台内孔，如图 6-22（c）所示。

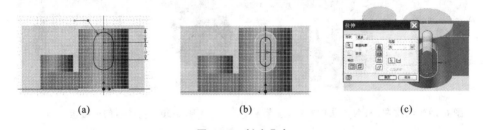

（a）　　　　　　　　　　（b）　　　　　　　　　　（c）

图 6-22　创建凸台
（a）凸台外轮廓；（b）凸台内轮廓；（c）拉伸至工作平面 1，生成内孔

（5）创建孔特征。单击"修改"栏中的按钮 ，弹出"打孔"对话框，如图 6-23（a）所示。在"放置"选项中选择"同心"，选择左边圆柱的端面，输入参数，选择左边圆柱面，按"确定"按钮后生成孔。按同样的方法生成右圆柱的孔。至此完成整个立体的建模，如图 6-23（b）所示。

由上述可见：对叠加式组合体建模时，要明确各基本体的结构形状和它们的相互位置关系，确定它们的表面连接关系；对切割式组合体建模时，首先应想象出完整基本体的形状，建立起主体模型，然后在主体上打孔或切槽，最终形成所需的模型。

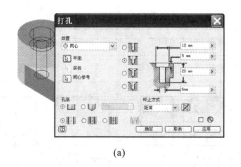
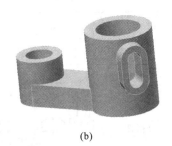

(a)　　　　　　　　　　　　　　　　　　　　(b)

图 6-23　创建孔特征,完成立体模型

(a)"打孔"对话框;(b)立体模型

6.3　组合体的三视图

在创建图 6-23 所示立体的过程中,可以看到右边圆筒与凸台的内、外表面的交线为空间曲线。无论是以叠加还是切割方式形成的组合体,表面都会产生交线。下面介绍立体表面的交线。

6.3.1　立体表面交线的投影

两个立体相交,除了需绘制两立体的投影外,还要注意两立体表面交线的绘制。

两个相互贯穿的立体的表面交线称为相贯线,如图 6-24(a)所示三通管接头中两立体的交线。平面与立体表面产生的交线称为截交线,如图 6-24(b)所示的顶尖中平面与锥面的交线。

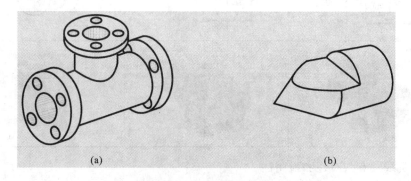

(a)　　　　　　　　　　　　　　　　　　　　(b)

图 6-24　立体表面的交线

(a)三通管接头上的相贯线;(b)顶尖上的截交线

1.　相贯线

有三个影响相贯线空间形状的因素:相贯两立体的表面性质、相对位置、尺寸大小。表 6-1、表 6-2 说明了这些因素对相贯线的影响。

表 6-1　正交两圆柱的直径相对变化对相贯线的影响

两圆柱尺寸关系	水平圆柱直径大	两圆柱直径相等	水平圆柱直径小
相贯线的特点	上、下两条空间曲线	两个相互垂直的平面椭圆	左、右两条空间曲线
投影图			
立体图			

表 6-2　两圆柱相对位置变化对相贯线形状的影响

轴线垂直相交	轴线垂直交叉	轴 线 平 行

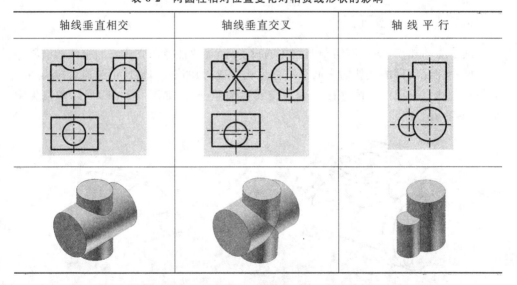

相贯线具有共有性和封闭性。

1）共有性

相贯线是两立体表面的共有线，即两立体表面的分界线。相贯线上的点是两立体表面的共有点。

2）封闭性

相贯线的形状由两立体的形状、大小和相对位置决定。一般情况下相贯线为封闭的空间曲线，特殊情况下为平面曲线或直线。

例 6-4　求作图 6-25(a)所示两正交圆柱的相贯线的投影。

分析　相贯线的水平投影与侧面投影重合在圆柱面的积聚投影上,只需求作相贯线的正面投影。

作图步骤　首先作出相贯线上最左点 A、最右点 B(也是最高点),以及最前点 C、最后点 D(也是最低点);然后在水平投影上任取点 1、2 和 3、4,由水平投影求出其侧面投影 $1''$、$2''$ 和 $3''$、$4''$;最后求出正面投影 $1'$、$2'$ 和 $3'$、$4'$,将各点依次光滑连接起来,如图 6-25(b)所示。

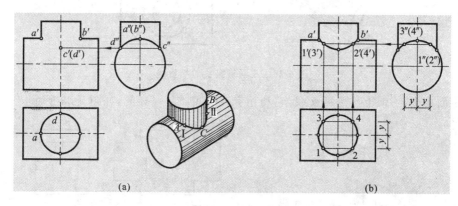

图 6-25　两正交圆柱相贯线的投影

(a)求特殊点;(b)求一般点

相贯线的简化画法:当两个正交圆柱的直径相差较大,作图的精确性要求不高时,为使作图方便,允许采用圆弧代替相贯线的投影。圆弧半径等于大圆柱半径,其圆心在小圆柱轴线上,如图 6-26 所示。

图 6-27 所示为在圆柱体上穿了一个圆柱通孔,圆柱体外表面与圆柱孔内表面产生了相贯线;图 6-28 所示为三通管接头,两圆柱外表面相贯,相贯线可见;空心部分的内表面也相贯,其内相贯线在内表面,不可见。

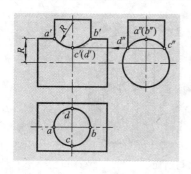

图 6-26　正交圆柱相贯线近似画法

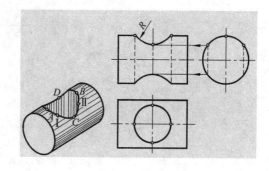

图 6-27　穿孔圆柱

圆柱与圆柱相贯在零件结构上中经常可见,因此,读者要熟悉其形状及画法。同时,平面立体与回转体也有相贯,只不过这种情况可以看做是平面立体的平面与回转

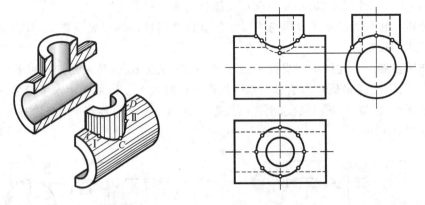

图 6-28　三通管接头的相贯线

体表面相交,习惯上称为截交线,它和相贯线的实质是一样的,如图 6-29 所示。

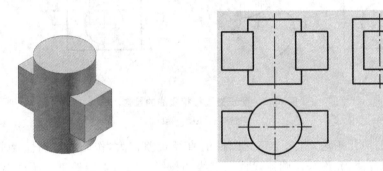

图 6-29　平面立体与回转体相交

2. 截交线

　　立体被一个或多个平面截割,必然在立体表面产生截交线。假想用来截割立体的平面称为截平面,由截交线围成的平面图形称为断面,如图 6-30 所示。

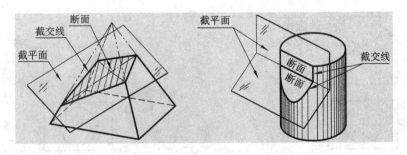

图 6-30　截交线、截平面与断面

　　截交线与相贯线的实质一样,但也有它的特点。平面截割回转体时,截交线的形状取决于回转体表面的形状以及截平面与回转体的相对位置。表 6-3、表 6-4 分别表示了平面与圆柱面的截交线、平面与圆锥面的截交线情况。

表 6-3　平面与圆柱面的截交线

截平面位置	截平面垂直于圆柱轴线	截平面平行于圆柱轴线	截平面倾斜于圆柱轴线
立体图	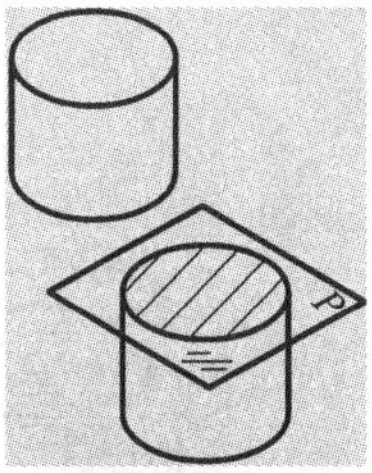	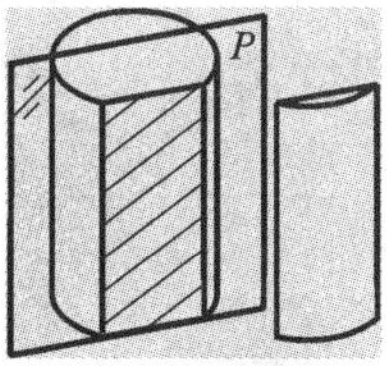	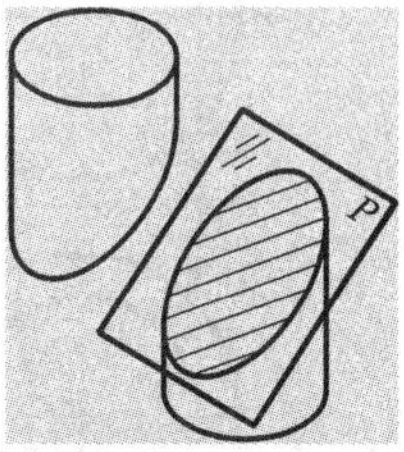
投影图	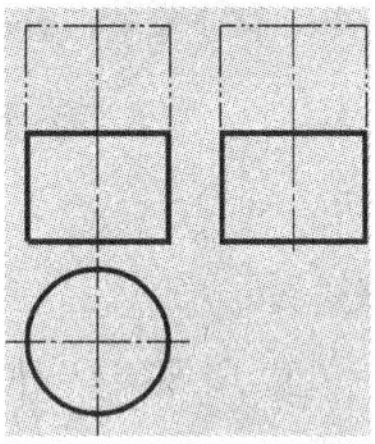	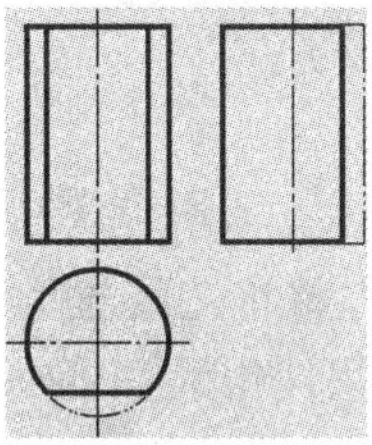	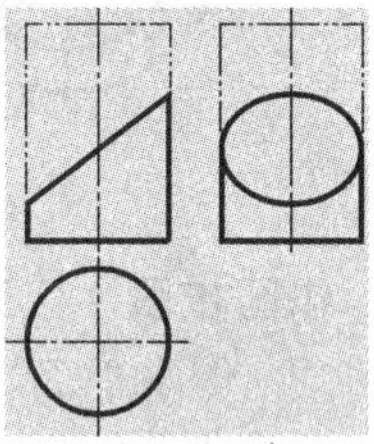
截交线形状	圆	平行于轴线的两条直线	椭圆

表 6-4　平面与圆锥面的截交线

截平面位置	通过锥顶	垂直于圆锥轴线	倾斜于圆锥轴线，并与所有素线相交	平行于一条素线	平行于圆锥轴线
立体图	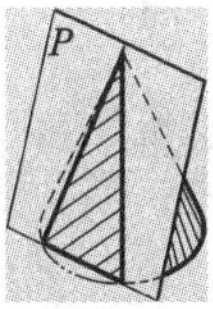	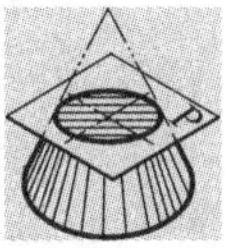	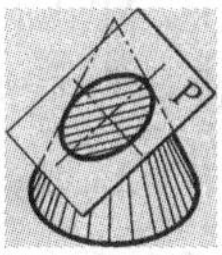	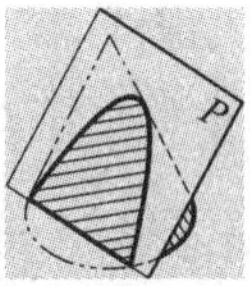	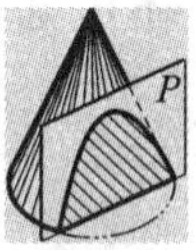
投影图	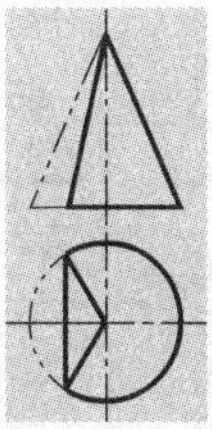	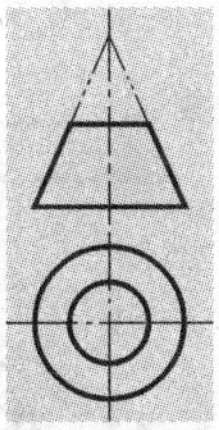	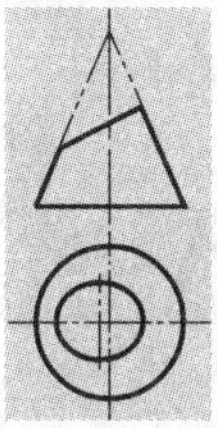	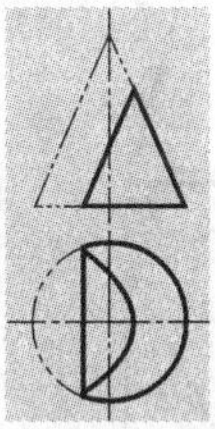	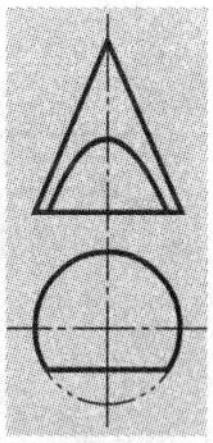
截交线形状	过锥顶的两条相交直线	圆	椭圆	抛物线	双曲线

　　平面截割球，截交线是圆。根据截平面与投影面位置不同，截交线的投影有圆和椭圆两种。如图 6-31 所示，截平面与投影面平行，截交线的形状为圆。

　　例 6-5　求作图 6-32(a)所示切口正三棱锥的投影。

　　分析　三棱锥被水平面 P 与正垂面 Q 所截，已知切口三棱锥的正面投影，完成其水平投影，求作其侧面投影。

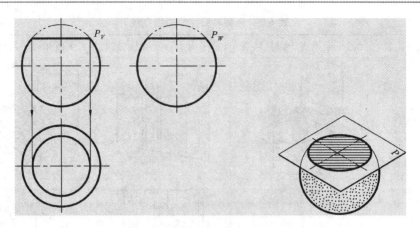

图 6-31　圆球的截切

作图步骤　（1）作出完整正三棱锥的侧面投影。

（2）作水平面 P 与正三棱锥表面的交线。水平面 P 平行于底面，P 面与正三棱锥的交线是与底面平行的△ⅠⅡⅢ，作出水平投影△123，其与底面平行且相似；△ⅠⅡⅢ的侧面投影 $3''1''2''$ 是一段水平直线。

（3）作正垂面 Q 与正三棱锥表面的交线。正垂面 Q 与前棱面交线为直线Ⅳ Ⅱ，与后棱面交线为直线Ⅳ Ⅲ，根据正面投影分别作出其水平投影 42 和 43 以及侧面投影 $4''2''$ 和 $4''3''$。

（4）作水平面 P 与正垂面 Q 的交线ⅡⅢ。注意两截平面的交线ⅡⅢ的水平投影 23 不可见，画成虚线；棱线 SA 上的ⅣⅠ段被切。

所完成的水平投影及侧面投影如图 6-32（b）所示。

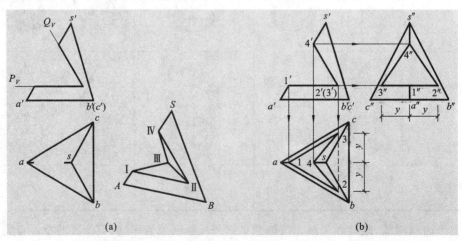

图 6-32　被截切后的三棱锥的投影

(a)切口正三棱锥与未完成的投影图；(b)完成的投影图

例 6-6　求作图 6-33（a）所示切口圆柱的投影。

分析　圆柱被水平面 P 和正垂面 Q 所截，水平面 P 与圆柱轴线平行，截交线为平行于轴线的两条直素线;正垂面 Q 与圆柱轴线倾斜,截交线为大半椭圆,由于截平面的正面投影有积聚性,而圆柱面的侧面投影有积聚性,因此截交线的正面投影就是截平面,截交线的侧面投影就在圆周上,只需求作截交线的水平投影即可。

作图步骤　(1)作出完整圆柱的水平投影。

(2)求作水平面 P 与圆柱表面的交线。利用投影性质可知:水平面 P 与圆柱表面的交线的侧面投影积聚为点 $a''(b'')$ 和 $c''(d'')$,再利用"宽相等"在水平投影上求出其水平投影——与轴线平行的直线 ab、cd。

(3)求作正垂面 Q 与圆柱表面的交线。在正面投影上取转向轮廓线上的点 $1'$、$2'$、$3'$ 和一般点 $4'$、$5'$,作出其侧面投影 $1''$、$2''$、$3''$、$4''$、$5''$,按投影关系完成水平投影 1、2、3、4、5,用光滑的曲线将各点连接成大半椭圆,即为所求。

(4)求作水平面 P 与正垂面 Q 的交线 BD,并完成全图,如图 6-33(b)所示。注意前后素线的处理。

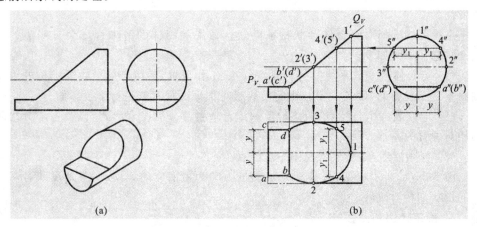

图 6-33　被截切后的圆柱的投影
(a)切口圆柱与未完成的投影图;(b)完成的投影图

6.3.2　组合体的三视图

组合体的表达需要利用三视图。绘制组合体的三视图时,要根据各基本体之间相对位置,正确分析基本体表面之间的连接关系,然后画出它们的投影。

以图 6-34(a)所示支架为例说明组合体的三视图的作图过程。

1. 形体分析

在画三视图前,应对组合体进行形体分析,大致了解组合体的形体特点,分析该组合体是由哪些基本体组成的,各基本体的相对位置、组合形式及其表面连接关系,为画图作准备。

如图 6-34 所示的支架,可分为半圆筒、L 形板和肋板。L 形板与半圆筒相交;肋板与半圆筒相切,与 L 形板相接。

2. 选择主视图的方向

画图时应先选择好主视图方向。一般使组合体上有较多表面平行或垂直于投影

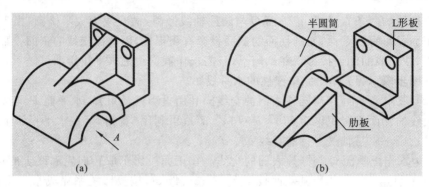

图 6-34 支架分析

(a)支架;(b)支架形体分析

面,选择最能反映形体特征的方向作为主视图方向,同时,还要兼顾其他视图表达的清晰性。

主视图的选择对组合体形状特征的表达效果和图样的清晰程度会有明显的影响。其选择原则如下。

(1) 组合体应安放平稳并符合自然位置、工作位置,使组合体上主要结构的重要端面平行于投影面,使其主要结构的轴线或对称平面垂直或平行于投影面。

(2) 应能表达组合特点,较多地反映组合体各部分的组合形式,以及各部分之间的相对位置关系。

(3) 视图清晰,尽量使各视图中虚线最少。

图 6-34(a)所示支架,按箭头 A 所指的方向为主视方向,可较明显地反映各基本体的形状和相对位置。

3. 确定比例和图幅

视图确定后,应根据组合体的大小和结构的复杂程度确定画图比例和图幅大小,一般应采用标准比例和图幅。画图比例尽可能采用 1∶1。

4. 布置视图,画基准线

图纸固定在图板上后,先画图幅线、图框线和标题栏。布图时应根据视图每个方向的最大尺寸使各视图均匀地布置在图框内,同时视图之间留有足够地方以标注所需的尺寸。用点画线或细实线画出长、宽、高三个方向的基准线,如图 6-35(a)所示。

5. 画底稿

为了快速地画图,画图的先、后顺序是先画实体,再画孔、洞。

对于每一基本体,最好是三个视图配合着画。先从反映该基本体的形状特征的视图画起,其他两个视图再按投影关系利用绘图工具一起画完,这样可以节省测量时间,提高绘图速度。一个基本体的三视图画完后,再按照相对位置画出其他基本体的三视图。

截交线和相贯线的作图原则是:若相交表面具有积聚性,应先画有积聚性投影的视图。

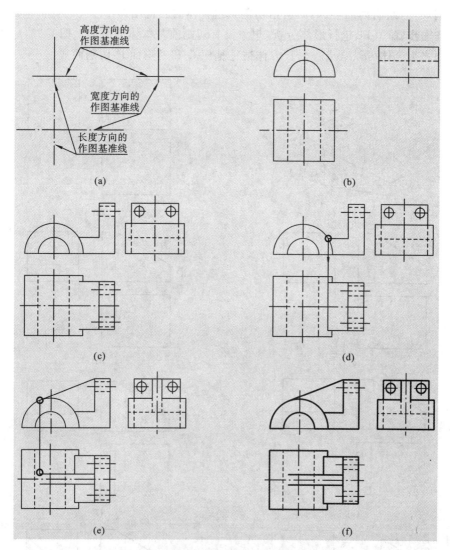

图 6-35　支架三视图的作图步骤

(a)布图、画各视图的作图基准线;(b)画半圆筒的三视图,先画主视图;(c)画 L 形板的主视图和左视图;

(d)画 L 形板的俯视图;(e)画肋板,先画主视图上切线的投影,再画俯视图和左视图的投影;

(f)擦去多余图线,最后完成三视图

6. 审核、描深

检查投影是否有错误或漏线。平面与曲面相切时平面应画到切点处,切线的投影不画;两基本体相接时应画分界线的投影。特别检查截交线或相贯线是否满足投影关系。经全面审查没有错误后,擦去作图线,描深图线。描深图线的顺序是先圆弧后直线,先小圆再大圆,根据小圆弧的粗细和颜色的浓淡确定整个图面粗实线的粗细和浓淡。

支架三视图的作图步骤如图 6-35 所示。

例 6-7　绘制如图 6-36(a)所示切割式组合体的三视图。

作图步骤　(1)进行形体分析,想象没有切割前基本体的原形。图 6-36(a)所示的切割式组合体可以看成一个长方体被正垂面 Q 和铅垂面 P 切割而成。

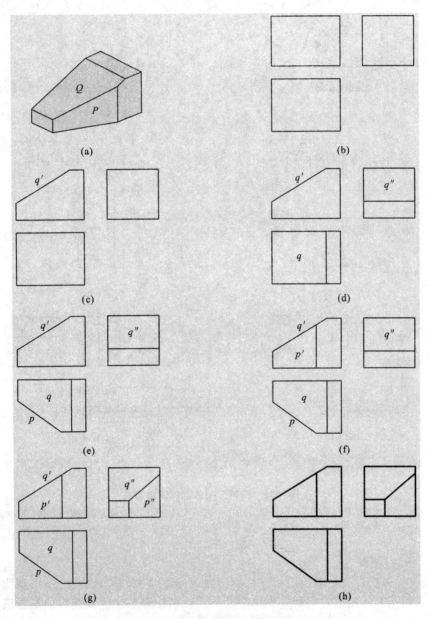

图 6-36　切割式组合体三视图的画法

(a)切割式组合体;(b)画完整长方体的三视图;(c)画正垂面 Q 的正面投影;

(d)画正垂面 Q 的水平、侧面投影;(e)画铅垂面 P 的水平投影;(f)画铅垂面 P 的正面投影;

(g)画铅垂面 P 的侧面投影;(h)检查、描深,完成三视图

（2）画完整长方体的三视图，如图 6-36(b)所示。

（3）根据每一个截平面的位置，分析每一截断面的形状，再一一画出所有交线的投影，如图 6-36(c)～(g)所示。最后检查、描深，完成三视图，如图 6-36(h)所示。

6.4　几何实体的尺寸标注

6.4.1　几何实体尺寸标注的基本要求

几何实体的形状、结构是由视图来表达的，而几何实体真实大小及各部分之间的相互位置，要由视图上标注的尺寸来确定。因此，正确标注尺寸极为重要。

标注尺寸的基本要求如下。

（1）正确：尺寸标注符合国家制图标准中的有关规定。

（2）完整：尺寸标注要齐全，能完全确定出物体的形状和大小，不遗漏，不重复。

（3）清晰：尺寸的布局清晰恰当，便于看图和查找尺寸。

6.4.2　基本体的尺寸标注

常见基本体的尺寸标注如图 6-37 所示。

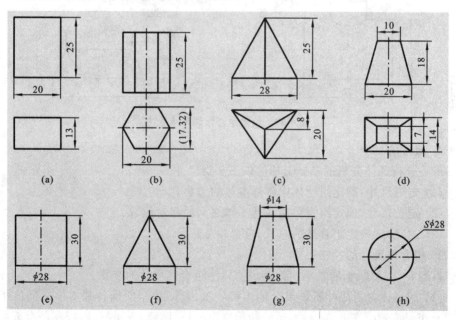

图 6-37　基本体的尺寸标注

常见带切口形体的尺寸标注如图 6-38 所示。

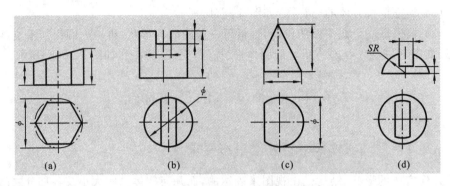

图 6-38　带切口形体的尺寸标注

6.4.3　组合体的尺寸标注

1. 相交立体的尺寸标注

尺寸标注时需标注的尺寸主要包括相交立体的定形尺寸和定位尺寸,如图 6-39 所示。

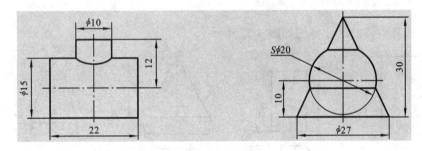

图 6-39　相贯组合体的尺寸标注

2. 尺寸的类型

应在进行形体分析的基础上标注以下三类尺寸。

(1) 定形尺寸:确定组合体中各基本体的大小。

(2) 定位尺寸:确定组合体中各基本体之间的相对位置。

(3) 总尺寸:确定组合体的总长、总宽和总高。

3. 组合体尺寸的标注

以图 6-40(a)所示的轴承座为例说明标注组合体尺寸的步骤。

(1) 用形体分析法分析该组合体由哪些基本体组成,明确各基本体之间的组合方式及相对位置。图 6-40(a)所示的轴承座由底板、圆筒、支承板、肋板和凸台五部分组成,如图 6-40(b)所示。

(2) 确定尺寸基准,即确定标注定位尺寸的起点。物体有长、宽、高三个方向,至少各选一个基准。本例以底板的底面作为高度方向的基准,以底板的后面作为宽度

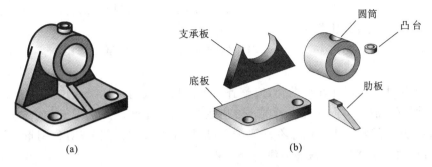

图 6-40　轴承座及其组成

(a)轴承座;(b)轴承座的组成

方向的基准,以左、右对称平面作为长度方向的基准。

（3）标注每个基本体的定形尺寸、各基本体相对基准的定位尺寸。例如图 6-41 中 $\phi22$、$\phi14$、24 标注的是圆筒的定形尺寸,4、50 标注的是圆筒的定位尺寸,其余尺寸请读者自行分析。

（4）标注总体尺寸。在长、宽、高三个方向上各去掉一个定形尺寸,再标注三个方向上的总体尺寸。例如去掉肋板的宽度尺寸,而标注总宽尺寸。

（5）按尺寸标注的要求检查、校核,补全漏掉的尺寸,去掉多余的尺寸。最后完成尺寸标注的轴承座三视图,如图 6-41 所示。

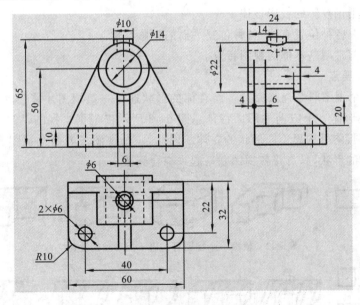

图 6-41　轴承座的尺寸标注

4. 尺寸标注应注意的问题

在标注尺寸时,为了保证尺寸标注清晰,应注意以下几个问题。

（1）尺寸标注要明显。尺寸应标注在能反映形体形状特征的视图上，且就近标注。尽量不要在虚线上标注尺寸。

（2）尺寸标注要集中。同一基本体的定形、定位尺寸尽量应集中标注，以便于查找尺寸。

（3）尺寸尽量标注在视图外，应整齐清晰。尺寸线与尺寸线或尺寸界线不能相交，尺寸线间隔应相等，相互平行的尺寸应按"大尺寸在外，小尺寸在内"的方法布置。

（4）其他问题。半径尺寸不标注个数，应标注在圆的视图上；对称图形的尺寸，不能分成两个尺寸标注，只能标注一个尺寸。

标注组合体的尺寸时，应从形体分析出发，首先分析组合体需要标注的各类尺寸，然后再考虑尺寸配置，以使尺寸标注完整、准确、清晰，符合国家标准。

6.5　组合体的读图

画组合体的三视图是将三维实体用正投影方法表达在二维平面上，而组合体的读图是它的逆过程，即根据已有的视图，分析想象物体的三维形状。

6.5.1　读图的基本知识

1. 读图基础

（1）运用正投影的投影规律。

（2）掌握各种位置直线、各种位置平面的投影特性。

（3）掌握常用基本体的视图特点。

2. 读图要点

（1）几个视图联系起来阅读。组合体的形状通过一组视图才能表达清楚，每个视图只反映形体一个方向的形体特征。图 6-42 所示仅根据主视图，图 6-43 所示根据主、俯视图，均可构思不同形状的立体。因此，一个视图或者两个视图有时不能唯一确定立体的形状，只有将各视图联系起来综合阅读。

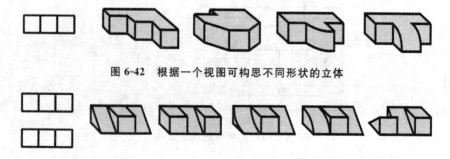

图 6-42　根据一个视图可构思不同形状的立体

图 6-43　根据两个视图不能唯一确定立体的形状

（2）明确视图中线与线框的含义。

① 图中的线可以表示平面或曲面的积聚投影、面与面的交线、曲面的转向轮廓线，如图 6-44 所示。

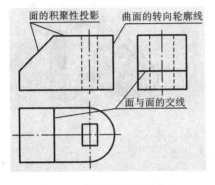

图 6-44　视图中图线的含义

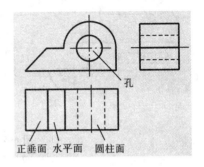

图 6-45　视图中线框的含义

② 图中的线组成了线框，线框表示平面的投影、曲面的投影、孔洞的投影，如图 6-45 所示。

③ 视图中任何相邻的两线框一般表示两个表面，如图 6-46 所示。

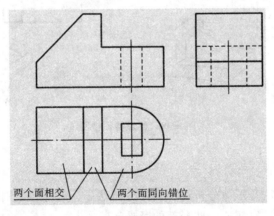

图 6-46　相邻线框的含义

（3）找出特征视图。

① 形状特征是指表示形体形状的视图或线框。读图时，找出这些形状特征视图，再配合其他视图，就能较快地读懂视图。图 6-47(a)俯视图中的封闭线框 A 是图 6-47(b)中顶板结构 A 的特征视图。可按同样方法分析图 6-47(b)所示每个基本体对应形状的特征视图。

② 位置特征视图是指表示构成形体的各基本体之间相互位置关系的视图。形体表面连接关系的变化，会使视图中的图线产生变化。如图 6-48 所示，位置特征视图在主视图上，图中的虚、实线反映了三棱柱肋板的前、后位置关系。

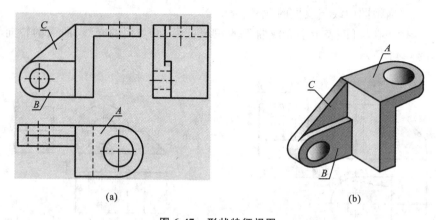

图 6-47　形状特征视图

（a）立体的三视图；（b）立体模型

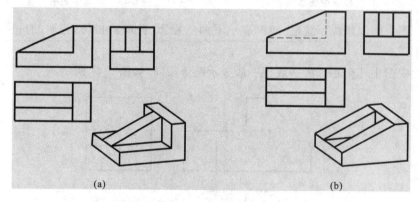

图 6-48　位置特征视图

6.5.2　读图的基本方法

读图的基本方法是形体分析法和线面分析法。一般来说，读图以形体分析法为主，辅以线面分析法，以解决一些局部的疑难问题。

1. 用形体分析法读图

形体分析法是指将基本体作为读图的基本单元，根据视图特点，首先在特征视图上按轮廓线构成的封闭线框将组合体分割成几个部分，并对应地找出其他视图上的投影，再通过各视图之间的投影关系，联想这些基本体的形状和空间位置，最后将各部分组合起来想象出形体的整体形状的读图方法。

例 6-8　根据叠加式组合体（支承座）的主视图和左视图，如图 6-49（a）所示，想象其结构形状，求作俯视图。

解　（1）分析视图，抓特征。由于主视图反映了组合体的形状特征，因此以主视图为主，配合其他视图，根据投影关系找出表达构成组合体各基本体的形状特征和相对位置比较明显的视图。主视图被分成四个封闭线框，可知该支承座由四个基本体组成，如图 6-49(a)所示。

（2）找投影，想象各基本体的形状。根据主视图中所分的封闭线框，按照投影规律分别在左视图上找出对应的投影，按图中粗实线所示，想象其组成基本体的空间形状，如图 6-49(b)、(c)、(d)所示。

（3）根据相对位置关系，综合起来想整体。在看懂各基本体的基础上，进一步分析它们之间的组合方式和相对位置关系，从而想象出整体的形状。基本体 B、C、D 在 A 之上，B 在中间，C、D 左右对称分布；A、B 两形体左右对称；A、B、C、D 的后表面均平齐。由以上分析可知，支承座的空间形状如图 6-49(d)所示。

（4）作支承座的俯视图。按照投影关系"长对正，宽相等"依次画出每个基本体的俯视图。注意每个基本体之间的相对位置和它们之间的表面连接关系，检查、描深图线，如图 6-49(e)、(f)、(g)所示。

至此，支承座的三视图完成。

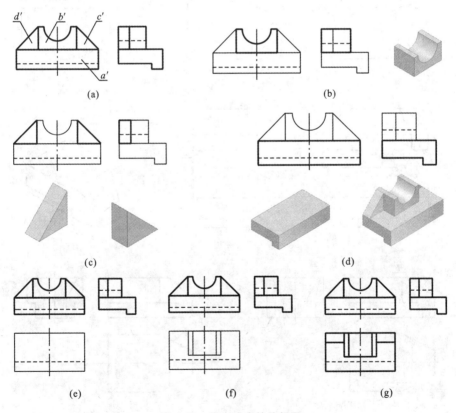

图 6-49　作支承座的俯视图

(a)已知；(b)基本体 B；(c)基本体 C、D；(d)基本体 A 和整体；

(e)画基本体 A；(f)画基本体 B；(g)画基本体 C、D，完成全图

2. 用线面分析法读图

对于一些比较复杂形体的局部,特别是有切割特征的组合体,还要采用线面分析法来读图。当形体带有斜面,或某些细部结构比较复杂,不易用形体分析法看懂时,可采用线面分析法读图。线面分析法是指将组合体的几何元素(主要是平面)作为读图的基本单元,通过分析组合体视图上的图线及线框,找出它们的对应投影,分析组合体上相应线、面的形状和位置,从而想象出组合体的整个形状的读图方法。

例 6-9　根据切割式组合体(压块)的主视图和俯视图,如图 6-50(a)所示,想象其空间形状,求作左视图。

解　(1)分析视图,抓特征。

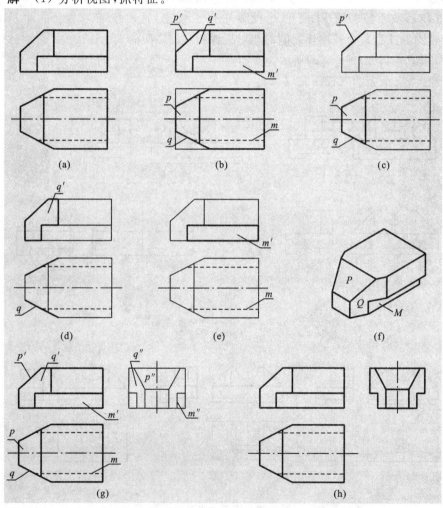

图 6-50　作压块的左视图

(a)已知;(b)想原形;(c)找正垂面 P 的投影;(d)找铅垂面 Q 的投影;

(e)找正平面 M 的投影;(f)整体;(g)求 P、Q 面的投影;(h)完成全图

　　分析组合体在切割前完整的形状。由图 6-50(b)所示的两个视图可看出,其主要轮廓线均为直线,补全视图中的轮廓线,将切去的几部分恢复,推断切割前的形体为一个四棱柱,即原始主体特征的形状。

　　(2) 找投影,想形状。

　　形体经过切割后各表面的形状比较复杂,必须逐一分析视图中每一线、线框的投影才能真正看懂形体。图 6-50(c)所示主视图中直线 p' 对应俯视图线框 p,可判断出 P 面是一个正垂面,它在四棱柱的左上角切割了一个三棱柱;图 6-50(d)中俯视图中直线 q 对应主视图线框 q',可判断出 Q 面是铅垂面,它切掉了一个三棱柱,其相对应的后面部分也切掉了一个三棱柱;图 6-50(e)主视图中的线框 m' 在俯视图中对应的是直线 m,M 面是一个正平面,它在俯视图中不可见,正平面 M 之前的部分被切掉了,与之对应,后面也被切掉相同的一部分。至此,想象出此组合体是四棱柱用五个平面切掉五个形体而形成的,如图 6-50(f)所示。

　　(3) 作压块的左视图。

　　① 画出切割前完整基本体(四棱柱)的左视图(矩形),如图 6-50(g)所示。

　　② 求作出形体上正垂面 P 和铅垂面 Q 的侧面投影 p'' 和 q'',p'' 和 q'' 的形状分别与 p 和 q' 的形状相类似,如图 6-50(g)所示。

　　③ 检查修改后描深图线。检查正平面 M 的投影是否画出,完成的左视图如图 6-50(h)所示。

第7章

几何实体的常用表达方法

前面介绍了物体的三视图,但在工程实际中,物体的形状是各种各样的,有的物体内部形状比外部形状复杂,还有的物体内部形状和外部形状都较复杂,要想完整、清晰地表达内、外结构,仅用三视图是满足不了要求的。下面介绍几何实体的常用表达方法。

7.1 视 图

视图是将物体向投影面投射所得的图形。视图一般只画物体的可见部分,必要时才画出不可见部分,所以视图主要用来表达物体的外部形状。视图通常包含有基本视图、向视图、局部视图和斜视图四种。

7.1.1 基本视图

物体向六个基本投影面投射所得到的视图称为基本视图。基本投影面除了原来的三个投影面外,还包括增加的三个投影面,这六个面在空间中构成一个正六面体。将物体放在正六面体中,如图 7-1 所示,分别向六个基本投影面投射,再按图 7-2 所示的方法展开成一个平面。除前面已介绍的主、左、俯三个视图之外的三个视图的名称和投射方向如下。

(1) 右视图——由右向左投射所得的视图。

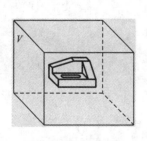

图 7-1 基本投影面

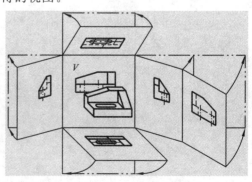

图 7-2 六个基本投影面的展开

（2）仰视图——由下向上投射所得的视图。

（3）后视图——由后向前投射所得的视图。

六个基本视图一般按图 7-3 所示的投影关系配置，不用在图形旁加注视图名称。若不按投影关系规定配置，则需要说明，这就是下面要讨论的问题。

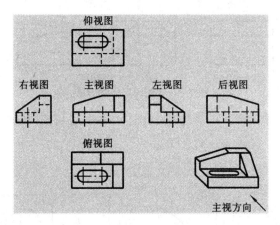

图 7-3　六个基本视图的配置

六个基本视图仍符合"长对正、高平齐、宽相等"的投影关系：

（1）主、俯、仰、后视图保持"长对正"关系；

（2）主、左、右、后视图保持"高平齐"关系；

（3）左、右、俯、仰视图保持"宽相等"关系。

六个基本视图同样也反映物体的方位关系，其中物体的上、下、左、右方位读者很容易辨别，而在左、右、俯、仰视图中，靠近主视图的一边代表物体的后面，远离主视图的一边代表物体的前面。

一般情况下，一个物体并不需要六个基本视图去表达外部形状，可以根据物体具体情况，选择一个或多个，一般应优先选用主、俯、左三个视图。

7.1.2　向视图

向视图是可以自由配置的基本视图。为了便于读图，应在向视图上方标注视图的名称"×"（"×"为大写拉丁字母的代号），并在相应视图的附近用箭头指明投射方向，标注相同的字母（字母一律水平书写），如图 7-4 所示。为了看图方便，表示投射方向的箭头应尽可能配置在主视图上。绘制以向视图表示的后视图时，最好将表示投射方向的箭头配置在左视图或右视图上。向视图可以灵活配置，以充分利用图纸幅面。

7.1.3　局部视图

将物体的某一局部向基本投影面投射所得的视图称为局部视图。局部视图可按

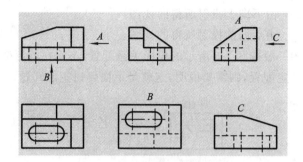

图 7-4　向视图的表达方法

基本视图的形式配置,如图 7-5 中 A 视图、B 视图;也可按向视图的形式配置,如图 7-5 中的 C 视图。

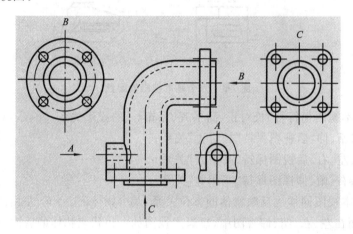

图 7-5　局部视图

画局部视图时应注意以下几点:

(1)一般在局部视图的上方标注出视图的名称,并在相应的视图附近用箭头指明投射方向,注写相同的字母,如图 7-5 所示;

(2)局部视图的断裂边界通常用波浪线表示,如图 7-5 中的 A 视图;

(3)当局部视图所表示的局部结构是完整的,且外形轮廓线又是封闭图形时,波浪线可省略不画,如图 7-5 中的 B 视图、C 视图;

(4)当局部视图按投影关系配置,中间又无其他图形隔开时,可省略标注,如图 7-5 中的 A 视图;

(5)用波浪线作为断裂线时,波浪线不应超过断裂物体的轮廓线,且应画在物体的实体上,不可画在物体的中空处。

(6)为了节省绘图的时间和图幅,对称物体的视图可只画一半或四分之一,并在对称中心线的两端画出两条与其垂直的平行细实线,如图 7-6 所示。

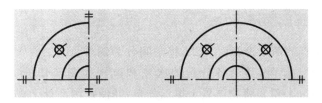

图 7-6　对称物体视图的画法

7.1.4　斜视图

如图 7-7 所示的物体,其倾斜部分在俯视图和左视图上均不反映实形,而且作图复杂。这时,可增设一个与物体倾斜表面平行的辅助投影面 P,并在该投影面上画出倾斜部分的实形,这便是斜视图。

斜视图是将物体向不平行于基本投影面的平面投射所得的视图。斜视图通常只表达物体倾斜部分的实际形状,其余部分不必全部画出,而是用波浪线断开。斜视图的配置、标注与向视图的相同,如图 7-8 所示。有时为了布局美观、有效利用图幅或方便作图,允许将斜视图旋转并配置在适当的地方,旋转后的斜视图上方除了要标注相应的大写字母外,还要加上旋转符号,如图 7-9 所示;也允许将旋转角度注写在字母后,这时旋转符号的箭头端应朝向字母,如图 7-10 所示。旋转符号的画法如图 7-11 所示。

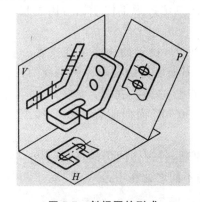

图 7-7　斜视图的形成

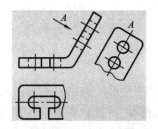

图 7-8　斜视图的配置与标注配置

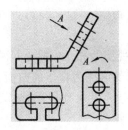

图 7-9　斜视图旋转(一)

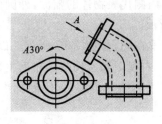

图 7-10　斜视图旋转(二)

图 7-11　旋转符号的画法

7.1.5　第三角画法简介

空间相互垂直的两个投影面 V、H 将空间分为四个分角。在 V 面之前、H 面之上的部分称为第一分角,其余各分角的次序和范围如图 7-12 所示。第三角画法(third angle method)就是将物体置于第三分角,并使投影面处于观察者与物体之间而得到的多面正投影图。第三角画法亦称为第三角投影。

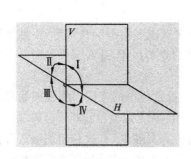

图 7-12　四个分角的划分

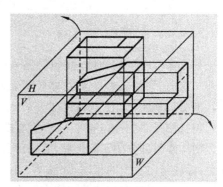

图 7-13　第三角画法的形成

我国采用的是将物体放在第一分角进行投射的方法,称为第一角画法。美国、日本、加拿大、澳大利亚等国家主要采用的是第三角画法。为了便于进行国际技术交流,在此简单介绍第三角画法。

采用第三角画法画图时要假定投影面是透明的,投射的顺序是观察者→投影面→物体,就好像隔着玻璃板看东西一样。在 V 面上所得的投影称为主视图;在 H 面上所得的投影称为俯视图;在 W 面上所得的投影称为右视图。如图 7-13 所示。投影面展开的方法是 V 面不动,H 面向上旋转 90°,W 面向前旋转 90°,如图 7-14 所示。

第三角画法和第一角画法都是采用正投影原理,各视图间仍满足"长对正、高平齐、宽相等"的投影联系,如图 7-14 所示。两者的不同之处在于:

(1) 视图的名称和配置不同;

(2) 各视图所反映的前、后、左、右、上、下的位置关系不同,在第三角画法中,俯视图与右视图靠近主视图的内侧代表物体的前面,外侧代表物体的后面,与第一角画法恰恰相反,如图 7-14(b)所示。

第三角画法也有六个基本视图,如图 7-15 所示。以主视图为核心,围绕主视图的是俯视图、仰视图、左视图、右视图和后视图。靠近主视图的内侧为物体的前面。

为了便于识别第一角画法和第三角画法,国际标准规定了识别符号,如图 7-16 所示。

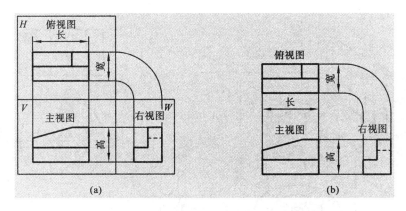

图 7-14　第三角画法中投影面的展开与三视图的配置

(a)三个基本投影面的展开；(b)三视图的配置

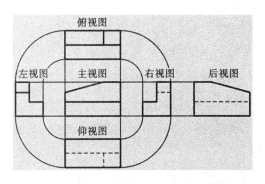

图 7-15　第三角画法中六个视图的配置

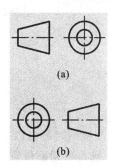

图 7-16　画法识别符号

(a)第一角画法；(b)第三角画法

7.2　剖　视　图

7.2.1　剖视图的概念

　　当物体的内部形状复杂时，视图上就会出现很多虚线，从而破坏图形的清晰性和层次性，这既不利于看图，又不便于标注尺寸。为了清晰地表达物体的内部形状，国家标准《技术制图　图样画法　剖视图和断面图》(GB/T 17452—1998)、《机械制图　图样画法　剖视图和断面图》(GB/T 4458.6—2002)中，规定采用剖视图表达物体的内部结构和形状。

　　假想用剖切面剖开物体，将位于观察者和剖切面之间的部分移去，而将其余部分向投影面投射，由此所得的图形称为剖视图，简称剖视，如图 7-17 所示。

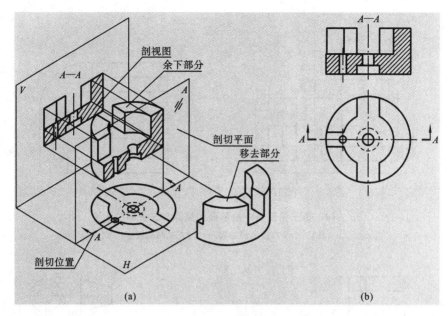

图 7-17　剖视图

7.2.2　剖视图的画法

作剖视图时可按以下四个步骤进行。

1. 确定剖切面位置

一般用平面作为剖切面(也可用柱面)。为了表达物体内部的真实形状,剖切平面一般应通过物体内部结构的对称平面或孔、槽的中心线,并平行于相应的投影面,以避免剖切后出现不完整结构要素。如图 7-17(a)所示,剖切面选择的是物体前、后的对称面,对称面正好通过该立体中槽的对称面和孔的轴线,且为正平面,因为假想在这一位置上剖开物体,才能使立体上的孔、槽可见。以这样的剖视图作为主视图,使图形显得清晰、完整。

2. 求剖切面和物体表面的交线

剖切面在剖切物体时与物体内表面和外表面都有交线,将这些交线用粗实线画出,如图 7-17(b)所示。图 7-17(a)中的投影连线及箭头表示了投影过程。

3. 在剖面区域上画剖面符号

剖面区域是指假想用剖切面剖开物体时,剖切面与物体的接触部分,即剖切面与物体表面的截交线围成的区域。应在剖视图中剖面区域内画上剖面符号,以便区分物体上的实体和空心部分,如图 7-17(b)所示。

各种不同材料的剖面符号如表 7-1 所示。通过剖面符号可以确定所表达的物体的材料属性。其中,金属材料的剖面符号用与水平方向成 45°、间隔均匀的细实线画出,向左或向右倾斜均可,通常称为剖面线。剖面线之间的距离视剖面区域的大小而异,通常可取 2～4 mm。当图形的主要轮廓线与水平线成 45°时,则该图形的剖面线也可画成与水平方向成 30°角或 60°角,且间隔均匀的细实线。对同一零件来说,在它的各剖视图中,剖面线倾斜的角度和方向应一致,且间隔要相同。当不需在剖面区域中表示材料的类别时,可采用通用剖面线表示。通用剖面线应以适当角度的细实线绘制,最好与主要轮廓或剖面区域的对称线成 45°角,如图 7-18 所示。

表 7-1　常用材料的剖面符号

材 料 名 称	剖 面 符 号
金属材料(已有规定剖面符号者除外)	
非金属材料	
线圈绕组元件	
转子、电枢、变压器和电抗器等的叠钢片	
木材	

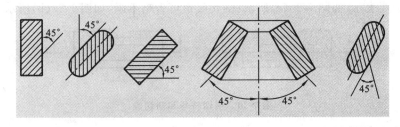

图 7-18　剖面线的角度

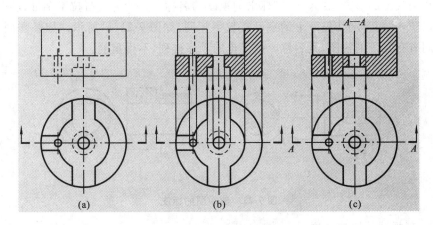

图 7-19　剖视图的画法

(a)画外部形状和确定剖切面的位置;(b)画剖切面和物体截交线所围的截断面;

(c)补全截断面后的可见投影

4. 补画剖切平面后的可见结构的投影

剖切平面后的可见结构的轮廓线,一定要用粗实线画出,不能漏画,如图 7-19(c)所示。表示不可见结构的虚线一般可以省略;若省略后给看图带来困难或在不影响图形清晰的情况下可以减少视图数量,这类虚线在视图中应当少量画出。

剖视图的画法如图 7-19 所示。

画剖视图时还应注意:剖切是假想将物体剖开,实际上物体是完整的,表达时除剖视图外,其余的视图应画成完整的图形,如图 7-17 中的俯视图。

7.2.3 剖视图的标注

为了便于看图,应将剖切平面的位置、投射方向和剖视图名称在相应的视图上表示出来。因此,视图上通常需标注的内容有剖切符号、剖切线、剖视图的名称。

1. 剖切符号和剖切线

剖切符号画在剖切位置的迹线处,用粗实线(宽度为 $1\sim1.5b$,b 为粗实线宽度;长度约为 5 mm)表示,尽可能不与轮廓线相交,在剖切符号的起讫和转折处应用相同的字母标出,位置不够时转折处的字母可以省略,用箭头表示投射方向。剖切线以细单点画线表示,如图 7-20(a)所示;剖切线也可省略不画,如图 7-20(b)所示。

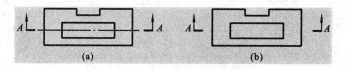

图 7-20　剖切符号和剖切线

2. 剖视图的名称

在剖视图的上方用"×—×"标出剖视图的名称。"×"为大写拉丁字母或阿拉伯数字,且"×"应与剖切符号上的字母或数字相同,如图 7-21(a)所示。如果在同一张图上同时有几个剖视图,其名称应按字母的顺序排列,不得重复。

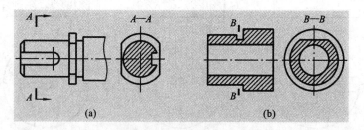

图 7-21　剖视图的标注

3. 剖视图的标注方法

如果剖视图按投射关系配置,中间又没有其他图形隔开时,可省略箭头,如图 7-21(b)所示。

如果单一剖切面通过物体的对称平面或基本对称的平面,且剖视图按投射关系配置,中间又没有其他图形隔开时,可省略标注。也就是说,图 7-17(b)所示的图形既可以省略箭头也可以省略标注。

7.2.4　剖视图的种类

尽管可以采用多种多样的剖切方法得到不同类型的剖视图,但从剖切范围来分,剖视图只能分为三种,即全剖视图、半剖视图和局部剖视图。

1. 全剖视图

用剖切面完全地剖开物体所得的剖视图,称为全剖视图。如图 7-17 所示物体,从图中可以看出,它的外部形状比较简单——圆柱面,而内部结构相对复杂,为了表达它的内部结构,把主视图画成了全剖视图。图 7-22(a)所示物体左右不对称,其主视图也画成了全剖视图。全剖视图一般适用于外部形状简单、内部结构较复杂的物体或者不对称的物体。全剖视图的标注与前述相同。对于外部形状复杂的物体,若采用全剖视图,其外部形状可以另用视图表示。

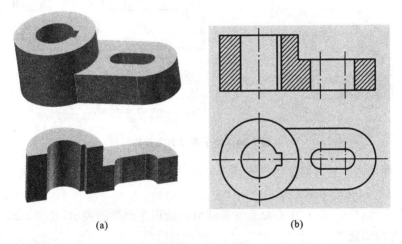

(a)　　　　　　　　　　(b)

图 7-22　全剖视图

2. 半剖视图

当物体具有对称平面时,将向垂直于对称平面的投影面投射所得的图形,以对称中心线为界,一半画成剖视图,另一半画成视图,称之为半剖视图,如图 7-23 所示。半剖视图主要用于内、外部结构形状都需要表达的对称物体。当物体接近对称,且不对称结构另有图形表达清楚时,也可以画成半剖视图。图 7-24 中端子匣的主视图是半剖视图,从俯视图可以看出端子匣的左边有孔,右边没有孔。

半剖视图的标注与全剖视图相同。图 7-24 中端子匣的主视图是通过前后对称面剖开后向 V 面投射得到的半剖视图,所以主视图完全省略了标注。

画半剖视图时需注意:

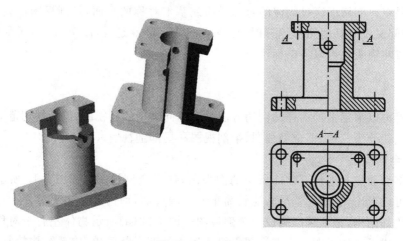

图 7-23　半剖视图

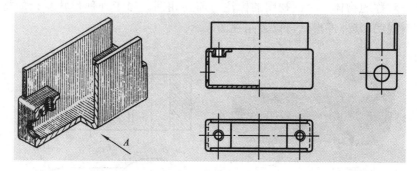

图 7-24　端子匣及其三视图

（1）如果零件的内部形状已在半个剖视图中表示清楚,在表达外部形状的半个视图中,虚线宜省略不画;

（2）对称物体在对称中心处有轮廓线时不能用半剖视图表示,如图 7-25 所示。

3. 局部剖视图

用剖切面将物体局部地剖开所得的剖视图,称为局部剖视图,如图 7-25(a)所示。局部剖视不受图形是否对称的限制,是一种比较灵活的表达方法,但在一个视图中,局部剖视图的数量不宜过多,否则图形显得破碎、零乱。局部剖视图是用波浪线为分界的,其波浪线的画法与局部视图中的波浪线画法相同。波浪线也可用双折线代替,如图 7-25(b)所示。当被局部剖视的结构为回转体时,允许将该结构的轴线作为局部剖视图的分界线,如图 7-26 所示。

局部剖视一般可省略标注,但当剖切位置不明显或局部剖视图未按投射关系配置时,则必须加以标注,标注方法与全剖视图相同。

图 7-27 所示的物体虽然左右对称,但只能用局部剖视图表达而不能采用半剖视图表达。

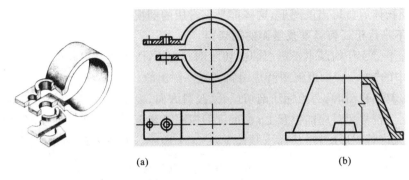

(a)　　　　　　　　　　　(b)

图 7-25　局部剖视图(一)

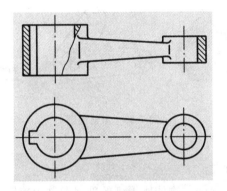

图 7-26　局部剖视图(二)

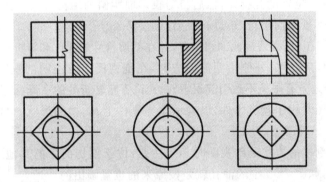

图 7-27　用局部剖视代替半剖视

7.2.5　剖切面的种类

物体内部结构形状多种多样,国家标准规定了多种形式的剖切面来表达物体形状。

1. 单一剖切面

1) 平行于某一基本投影面的剖切面

前面所讨论的全剖视图、半剖视图和局部剖视图,都是用平行于基本投影面的剖切面剖开物体后所得出的图形,这些都是最常用的剖视图。

2）不平行于任何基本投影面的剖切面

用不平行于任何基本投影面的剖切面剖开物体,所画的剖视图称为斜剖视图,如图 7-28 中的"A—A"全剖视图就是用斜剖视图画出的。

采用斜剖视图时,必须标注剖切位置、投射方向、视图名称,并最好按投射关系配置在与剖切符号相对应的位置上;也可将剖视图平移至图纸的适当位置,在不致引起误解时,允许将图形旋转,其标注形式应为"×—×⌒",如图 7-28 所示。

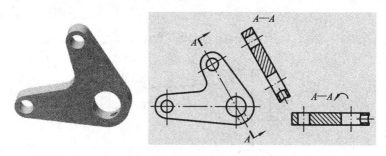

图 7-28　斜剖视图

2. 几个剖切面

1）两个相交的剖切面

用两个相交的剖切面剖开物体所得到的剖视图称为旋转剖视图。画旋转剖视图时,先假想按剖切位置剖开物体,然后将与投影面倾斜的结构要素及其有关部分旋转到与选定的基本投影面平行,再进行投射,如图 7-29 所示。

画旋转剖视图时,必须标注剖切位置,并在剖切符号的起讫和转折处标注相同的字母,用箭头在剖切符号的外侧指明投射方向,在剖视图上方注明剖视图的名称"×—×"。当转折处地方有限又不致引起误解时,允许省略转折处的字母,如图7-30所示。

旋转剖视图常用于盘类零件,以表示该类零件上孔、槽的形状,也可以用于非回转面零件。

采用旋转剖视的方法画剖视图时必须注意:位于剖切面后的其他结构一般仍按原来位置投射,如图 7-30 中的油孔就是按原来的位置画出的。

2）几个平行的剖切面

用几个平行的剖切面剖开物体所得到的剖视图称为阶梯剖视图。有些物体的内部结构层次较多,用一个剖切面剖开不能将内部结构都显示出来,在这种情况下,可用一组互相平行的剖切面依次通过物体上需要表达的内部结构,再向投影面进行投射,如图 7-31 所示。画阶梯剖视图时要标注,标注方法与旋转剖视图相同。

采用阶梯剖的方法画剖视图时必须注意以下几点:

(1) 几个互相平行的剖切面不能重叠。

(2) 两个剖切面的转折处不应画分界线,因为这个分界平面是假想的,实际上是

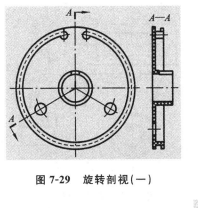

图 7-29　旋转剖视（一）

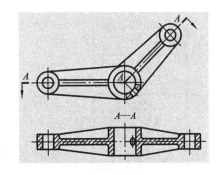

图 7-30　旋转剖视（二）

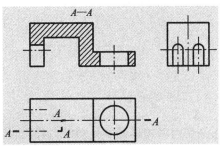

图 7-31　阶梯剖视（一）

不存在的，如图 7-32 所示。

（3）要恰当地选择剖切位置，避免在剖视图上出现不完整的结构要素，如图 7-32 所示。只有两个要素在图形上具有公共对称中心线或轴线时，才允许各画一半，此时应以中心线或轴线为界，如图 7-33 所示。

（4）在表示剖切面的起讫、转折处都要画剖切符号，注上相同字母，并在剖视图上方写出相应的字母，如图 7-33、图 7-34 所示。

（5）剖切平面的转折处不应与视图中的轮廓线重合，如图 7-32 所示。

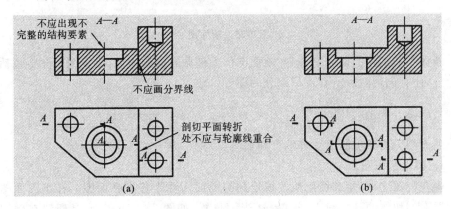

图 7-32　阶梯剖的画法

(a)错误画法；(b)正确画法

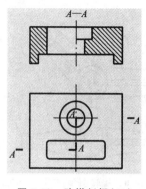

图 7-33　阶梯剖视(二)

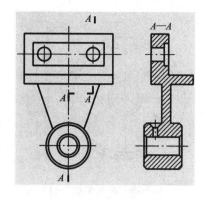

图 7-34　阶梯剖视(三)

7.3　断　面　图

7.3.1　断面图的概念

假想用剖切面将物体的某处切断,仅画出该剖切面与物体接触的截断面形状,所得图形称为断面图,简称断面,如图 7-35(b)～(e)所示。

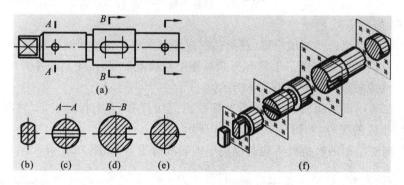

图 7-35　断面图

断面图和剖视图的区别在于:断面图仅为被截断面的图形;剖视图上除了包括截断面外,还有剖切面后所有可见部分的图形。

7.3.2　断面图的种类

断面图分为移出断面图和重合断面图。

1. 移出断面图

画在视图之外、轮廓线用粗实线绘制的断面图称为移出断面图。移出断面图可以配置在剖切线的延长线上或其他适当的位置,如图 7-35(b)、(e)是配置在剖切线的延长线上的断面图,图 7-35(c)、(d)则是在剖切线附近的适当位置画出的断面图。

2. 重合断面图

画在视图之内、轮廓线用细实线绘制的断面图,称为重合断面图。当视图中轮廓线与重合断面图的图形重叠时,视图中的轮廓线仍应按原投影连续画出,不可间断,如图 7-36 所示。

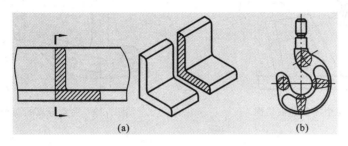

(a)　　　　　　　　(b)

图 7-36　重合断面图

7.3.3　断面图的标注

(1) 断面图的标注形式与剖视图的标注形式相同。即一般用剖切符号表示剖切位置,用箭头表示投射方向,并注上大写拉丁字母。在相应的断面图上方注写相同的大写拉丁字母,如图 7-35(d)所示。

(2) 配置在剖切位置延长线上的对称移出断面图,不标注字母和箭头,如图 7-35(b)所示。

(3) 未配置在剖切符号延长线上的对称移出断面图,以及按投影关系配置的移出断面图,一般不标注箭头,如图 7-35(c)所示。

(4) 配置在剖切符号延长线上的不对称移出断面图不必标注字母,但要标注剖切符号及投影方向箭头,如图 7-35(e)所示。

(5) 不对称的重合断面图须标注剖切符号及投影方向箭头,如图 7-36(a)所示。

(6) 对称的重合断面图以及配置在视图中断处的对称的移出断面图,可不标注,如图 7-36(b)、图 7-37 所示。

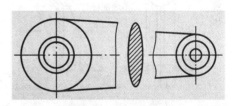

图 7-37　移出断面

7.3.4　断面图的有关规定

(1) 当剖切面通过由回转面形成的孔或凹坑的轴线时,这些结构本身按剖视绘制,如图 7-35(c)、(e)所示。

(2) 由两个或多个相交的剖切面剖切物体而得到的移出断面,应画在其中任何一个剖切面的延长线上且中间一般应断开,如图 7-38 所示。

(3) 当剖切面通过非圆孔时,会导致出现完全分离的两个断面,这些结构也按剖视绘制,如图 7-39 所示。

图 7-38 两个相交的剖切面

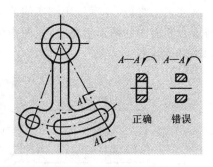

图 7-39 完全分离的两个断面

7.4 规定画法与简化画法

7.4.1 肋的规定画法

对于物体的肋、轮辐及薄壁结构等,如按纵向剖切,即剖切平面通过薄壁方向的对称面时,这些结构都不画剖面符号,而用粗实线将它与其邻接部分分开,但当剖切面垂直于薄壁方向时,仍应画剖面符号,如图 7-40 所示。

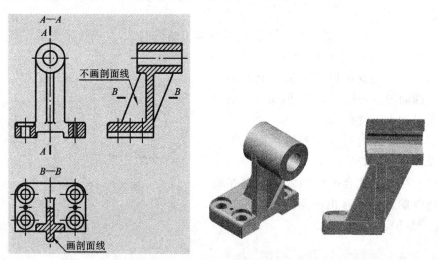

图 7-40 剖视图中肋板的画法

7.4.2 局部放大图

物体上某些细小结构,按原图采用的比例表达不够清楚,或不便于标注尺寸时,可将这些结构用大于原图采用的比例画出,这样得到的图形称为局部放大图。

　　局部放大图可画成视图、剖视图、断面图的形式,与被放大部分的表达方法无关。局部放大图应尽量配置在放大部位的附近,如图 7-41 所示。绘制局部放大图时应在要放大的部位画一细实线小圆,若有几处需要被放大的部位时,必须用罗马数字按顺序标明放大部位,并在放大图的上方标注出相应的罗马数字和采用的放大比例。当物体上只有一处被放大时,在局部放大图上方只需注明所采用的比例,如图 7-42所示。

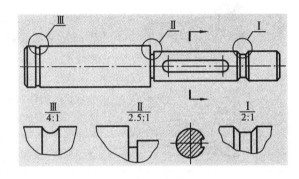

图 7-41　多处局部放大图

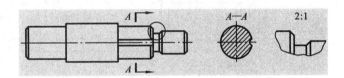

图 7-42　一处局部放大图

7.4.3　简化画法

　　在保证不致引起误解的前提下,应力求画图简便。国家制图标准中规定了一些简化画法,这里仅介绍常见的简化画法,如表 7-2 所示。

表 7-2　常见的简化画法

序号	简化对象	简化画法	说　　　明
1	符号表示		当回转体上的平面在图形中不能充分表达时,可用两条相交的细实线表示这些平面
2	剖面符号		在不致引起误解时,零件图中的移出断面允许省略剖面符号,但剖切位置与断面图的标注不能省略

续表

序号	简化对象	简化画法	说　明
3	对称结构局部视图	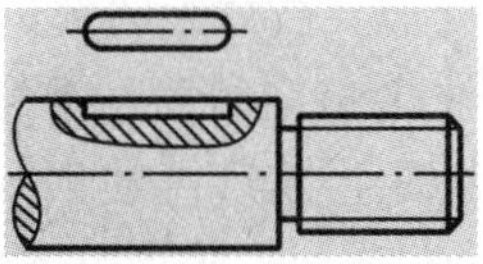	零件上对称结构的局部视图,如键槽、方孔等可按左图所示方法绘制
4	滚花结构	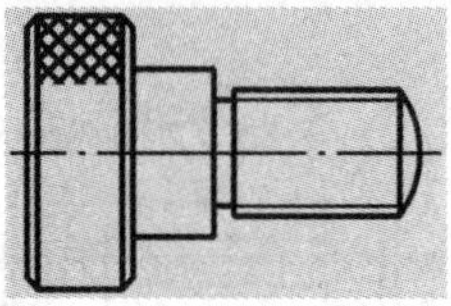	物体的滚花部分或网状物、编织物,可在轮廓线附近用粗实线示意绘出
5	较长的物体	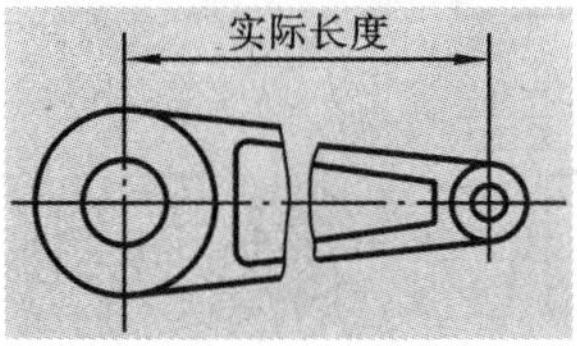 实际长度	较长的物体(如轴、杆、型材、连杆等)沿长度方向的形状一致或按一定规律变化时,可断开后缩短绘制,但必须标注实际长度尺寸
6	相同要素(一)	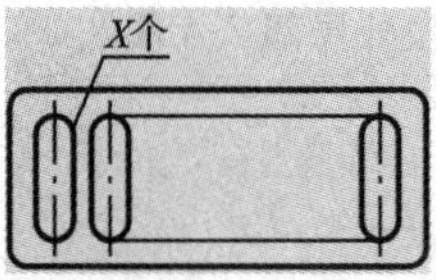 X个	当物体具有若干相同的结构(如齿、槽等),并按一定规律分布时,只需画几个完整的结构,其余用细实线连接,并注明该结构的总数
7	相同要素(二)	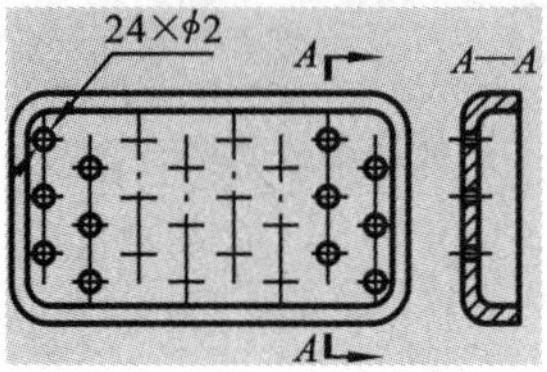 24×φ2　A→　A—A	若干个直径相同并且成规律分布的孔(如圆孔、螺孔、沉孔等),可以画一个或几个,其余只需表示其中心位置,并在零件图中注明孔的总数
8	相同要素(三)	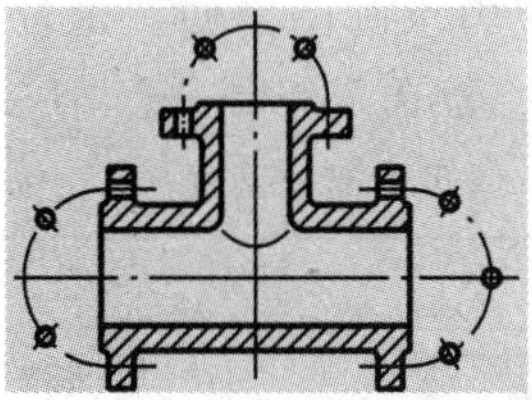	对圆柱形法兰盘和类似物体上均匀分布的孔,可按左图绘制
9	肋、轮辐及薄壁结构	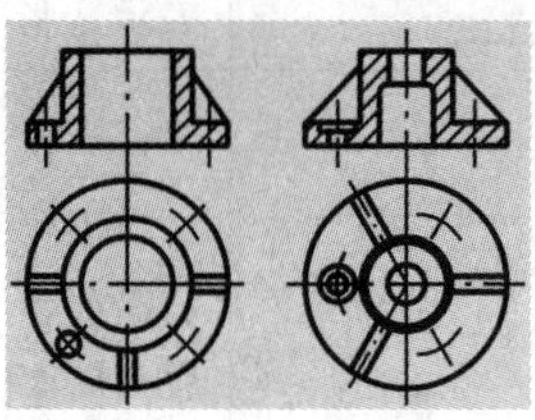	对于肋、轮辐及薄壁等,如纵向剖切,这些结构不画剖面符号,而用粗实线将它与其邻接部分分开。当需要表达零件回转体结构上均匀分布的肋、轮辐、孔等,而这些结构又不处于剖切平面上时,可以把这些结构旋转到剖切平面位置上对称画出,另一边只需画轴线

续表

序号	简化对象	简化画法	说　　明
10	倾角圆和圆弧	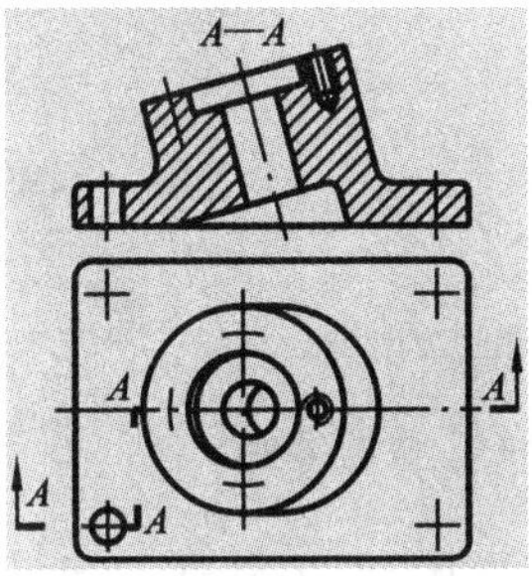	当圆或圆弧所在的平面与投影面的倾斜角度小于或等于 30°时,其投影可用圆或圆弧代替
11	细小结构	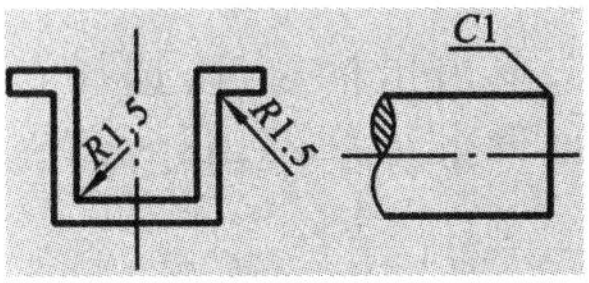	在不致引起误解时,零件图中的小圆角、锐边的小倒角或 45°小倒角允许省略不画,但必须注明尺寸或在技术要求中加以说明

7.5　用 Inventor 创建工程图——表达方法综合运用

　　目前,市场上的三维软件都已经提供了由三维模型直接创建二维工程图(零件图、装配图)的功能,而且可以做到二维与三维相关联,但目前的三维软件大多不能很完美地生成所需的工程图。因为三维模型是按照正投影规则创建的,而二维工程图中有大量的人为规定,如简化画法与规定画法,而各国的规则不尽相同,就是在我国,不同行业也有区别,因此,熟悉国家标准是创建符合规定的二维工程图的基础。Inventor 创建二维工程图的功能在同类软件中是比较好的。

　　这里特别说明一个重要的概念:Inventor 二维工程图不是"三维转换成二维"的结果,而是三维模型在二维图纸平面上的正投影和参数引用,是模型的表达方式,所以 Inventor 二维工程图中的轮廓线不是二维软件中的图线。由三维模型创建二维工程图主要有四个基本步骤:设置工程图、创建视图、标注和打印工程图。本节主要介绍如何创建视图,下面举例说明。

　　例 7-1　采用合适的表达方案表达图 7-43 所示的缸盖。

　　解　(1)分析零件形状。

　　缸盖可分解成四个基本形体,即方形底板、菱形凸台、半圆柱、三角形肋板,整个机件左右对称。

　　(2)选择主视方向,创建基础视图。

　　通常选择最能反映零件各部分结构的相对位置及其形状特征的观察方向作为主视方向,如图 7-43 所示。选择最能反映零件主体结构特征的视图作为基础视图,本例的基础视图是主视图。

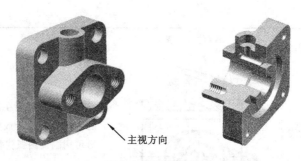

图 7-43　缸盖零件

启动 Inventor，在"新建文件"对话框中，双击默认工程图模板按钮 ，进入工程图环境。在浏览窗中找到"图纸"，单击鼠标右键，选择右键快捷菜单中的"编辑图纸"命令，弹出"编辑图纸"对话框，根据零件的结构特点和大小，选择合适的图纸，如 A4 横装图纸。

单击"放置视图"中的"基础视图"按钮 ，弹出"工程视图"对话框，如图 7-44 (a)所示；在"文件"中找到缸盖，在"方向"中进行各个方向的切换，通过预览找到需要的基础视图。在"视图/比例标签"中选择比例 2∶1；在"显示方式"中选择"不显示隐藏线"；在"显示选项"中选择"所有模型尺寸"、"螺纹特征"、"相切边"，如图 7-44(b)所示。将预览的视图拖到合适位置，单击鼠标左键放置基本视图，可以看到，这个视图带有尺寸。本例重点练习创建各类视图，需隐藏尺寸(尺寸的标注在后续章节中介绍)，即先将光标放在主视图上悬停，Inventor 将感应到它，并用红色点线方框圈出。单击鼠标右键，选择右键快捷菜单中的"标注可见性"，关闭"模型尺寸"，得到如图 7-45 所示的主视图。主视图需突出缸盖外部形状、菱形凸台等结构，还要反映半圆柱、三角形肋板的位置。

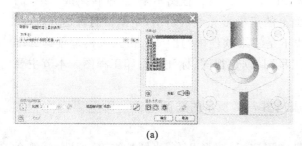

(a)　　　　　　　　　　　　　　　　　(b)

图 7-44　"工程视图"对话框

(a)"工程视图"中的"零部件"选项；(b)"工程视图"中的"显示选项"

(3)创建其他视图。

单击"放置视图"中的"剖视图"按钮 ，根据提示选择父视图，这里单击主视图的红色点线边框，此时红色点线边框变成了红色实线边框；再把光标移到中心孔的圆心上,等待 Inventor 感应到圆心,出现绿色圆心点,向上移动光标到期望的位置,以选择剖切线起点,再竖直向下移动光标,以选择剖切线终点(注意看点线所示的、与中心点关联的位置);单击鼠标右键,选择右键快捷菜单中的"继续",将预览的视图拖到合适位置,单击鼠标左键放置创建的全剖视图,用它作为缸盖的左视图;然后,单击"放置视图"中的"投影视图"按钮 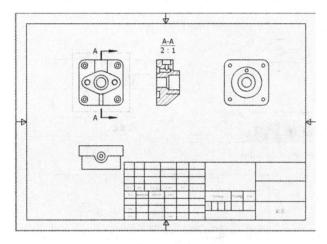,根据提示选择父视图(本例中的主视图是左视图的父视图,左视图是主视图的子视图),这里单击主视图的红色点线边框,向下拖动创建俯视图。用同样的方法创建后视图,后视图的父视图为左视图,如图 7-45 所示。调整视图的位置,选择需要的视图,按住鼠标左键移动到合适位置,注意子视图与父视图是联动的。

图 7-45　创建视图

观察这几个视图可以看到:左视图选择了全剖视以表达缸盖的内部结构,从图中可看出,半圆柱上有个小油孔,并且与方形底板上的小孔等径相贯,除此之外还表达了环形槽的深度;主视图表达了三角形肋板的厚度;俯视图表达了半圆柱及其内部的孔的位置;后视图表达了环形槽的形状和小孔的中心位置。但是螺孔、四个安装孔没有表达清楚,需要增加剖视,具体方法是将俯视图画成半剖视图和局部剖视图。

(4) 将俯视图改为半剖视图和局部剖视图。

单击俯视图的红色点线边框,移动鼠标,当红色点线边框变为绿色点线边框时,单击菜单栏"草图"中的"创建草图"按钮 ,创建与俯视图关联的草图;单击菜单栏"绘图"中的"样条曲线"按钮 样条曲线 ,在安装孔的部位选择四个以上的点画一个封闭曲线,如图 7-46(a)所示,单击"完成草图"按钮 ,退出草图状态;单击"放置视图"中的"局部剖视图"按钮 ,根据提示选择父视图,单击俯视图的红色点线边框,弹出"局部剖视图"对话框,因为只有一条封闭曲线,系统同时自动选择它作为局部剖视图的边界。"局部剖视图"对话框中的"深度"栏用于设置剖切面在垂直于当前视图方向上的位置,将鼠标移到主视图上安装孔的中心处,系统感应到圆心(绿色点),单击"确定"按钮创建局部剖视图。用同样的方法将俯视图的右半部分改为半剖视图。创建与俯视图关联的草图,单击菜单栏"绘图"中的"矩形"按钮 画一矩形;单击菜单栏"绘图"中的"投影几何图元"按钮 ,选择相应的边(俯视图最前边);将菜单栏"格式"中的"中心线"按钮 按下,单击菜单栏"绘图"中的"直线"按钮 绘制一辅助线,如图 7-46(b)所示。单击菜单栏"约束"中的"共线约束"按钮 ,将矩形的边与辅助线约束为共线,然后关闭草图,创建半剖视图,如图 7-46(c)所示。

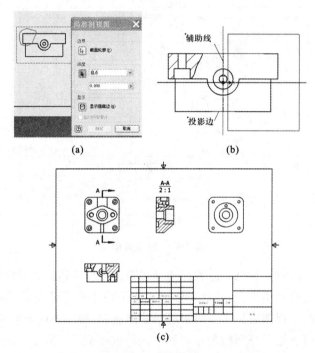

(a)　　　　　　　　　　　　　　　(b)

(c)

图 7-46　将俯视图改为半剖视图和局部剖视图
(a)"局部剖视图"对话框;(b)半剖视的截面轮廓;
(c)俯视图为半剖视图和局部剖视图

(5) 完善表达方案。

观察这几个视图可以发现一些问题,如俯视图中的未剖视图与半剖视图的分界线是粗实线,左视图中的肋板画了剖面线,左视图上注写了比例,主视图上的剖切符号与轮廓线相交等,这些都不符合国家标准,必须修改。

将光标移动到主视图上的剖切符号上悬停,系统感应它,待剖切符号变红后将它上下移动,直至它不与轮廓线相交为止;将光标移动到左视图上的视图标签上悬停,系统感应它,待视图标签变红后单击鼠标右键,选择右键快捷菜单中的"编辑视图标签",弹出"文本格式"对话框,去掉比例标注。

移动鼠标到俯视图的错误线上,系统自动将感应到的线变红,单击鼠标右键,选择右键快捷菜单中的"可见性",如图 7-47(b)所示,隐藏错误的线;同样,移动鼠标到左视图的剖面线上,利用右键快捷菜单中的"隐藏"命令隐藏剖面线,如图 7-47(b)所示。

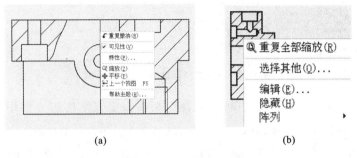

(a)　　　　　　　　　　　　　　　　(b)

图 7-47　隐藏错误的线

(a)隐藏半剖视图的分界线;(b)隐藏剖面线

创建与左视图关联的草图,单击"投影几何图元"选择相应的边组成封闭的线框,利用"直线"按钮 ✎ 绘制肋板与方形底板的分界线,单击"填充/剖面线填充面域"按钮 ,选择需要填充剖面线的区域,弹出"剖面线/颜色填充"对话框,如图 7-48 所示,启用对话框中的剖面线,在需要的区域画上剖面线,可以看出,此时的剖面线间距放大。撤销设定,返回"剖面线/颜色填充"对话框,将其中的比例改为 0.5(这是因为该视图上的比例为 2∶1,因此剖面线的间距也放大了一倍,这是 Inventor 无法完成的任务)。如果要查看原来的剖面线间距,可单击菜单栏"管理"中的"样式编辑器"按钮 ,弹出"样式和标准编辑器"对话框,如图 7-49 所示;再展开左边浏览器中的"剖面线","样式和标准编辑器"对话框中右边的"缩放"值为 1,这就是剖面线间距。利用"样式编辑器"按钮 也可以设置剖面线的间距和符号。

图 7-48　"剖面线/颜色填充"对话框

(6) 添加中心线,完成全图。

图 7-49　"样式和标准编辑器"对话框

　　首先为视图添加中心线。单击"标注",根据需要点击按钮 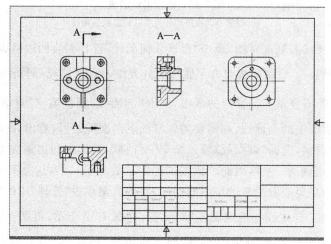 中的一个小按钮,为四个视图添加中心线,单击鼠标右键,结束命令。用鼠标拖拉中心线上的端点(绿色点),修正中心线的长度,直至满足要求为止,得到缸盖的表达方案,如图 7-50 所示。

图 7-50　缸盖表达方案

　　综上所述,根据物体的形状和结构特点,灵活应用视图、剖视图、断面图等图,使物体内、外结构形状得到完整、清晰的表达,并尽可能用少的视图拟订出恰当的表达方案。要求每一视图有一表达重点,各视图之间相互补充而不重复,达到方便看图和画图的目的。

7.6　看剖视图

　　用图形表达机件时,为了能完整、清晰地表达它的内、外结构,可选择前面介绍的基本视图和辅助视图(如向视图、局部视图、斜视图等)、剖视图、断面图以及其他表达方法。剖视图与基本视图相比,具有表达方式灵活,内、外形状兼顾,投射方向和视图位置多变等特点。下面以图 7-51 所示的基座图样为例,说明看剖视图的一般方法和步骤。

1. 分析视图

先找出主视图,再根据其他视图的位置和名称,分清基本视图、剖视图和断面图,以及它们分别是从哪个方向投射的,用什么剖切面剖切的,等等。只有明确相关视图之间的投影关系,才能为想象物体形状创造条件。在图 7-51(a)中,用主、左、俯三个视图表达基座,主视图是在半剖视上加了局部剖视。主视图的上方注有"A—A",从俯视图上可以找到相应的字母,知道它是用一个平行于 V 面的剖切平面沿着中心阶梯孔的轴线剖开而得到的。左视图是全剖视图,未标注视图名称和剖切位置,根据国家制图标准的规定可以判断:它是通过图形的左右对称面剖开的。

2. 分部分,想形状

看剖视图的方法与看组合体视图一样,依然是以形体分析法为主,以线面分析法为辅。将图 7-51(a)中的三个视图联系起来,可以看出,基座的外部形状是:下部为长方体,中间部分为前方后圆的柱体;基座的内部形状是在中间部分的上方有 U 形沉槽,前方有方形切口和带孔的 U 形凸台,中间有阶梯通孔;长方体上有四个通孔。

但看剖视图时,还要注意利用有、无剖面线的封闭线框,以此来分析物体上面与面之间的远近位置关系。如图 7-51(a)所示,主视图中的线框 I 带剖面线,表示物体与剖切平面实际接触的实体部位,它在剖切平面(即前后对称面)位置上;线框 II、III、IV 没有剖面线,它们表示的面(含半圆弧所示的孔洞)在剖切平面的后面;线框 V、VI 表示的面更为靠前。同理,左视图中的线框 VII 带剖面线,表示物体与剖切平面实际接触的实体部位,它在剖切平面(即左右对称面)位置上;线框 VIII、IX、X 没有剖面线,它们表示的面在剖切平面的右边。运用这个规律看图时,在物体表面的同向位置上将产生层次感甚至立体感,对看剖视图很有帮助。

3. 综合起来想整体

通过以上分析后,就可以想出基座的整体形状,如图 7-51(b)所示。

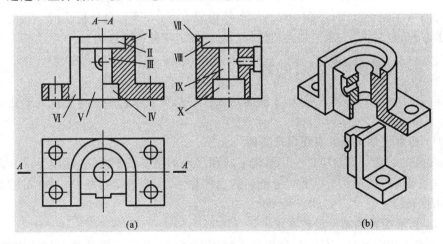

(a)　　　　　　　　　　　　　　　　(b)

图 7-51　看基座剖视图举例

第8章

零件的构形与零件工程图

零件是组成机器的最小单元,必须通过一定的方式加工而成。设计的零件不可加工或加工成本很高都是不好的,因此设计时必须考虑零件的工艺性,这也是实际零件与组合体的差别之一。实际零件与组合体的另一个差别在于零件必然在机器或部件中工作,发挥其独特的功能,并与其他零件密切相关。

8.1 零件的构形设计

8.1.1 零件构形设计的内容

无论二维设计还是三维设计,都应考虑各个零件的几何形状、尺寸大小、工艺结构及其材料等内容。

对一个零件的几何形状、尺寸大小、工艺结构、材料等进行分析和设计的过程称为零件构形设计。进行零件构形设计时应首先了解零件在部件中的功能和相邻零件之间的关系,从而想象出该零件由什么几何形体构成,分析为什么采用这种形体构成,这种方案是否合理,还有没有其他形体构成方案,等等。在分析几何形状的过程中同时分析尺寸大小、工艺结构、材料等,最终确定零件的整体构形。

8.1.2 零件构形设计的要求

零件构形要遵循某些规则,才能满足设计的基本要求。零件构形设计要达到以下基本要求。

1) 构形设计要保证实现预定功能

零件的功能是确定零件主体结构形状和尺寸的主要依据之一,此项要求有两层含义:一是零件的结构形状和尺寸能使其发挥作用,实现预定功能;二是有足够的强度、刚度和稳定性,使其工作安全、可靠。

2) 构形设计要满足工艺要求

工艺要求是确定零件局部结构的主要依据之一。确定了零件的主体结构之后,要考虑零件的结构形状易于加工、装配、调整和维修等,零件的细部构形也必须合理。

3）构形设计要保证使用材料合理

合理使用材料包括两方面内容：一方面是要充分利用各种材料本身的性能，使零件更好地实现其功能；另一方面是要注重通过改变形状和调整结构节约材料。

4）构形设计要使零件外形美观

随着人类文明的进步，产品的精神功能已越来越受到重视。外形美观是零件细部构形的另一主要依据。不同的外形会产生不同的视觉效果，影响人们的心理、情绪等，关系到生产效率和产品质量，关系到客户的购买欲望。

5）构形设计要有良好的经济性

构形设计应尽可能做到形状简单美观、制造容易、材料来源方便且价格低廉，在降低成本的同时提高生产效率，以获得良好的经济效益。

下面以暖手宝插座体与插座盖的构形设计为例说明零件构形设计的要求。图8-1 所示为暖手宝插座体与插座盖，其预定功能是为暖手宝接通电源。插座体与插座盖均为有一定壁厚的中空的长方体，可以容纳接线柱和指示灯等；插座体与插座盖用螺钉连接，插座体四角有螺孔，插座盖四角相应位置有沉孔，避免螺钉头部突出；插座体与插座盖下端均有电线引出线槽；为了防止插拔插座时打滑，插座体顶面与两侧有防滑槽。插座本身不能带电，插座体与插座盖的主体材料均采用电绝缘材料（胶木粉），插座盖接线柱内镶嵌铜管，其与电线连接。考虑橡胶零件加工的特点——硫化过程和起模等，插座体与插座盖四角均为圆角，接线柱、指示灯座等结构和插座体与插座盖的结合处均有小圆角，这些圆角既满足了两零件的工艺要求，也使得零件更美观。为了便于插座体与插座盖连接在一起，插座体上有止口槽，插座盖上有止口。

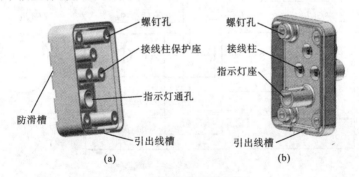

图 8-1　插座体与插座盖

(a)插座体；(b)插座盖

总之，在零件的构形设计过程中，必须满足设计要求和工艺要求，同时兼顾零件的外形并考虑生产零件的成本。

8.2　零件工程图的内容

表达单个零件结构形状、尺寸大小和加工、检验等方面技术要求的图样称为零件工程图,简称零件图。零件图必须包含零件构形设计要达到的基本要求,是制造和检验零件的依据,是设计部门和生产部门的重要技术资料之一。一张零件图必须包括以下几个方面的内容。

1) 一组视图

将零件各部分的结构形状完整、清晰地表达出来的包括基本视图、剖视图、断面图等的一组图样即零件的视图。视图应数量适中,相互补充且不重复。

2) 全部尺寸

为了确定零件各部分的形状大小及相对位置,要求正确、齐全、清晰、合理地标注零件的全部尺寸。

3) 技术要求

在零件图上,需用规定的符号、数字或文字说明在制造和检验零件时应达到的一些技术要求,如表面结构要求、尺寸公差、几何公差、材料热处理等要求。

4) 标题栏

标题栏用于说明零件的名称、材料、数量、比例、图号、设计者、零件图完成的时间等内容。

图 8-2(a)为图 8-2(b)所示的调谐装置中的调谐轴的零件图。为了满足工作上的需要,将调谐轴设计成偏心轴,主视图反映轴的结构,左视图反映轴的偏心距,局部放大图表达了退刀槽。两个 $\phi 3$ mm 段安装滚动轴承,$\phi 4$ mm 段安装滚轮,精度要求

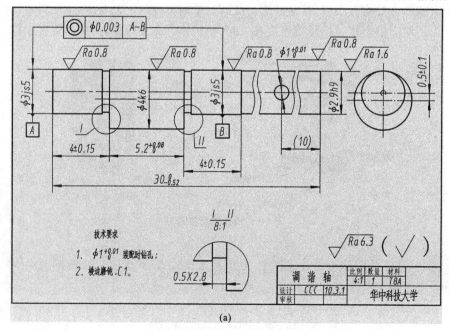

(a)

图 8-2　调谐装置

(a)调谐轴的零件图;(b)调谐装置的组成零件

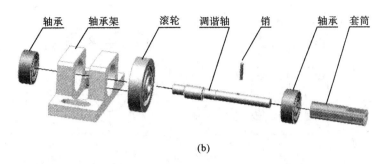

（b）

续图 8-2

较高,而ϕ2.9 mm 段安装套筒,其精度要求可略低。图中分别用规定的符号注明了尺寸公差和表面结构要求,如 ϕ3js5、ϕ4k6、ϕ 2.9h9 表示尺寸公差要求,$\sqrt{^{Ra\,0.8}}$、$\sqrt{^{Ra\,1.6}}$、$\sqrt{^{Ra\,6.3}}$ 表示各处表面结构要求;两滚动轴承段还有同轴度的要求,用 $\boxed{\copyright\ \phi0.003\ A-B}$ 注明。另外,还用文字说明了需配做的孔和倒钝要求。标题栏说明了零件材料、数量、比例等信息。

由此可见,零件图是各种表达方法的综合运用,同时考虑零件的工艺要求、技术要求以及装配要求等实际情况。

8.3　常见零件结构及尺寸标注

8.3.1　底板、端面等结构

零件上常见各种带连接孔、凸台与凹坑的底板、端面等结构,用来连接其他零件或底座。底板、端面的特征图形及其尺寸注法如图 8-3 所示。

8.3.2　螺纹结构及画法

螺纹是零件中的常见结构,主要用于零件之间的连接,这种连接使得安装、拆卸和维修方便,因此应用非常广泛,同时其结构和尺寸已经全部标准化了。下面介绍螺纹的规定画法及标注等内容。

1. 螺纹的形成

螺纹可看成是由平面图形(如三角形、梯形、锯齿形等)绕着和它共平面的轴线做螺旋运动而形成的螺旋体。图 8-4 所示的是在车床上加工螺纹的方法。螺纹的形成是工件做等角速度旋转和刀具同时做等速直线移动的结果。螺纹按生成螺纹导面的形状分为圆柱螺纹和圆锥螺纹,按加工在回转体的内、外表面又分为外螺纹和内螺纹。

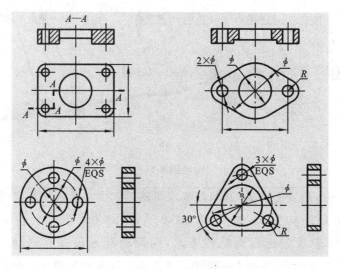

图 8-3　几种底板、端面结构

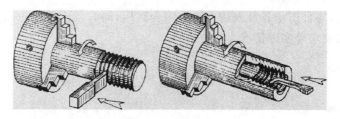

图 8-4　螺纹加工

2. 螺纹的结构要素、规定画法和标注

1) 螺纹的结构要素

（1）牙型　通过螺纹轴线剖切所得到的螺纹牙齿轮廓形状称为牙型。螺纹的牙型有三角形、梯形、矩形和锯齿形等。

（2）直径　螺纹的最大直径称为大径，用 d 或 D 表示，也称为公称直径；螺纹的最小直径称为小径，用 d_1 或 D_1 表示，它是形成螺纹的导面直径；螺纹牙齿轮廓断面沟槽与凸起相等时假想圆柱的直径称为中径，它是设计尺寸，用 d_2 或 D_2 表示。如图 8-5 所示。

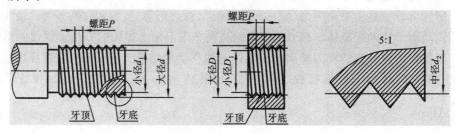

图 8-5　螺纹结构要素（一）

（3）线数　刻制在零件上的螺纹数，如只有一条，就称为单线螺纹；如有两条以上，就称为多线螺纹。线数又称头数，通常以 n 表示。

（4）螺距和导程　螺纹相邻两牙在中径上对应两点间的轴向距离，称为螺距，以 P 表示；多线螺纹中同一螺旋线上的相邻两牙在中径上对应两点间的轴向距离，称为导程，以 L 表示，如图 8-6 所示。导程与螺距和线数的关系是：$L=nP$。普通螺纹的直径和螺距如表 8-1 所示。

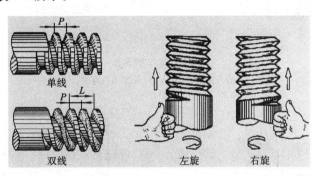

图 8-6　螺纹结构要素（二）

表 8-1　普通螺纹的直径和螺距（摘自 GB/T 196—2003）

公称直径		2	2.5	3	4	5	6	8	10	12	16
螺距	粗牙	0.4	0.45	0.5	0.7	0.8	1	1.25	1.5	1.75	2
	细牙	0.25	0.35	0.35	0.5	0.5	0.75	1 0.75	1.25 1 0.75	1.5 1.25 1	1.5 1

（5）旋向　螺纹有左旋和右旋之分。旋进时，旋转方向为顺时针的是右旋螺纹，旋转方向为逆时针的是左旋螺纹，如图 8-6 所示。常用的是右旋螺纹。

内、外螺纹通常是配合使用的，只有上述五个结构要素完全相同的内、外螺纹才能旋合在一起。

2）内、外螺纹的规定画法

（1）螺纹的大、小径按"摸得着的画粗实线，摸不着的画细实线"来画。在螺纹投影为圆的视图中，细实线圆只画约 3/4 圈，如图 8-7 所示。

（2）螺纹的终止线用粗实线表示，如图 8-7 所示。

（3）在剖视图中，剖面线要画到粗实线为止（见图 8-8、图 8-9）。

（4）在绘制螺纹盲孔时，一般应将钻孔深度与螺纹深度分别画出，且钻孔深度一般应比螺纹深度大 $0.5D$，其中 D 为螺纹公称直径（见图 8-9）。

3）螺纹的标注

采用规定画法画好螺纹后，须按规定的标注方式来说明螺纹的种类、公称直径、螺距、线数、旋向等内容。螺纹的标注格式如表 8-2 所示。

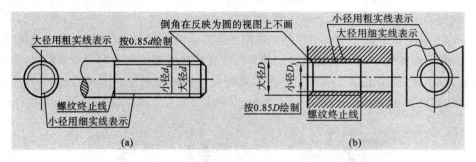

图 8-7　螺纹的画法

（a）外螺纹的画法；（b）内螺纹的画法

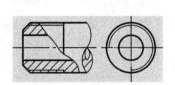

图 8-8　管螺纹的画法

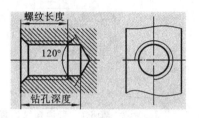

图 8-9　螺纹剖视图的画法

表 8-2　常用标准螺纹的标注示例

用途	种类	牙型	标注格式示例	代号的意义
连接用	粗牙普通螺纹	60°	M10—5g6g—S　20 M10LH—7H—L　20	M10—5g6g—S 旋合长度 顶径公差带代号 中径公差带代号 螺纹公称直径 M10LH—7H—L 中径和顶径具有相同公差带 旋向(左)
	细牙普通螺纹		M10×1—6g　20	M10×1—6g 螺距
	非螺纹密封的管螺纹	55°	G1A　G1	G1A 公差等级 尺寸代号

续表

用途	种类	牙型	标注格式示例	代号的意义
传递用	单线梯形螺纹	30°	Tr36×6−8e	Tr36×6−8e 公差带代号 螺距 螺纹公称直径
	多线梯形螺纹		Tr36×12(P6)LH−8e−L	Tr36×12(P6)LH−8e−L 左旋 螺距 导程

4) 内、外螺纹旋合画法

图 8-10 表示内、外螺纹旋合画法。用剖视图表示内、外螺纹旋合连接时,旋合部分应按外螺纹的画法绘制,不旋合的部分仍按各自的画法表示,但是所画的内、外螺纹的大、小径应对齐。

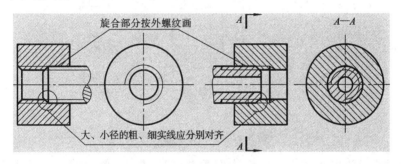

图 8-10　螺纹旋合的画法

8.3.3　键槽

轴和轮类零件常带有键槽,通过键可以传递动力和运动。键槽的画法和尺寸注法如图 8-11 所示。

8.3.4　工艺结构

1. 退刀槽和越程槽

为了保证加工和装配要求,常在待加工表面的末端预先加工出退刀槽和越程槽,在图样中常采用局部放大图表达,如图 8-12 所示。退刀槽的尺寸可按图 8-12 所示的"槽宽×槽底直径"或"槽宽×槽深"表示。

2. 倒角和倒圆

为了便于装配和保护装配面,一般在轴端、轴肩和孔口加工倒角、倒圆,如图8-13所示。倒角大多为 45°,用字母"C 宽度"表示;大多数的倒角相同时也可在技术要求

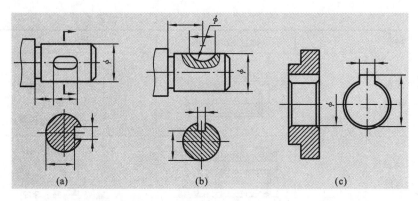

图 8-11　键槽画法与尺寸注法

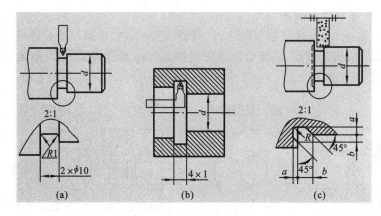

图 8-12　退刀槽与越程槽

中统一标明"未注倒角为 Cn"（"n"为倒角宽度）。非 45°倒角的标注如图 8-13（c）
所示。

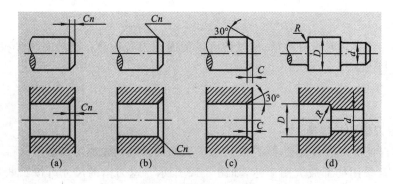

图 8-13　倒角与倒圆

3. 圆角

　　圆角尺寸可在图上直接注出,较小的铸造圆角、注塑圆角、锻造圆角可在技术要
求中统一说明,如"未注铸造圆角为 $R2\sim4$"。

8.3.5　各种类型的孔

零件上通常有各种类型的孔,用于定位和连接,其尺寸注法如表 8-3 所示。

表 8-3　各种孔结构

类型	旁　注　法		普　通　注　法
光孔	4×φ4H7 孔↧12	4×φ4H7 孔↧12	4×φ4H7
螺孔	3×M6—7H	3×M6—7H	3×M6—7H
螺孔	3×M6—7H↧10 孔↧13	3×M6—7H↧10 孔↧13	3×M6—7H
沉孔	6×φ7 ⩗φ13×90°	6×φ7 ⩗φ13×90°	90°　φ13 6×φ7
沉孔	4×φ6.4 ⊔φ12↧4.5	4×φ6.4 ⊔φ12↧4.5	φ12　4.5 4×φ6.4
	4×φ9 ⊔φ20	4×φ9 ⊔φ20	φ20 4×φ9

注:符号"⊔"表示沉孔;符号"⩗"表示埋头孔;符号"↧"表示孔深。

8.4 零件图的技术要求

零件图上的技术要求包括表面结构、极限与配合、几何公差、材料的热处理和表面处理、零件材料、零件加工、检验的要求等。下面简单介绍表面结构要求、极限与配合、几何公差等在零件图上的注写。

8.4.1 表面结构要求

表面结构要求是评定零件表面加工质量的一项技术指标。表面结构要求是表面粗糙度、表面波纹度、表面缺陷、表面纹理和表面几何形状的总称，它对零件的工作精度、耐磨性、密封性以及零件间的配合都有直接的影响。本节主要介绍常用的表面粗糙度表示法。

零件经过加工以后，其表面看似光滑，但如果用放大镜观察，就会看到凸凹不平的峰、谷，如图 8-14(a)所示。零件表面所具有的这种微观几何形状误差特性称为表面粗糙度。评定表面粗糙度的主要参数有轮廓算术平均偏差 Ra、轮廓的最大高度 Ry 和 Rz（GB/T 3505—2009）。

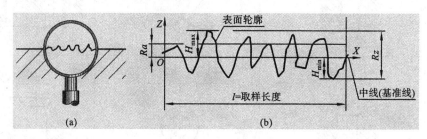

图 8-14　表面粗糙度

(a)表面放大图；(b)表面粗糙度的定义

工程上多采用轮廓算术平均偏差 Ra，它是在一个取样长度内，轮廓偏距（Z 方向上轮廓线上的点与基准线之间的距离）的算术平均值，如图 8-14(b)所示。

表面结构要求在零件图上由规定的符号和有关参数值组成。符号"$\sqrt{}$"表示用去除材料的方法获得的加工表面的表面结构要求，符号"$\sqrt{}$"表示用不去除材料的方法获得的非加工表面的表面结构要求。表面质量越高，表面结构要求取值就越小，加工工艺越复杂，加工成本越高；反之，表面质量越低，表面结构要求取值就越大，加工成本越低。

在图样上，零件的每一个表面一般只标注一次表面结构要求代号，并尽可能标注在相应尺寸及其公差的同一视图上。表面结构有以下几种标注方法：

(1)标注在轮廓线上，其符号应从材料外指向并接触表面。必要时，表面结构符号也可用带箭头或黑点的指引线引出标注。

（2）标注在特征尺寸的尺寸线上。在不致引起误解时，表面结构要求可以标注在给定的尺寸线上。

（3）标注在几何公差框格上方。

（4）直接标注在延长线上，或用带箭头的指引线引出标注。

（5）标注在圆柱和棱柱表面上。圆柱和棱柱表面的结构要求只标注一次，如果每个棱柱表面有不同结构要求，则应分别单独标注。

图 8-15 所示为表面结构要求的标注示例。

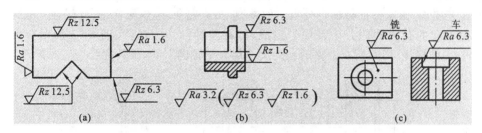

图 8-15　表面结构要求代号标注示例

(a)示例一；(b)示例二；(c)示例三

8.4.2　极限与配合

在零件的加工过程中，由于机床、刀具、量具和操作者技术水平等多种因素的影响，加工出来的零件尺寸不可能绝对精确，必然存在一定的误差，因此，设计时为了满足零件的使用和互换性的要求，必然允许零件的实际尺寸有一定的变动范围，这个所允许的尺寸变动范围称为尺寸公差，简称公差。设计时根据计算或经验所决定的尺寸称为基本尺寸，允许制造时达到的最大尺寸称为最大极限尺寸，允许制造时达到的最小尺寸称为最小极限尺寸。最大极限尺寸与基本尺寸的代数差称为上偏差，最小极限尺寸与基本尺寸的代数差称为下偏差。尺寸公差在零件图中的标注可用图 8-16 所示的任意一种。

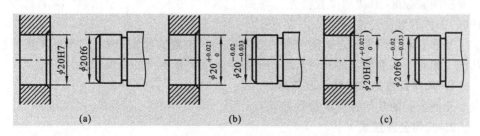

图 8-16　公差的标注方法

(a)标注方法一；(b)标注方法二；(c)标注方法三

图 8-16(a)中的 ϕ20H7 和 ϕ20f6 的含义如下：ϕ——直径符号；20——基本尺寸；H——孔的基本偏差代号；7——孔的公差等级；f——轴的基本偏差代号；6——轴的公差等级。ϕ20H7 表示基本尺寸为 20 mm，公差等级为 7 级，基本偏差代号为 H 的

孔。ϕ20f6 表示基本尺寸为 20 mm,公差等级为 6 级,基本偏差代号为 f 的轴。

也可由公差带代号查阅相关手册,得到上、下偏差值,直接注写上、下偏差值,如图 8-16(b)所示。ϕ20$^{+0.021}_{0}$ 表示基本尺寸为 20 mm,上偏差为$+0.021$ mm、下偏差为 0 的孔。ϕ20$^{-0.02}_{-0.033}$ 表示基本尺寸为 20 mm,上偏差为-0.02 mm、下偏差为-0.033 mm 的轴。

图 8-16(c)是将公差带代号和上、下偏差值同时标注的示例。

配合反映基本尺寸相同、相互结合的孔和轴装配的松紧程度。根据部件的设计和工艺要求,国家标准将配合分为三种类型:间隙配合、过盈配合、过渡配合。配合代号由相配的孔和轴的公差带代号组成,也有三种标注方法,如图 8-17 所示。由图 8-17(c)的标注可知,所有合格的孔的尺寸都大于轴的尺寸,故其配合为间隙配合。

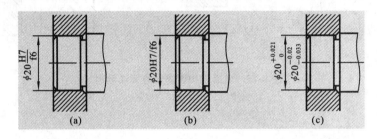

图 8-17　配合的标注方法

(a)标注方法一;(b)标注方法二;(c)标注方法三

8.4.3　几何公差

几何公差是被测零件的实际几何要素相对于理想几何要素所允许的变动量,包括形状、方向、位置和跳动公差。要素是零件上的特定部位(如点、线、面等),可以是组成要素(如圆柱面)和导出要素(如中心线)。几何公差的公差带指包含实际要素,由一个或几个理想的几何线或面所限定的,由线性公差值表示其大小的区域。几何公差在国家标准《形状和位置公差　通则、定义、符号和图样表示法》(GB/T 1182—1996)中称为形位公差。

基准要素指用来确定被测要素的方向或(和)位置的要素,理想的基准要素简称基准。相对于基准给定的几何公差并不限定基准要素本身的几何误差。

1. 几何公差的几何特征及符号

几何公差的几何特征及符号如表 8-4 所示。

2. 几何公差注法

国家标准《产品几何技术规范(GPS)几何公差　形状、方向、位置和跳动公差标注》(GB/T 1182—2008)规定,在图样上标注几何公差时应采用框格标注,框格可由两格或多格组成,如图 8-18 所示。被测要素用带箭头的细实线与框格任意一端相连,箭头指向被测要素;与被测要素相关的基准用一个大写字母表示。字母标注在基准方格内,与一个涂黑的或空白的三角形相连以表示基准。当几何公差无法采用框格代号标注时,允许在技术要求中用文字说明。图 8-18 中各符号的含义如表 8-5 所示。

表 8-4　几何公差的几何特征及符号(摘自 GB/T 1182—2008)

形状公差	直线度	平面度	圆度	圆柱度	线轮廓度	面轮廓度
	—	▱	○	⌭	⌒	⌓
方向公差	平行度	垂直度	倾斜度	线轮廓度	面轮廓度	
	∥	⊥	∠	⌒	⌓	
位置公差	同轴度(用于轴线)	同心度(用于中心点)	对称度	位置度	线轮廓度	面轮廓度
	◎	◎	⩲	⊕	⌒	⌓
跳动公差	圆跳动	全跳动				
	↗	⌰				

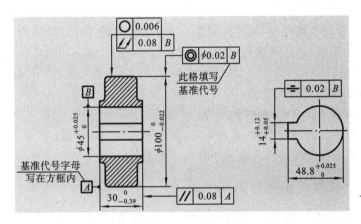

图 8-18　几何公差的标注

表 8-5　几何公差识读

代　号	含　　义
○ 0.006	$\phi100_{-0.022}^{0}$ mm 圆柱面的圆度公差为 0.006 mm;被测要素为 $\phi100_{-0.022}^{0}$ mm 的外圆柱的任意素线
⌰ 0.08 B	$\phi100_{-0.022}^{0}$ mm 圆柱面相对 $\phi45_{0}^{+0.025}$ 孔的轴线的全跳动公差为 0.08 mm;被测要素为 $\phi100_{-0.022}^{0}$ mm 的圆柱面的任意素线
◎ $\phi0.02$ B	$\phi100_{-0.022}^{0}$ mm 圆柱面的轴线相对 $\phi45_{0}^{+0.025}$ mm 孔的轴线的同轴度公差为 $\phi0.02$ mm;被测要素为 $\phi100_{-0.022}^{0}$ mm 的圆柱面的轴线
⩲ 0.02 B	槽宽为 $14_{+0.05}^{+0.12}$ mm 的键槽的两侧对 $\phi45_{0}^{+0.025}$ mm 孔的轴线的对称度公差为 0.02 mm;被测要素为 $14_{+0.05}^{+0.12}$ mm 的键槽的对称面

续表

代　号	含　义
// 0.08 A	右端面对左端面的平行度公差为 0.08 mm,被测要素为右端面
A	当基准要素为轮廓线或轮廓面时,基准三角形应放置在轮廓线或其延长线上,并明显地与尺寸线错开
B	当基准要素是尺寸要素确定的轴线或对称平面时,基准三角形应放置在尺寸线的延长线上,并与尺寸线对齐

8.5　读零件图

8.5.1　读零件图的要求

在设计、生产等活动中,读零件图是一项非常重要的工作。读零件图时不仅需看懂零件的结构形状,还必须进行尺寸和技术要求的分析,从而明确零件的全部功能和质量要求。

读零件图应达到如下要求:

(1) 了解零件的名称、材料和用途;

(2) 分析零件的结构形状,逆向思考,重构零件的三维模型;

(3) 了解零件的各部分尺寸大小和技术要求等。

8.5.2　读零件图的方法和步骤

下面以图 8-19 为例,说明读零件图的一般方法和步骤。

1. 看标题栏

从标题栏中的名称、比例、材料等,可以分析零件的大概作用、类型、大小、材质等情况。图 8-19 中标题栏的名称是轴承架,比例为 1∶2,数量为 2,由 HT150 材料制成。由此可见,它通常成对使用,其功能是支承轴系零件并将其固定于机架或基座上,是用灰铸铁铸造且经过机械加工而成的,零件大小比图形大一倍。

2. 表达方案的分析

首先应确定哪个视图是主视图,并弄清主视图与其他视图的投影联系,明确各视图采用的表达方法,对于剖视图、断面图还应找到相应的剖切位置,为进一步看懂零件图打好基础。

图 8-19 采用了五个图形表达该轴承架:主视图表达其外形;左视图采用 $A—A$ 剖视图,表达了支承孔和螺钉孔;俯视图采用 $D—D$ 剖视图,表达了底部安装板的形状和支承板的形状及其厚度;移出断面表达了肋板的厚度;C 向局部视图表达了顶部凸台形状。

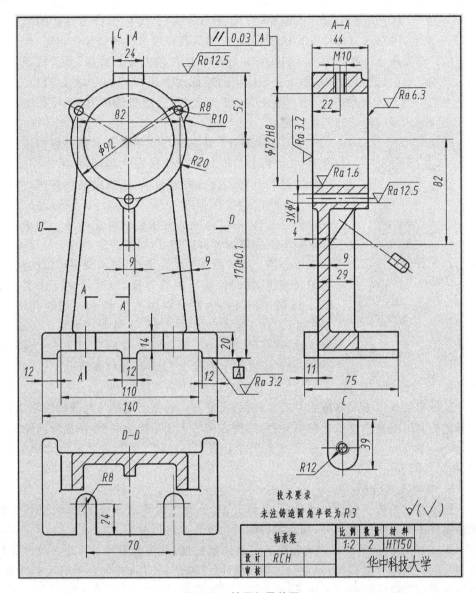

图 8-19　轴承架零件图

3. 结构分析

进行结构分析的主要方法是形体分析法,形体一般都体现为零件的某一结构,可将内、外结构分开来,逐个看懂;对不便进行形体分析的部分进行线面分析,搞清投影关系,分析细节。

综合五个视图,可以看出该零件为了实现其功能,大致分为三个主要部分。

（1）工作部分　上部孔径为 ϕ72H8 mm 的圆筒用来安装轴承;轴承需要润滑才

能正常工作,因此圆筒上方附有安装油杯的凸台、螺孔;圆筒边缘有均匀分布的三个 $\phi7$ mm 通孔,用于安装盖板。该圆筒、三个 $R8$ mm 的半圆柱凸台的特征图形都在 OXZ 平面上,可以通过拉伸的方法创建,而上面的孔可通过孔特征操作创建。

　　(2)安装部分　底部为 140 mm×75 mm 带 U 形槽的矩形底板,通过底板可将轴承架安装、连接到机架或基座上。该底板的特征图形在 OXY 平面上,可以通过拉伸的方法创建。U 形槽(特征图形在 OXY 平面上)和前后贯通的方槽(特征图形在 OXZ 平面上)用拉伸减的方法创建。

图 8-20　轴承架三维模型

　　(3)连接部分　中间梯形支承板及两侧凸缘构成支承架,将工作部分与安装部分连接到一起,起支承作用;工作部分圆筒的下方还有三角形肋板,起辅助支承作用。中间梯形支承板的特征图形在 OXZ 平面上,可以通过拉伸的方法创建;同样用拉伸减的方法创建两侧凸缘。轴承架的三维模型重构请读者自行练习,如图 8-20 所示。

　　考虑轴承架的耐磨性和经济性,轴承架采用铸铁材料;考虑合理使用材料,减小圆筒外径,圆筒外壁设计了三个 $R8$ mm 的半圆柱凸台并分别加工有 $\phi7$ mm 的通孔;考虑工艺性,设计了安装油杯的凸台、底板上三个宽 12 mm 的脚以及铸造圆角等;为了安装螺栓或螺钉和保证安装的稳定性,设计了底板上的两个 U 形槽等局部结构。

4. 尺寸分析

　　轴承架的长度方向基准为左右对称面;宽度方向的主要基准为圆筒的后端面,宽度方向的辅助基准为支承板的后端面;高度方向的主要基准为底面,高度方向辅助基准为 $\phi72H8$ mm 孔的轴线。主要定形尺寸有 $\phi72H8$、170±0.1,主要定位尺寸有 70、24、$\phi92$、4、22 等。

5. 技术要求分析

　　技术要求的分析包括尺寸公差、几何公差、表面结构要求及技术要求说明,它们都是零件图的重要组成部分,阅读零件图时也要认真进行分析。

　　图 8-19 中的技术要求内容很多,如:表面粗糙度,其参数有 1.6、3.2、6.3、12.5,采用去除材料的方法获得;尺寸公差有 $\phi72H8$、170±0.1 等;几何公差有平行度等;此外还有用文字注解的技术要求。

　　经过上述读图过程,对零件的形状、结构特点及其功用、尺寸有了较深刻的认识,然后结合有关技术资料、装配图和相关零件,就可以真正读懂一张零件图。

8.6　典型零件的结构分析与构形

　　零件的形状千变万化,但根据它在部件中所起的作用、基本形状及与相邻零件的关系,并考虑其加工工艺,一般将零件分成轴套类、盘盖类、叉架类和箱壳类等类型。

每类零件的结构都有一些共同点,因此每类零件的构形、表达方法和尺寸标注都有共同之处,本节主要介绍典型零件的结构分析与构形。

8.6.1　轴套类零件

1. 轴套类零件的结构特点

这类零件的主体结构是同轴线不同直径的回转体,而且轴向尺寸大,径向尺寸相对小;这类零件一般起支承轴承、传动零件的作用,因此,常带有倒角、键槽、轴肩、螺纹及退刀槽、中心孔等结构。

2. 轴套类零件的构形方法

这类零件的主体结构可以用过轴线的截断面图形绕轴线旋转而成,或用多段圆柱或圆锥叠加而成,而倒角、倒圆、螺纹、中心孔等工艺结构在三维建模时可以用软件的相关命令完成,如图 8-21 所示。

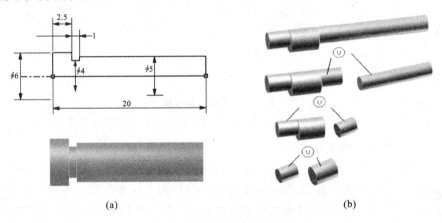

(a)　　　　　　　　　　　　　　　　　　(b)

图 8-21　轴套类零件的创建

(a)用旋转法构成轴套类零件;(b)用叠加法构成轴套类零件

3. 轴套类零件的表达方法

这类零件主要在车床、磨床上加工成形,选择主视图时多按加工位置将轴线水平放置,以垂直于轴线的方向作为主视图的投射方向,配合尺寸标注,一般只需用一个基本视图。零件上的一些细部结构,通常采用断面图、局部剖视图、局部放大图等表达方法表示。图 8-21(b)所示的调谐轴零件图参见图 8-2。

8.6.2　盘盖类零件

1. 盘盖类零件的结构特点

这类零件的主体结构是同轴线的回转体或其他平板形,且轴向尺寸比其他两个方向的尺寸小,包括各种端盖、手轮、带轮、齿轮等。盘盖类零件一般用于传递动力、改变速度、转换方向,或起支承、轴向定位及密封等作用。它们常常有轴孔、安装螺孔或沉孔、键槽、肋板、辐板等结构。

2. 盘盖类零件的构形方法

这类零件的主体结构可以用过轴线的截断面图形绕轴线旋转而成,如图 8-22 所示为电动机盖的主体结构特征图形及模型。其他平板形结构建模时,可用特征图形拉伸而成,一般要先创建添加材料的特征,再创建去除材料的特征,还要考虑使用投影、工作平面、工作轴等特征。如图 8-22(a)所示电动机盖上、下耳板结构是由耳板的特征图形拉伸形成的,孔的构建则需建立工作平面、工作轴。均匀分布的安装螺孔或沉孔、肋板、辐板等结构常采用三维阵列操作。

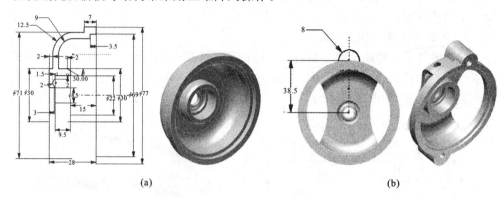

(a)   (b)

图 8-22　电动机盖模型

(a)电动机盖主体结构特征图形及模型;(b)电动机盖上、下耳板结构特征图形及模型

3. 盘盖类零件的表达方法

与轴套类零件一样,盘盖类零件主要是在车床上加工成形。选择主视图时,多按加工位置将轴线水平放置,以垂直于轴线的方向作为主视图的投射方向。主视图用剖视表达内部结构,有关零件的外形和各种孔、肋、轮辐等的数量及其分布情况,通常选用左(或右)视图来补充说明。如果还有细小结构,则还需增加局部放大图。电动机盖零件图参见 8.7 节图 8-39。

8.6.3　叉架类零件

1. 叉架类零件的结构特点

这类零件的结构形状差异很大,许多零件都有歪斜结构,但是一般这类零件的主体结构都可以分为工作部分、固定部分和连接部分。叉架类零件多见于连杆、拨叉、支架、摇杆等中,一般起连接、支承、操纵、调节作用。

2. 叉架类零件的构形方法

建模时,采用形体分析法和线面分析法,按照各部分的相对位置构建模型,具体分析方法参考 8.5.2 节中轴承架的结构分析。

3. 叉架类零件的表达方法

鉴于这类零件的功用及其在加工过程中位置不固定、在部件中的工作位置也不唯一,因此,选择主视图时,对于这类零件常考虑其主要结构特征来选择。其倾斜结构常用斜视图或斜剖视图来表示。安装孔、安装板、支承板、肋板等结构常采用局部剖视图、移出断面图或重合断面图来表示,因此,视图数量也有较大的伸缩性,如图8-19所示。

8.6.4　箱壳类零件

1. 箱壳类零件的结构特点

这类零件是组成机器或部件的主要零件之一,多数是中空的壳体,具有内腔和壁厚,主要用来支承、包容和保护运动零件或其他零件,常具有轴孔、轴承孔、凸台和肋板等结构。为了使箱壳类零件与其他零件或机座装配在一起,这类零件上还设有安装底板、安装孔等结构。如图8-23(a)所示,行程开关的外壳内要安装开关等部件,因此有很大的空间,前、后壁上有引出线孔,左壁有开关杠杆伸出孔;底板上有三个安装孔和两个连接杠杆座的沉头螺钉孔,顶部有四个螺钉孔等。

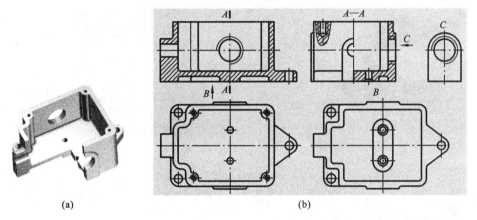

(a)　　　　　　　　　　　　　　　　　(b)

图 8-23　行程开关的外壳模型及表达方法

(a)行程开关的外壳模型;(b)行程开关外壳的表达方法

2. 箱壳类零件的构形方法

箱壳类零件腔体的生成可以由拉伸、旋转或抽壳得到,建模时要根据零件的形状,合理安排切割出腔体特征的顺序,然后添加轴孔、轴承孔、凸台、肋板、安装底板等结构。

3. 箱壳类零件的表达方法

这类零件常按零件的工作位置放置,以垂直于主要孔中心线的方向作为主视图的投射方向,常采用通过主要孔的单一剖切平面的全剖、阶梯剖、旋转剖来表达其内部结构形状,或者以沿着主要孔中心线的方向作为主视图的投射方向,主视图着重表达零件的外形。对于主视图上未表达清楚的零件内部结构和外形,需采用其他基本视图或在基本视图上取剖视来表达;对于局部结构,常用局部视图、局部剖视图、斜视图、断面图等来表达。图8-23(b)所示为行程开关外壳的表达方法。

8.6.5　薄板冲压件

1. 薄板冲压件的结构特点

这类零件主要由薄金属板经冲压、剪切而制成,厚度均匀,其上常有孔、槽等结构,零件的弯折处为了防止产生裂纹而带有圆角,如图 8-24(a)所示。

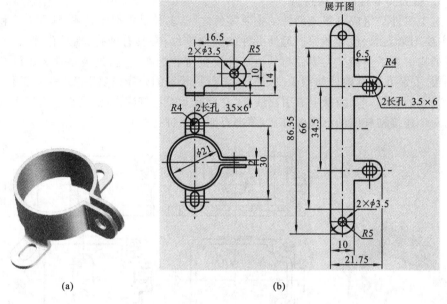

图 8-24　电容器夹模型及表达方法

(a)电容器夹模型;(b)电容器夹表达方法

2. 薄板冲压件的构形方法

这类零件的构建应根据零件的成形结构来确定,采用形体分析法和线面分析法,按照各部分的相对位置构建模型。

3. 薄板冲压件的表达方法

以沿零件的主要弯曲方向表达的视图或板面上显示孔组的视图作为主视图;它上面的孔一般是通孔,孔的形状和位置在一个视图上已表达清楚,在其他视图上只需用中心线表示其位置;对于弯曲成形的零件,为了表达弯曲前的形状和尺寸,往往要画出展开图,并在图形上标注"展开图"字样;当厚度很薄时可夸大画出板的厚度,如图 8-24(b)所示。

8.6.6　镶嵌类零件

1. 镶嵌类零件的结构特点

这类零件是用压型铸造方法将金属、非金属材料镶嵌在一起而形成的。为了提高结合面的附着力,金属嵌件表面应做一些凸起或网纹等;为了避免应力集中,尖角处应做出圆角,如图 8-25(a)所示。

2. 镶嵌类零件的构形方法

对于这类零件,将金属、非金属零件单独建模,然后装配在一起即可。

3. 镶嵌类零件的表达方法

对于这类零件,主要按镶嵌关系和形体特征来选择主视图,其表达方法与前述几种零件基本相同,只是在剖视图中应该用不同的剖面符号来区分不同的零件,如图 8-25(b)所示。

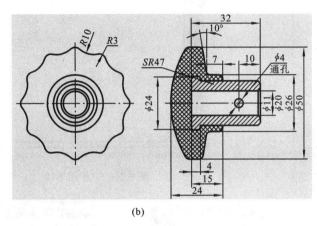

(a)　　　　　　　　　　　　　　(b)

图 8-25　手轮模型及表达方法

(a)手轮模型;(b)手轮表达方法

8.7　典型零件的工程图(Inventor 工程图)生成

受制造技术等因素的制约,二维工程图还是产品表达的重要方式,因此模型设计完成后,设计者须根据各类零件的表达方法的特点,将零件三维模型转换生成零件的工程图,以表达设计意图,并指导生产。但是目前由零件三维模型直接生成的零件工程图不能完全符合国家标准,必须根据前面所介绍的规范进行修订,主要有四个基本步骤:设置工程图、创建视图、标注和打印工程图。下面以电动机盖为例加以说明。由图 8-22 可知,电动机盖是盘盖类零件,需用左视图表达外形;主视图可过支承孔和引出线孔的中心做旋转剖视来表达内部结构,然后需要一局部放大图。

启动 Inventor,在"新建文件"对话框中,双击默认工程图模板图标 ,进入工程图环境,如图 8-26 所示,可以看出打开的工程图模板是符合我国国家标准的,可以直接引用。当然用户可以定制个性化的工程图模板,请读者参考有关资料自行设计。

1. 设置图幅和绘图标准

在浏览窗中找到"图纸"栏,单击鼠标右键,选择右键快捷菜单中的"编辑图纸"(见图 8-27(a)),弹出"编辑图纸"对话框(见图 8-27(b)),根据零件的结构特点和大小,选择 A4 横装的图纸。

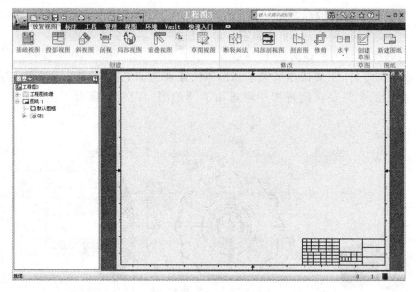

图 8-26　工程图环境

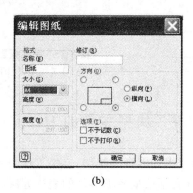

(a)　　　　　　　　　　　　(b)

图 8-27　设置图幅

(a)选择"编辑图纸"；(b)"编辑图纸"对话框

　　单击"管理"中的"样式和标准编辑器"按钮 ，弹出"样式和标准编辑器"对话框，展开浏览窗中"文本"项目，在"注释文本(ISO)"上单击鼠标右键，通过右键快捷菜单将其重命名为"注释文本(ISO)-数字"，并新建一样式"注释文本(ISO)-汉字"，如图 8-28 所示。分别对数字、汉字进行设置，使后面的标注符合国家标准并与实际图幅大小相符。展开浏览窗中"尺寸"项目，单击"默认(GB)"，利用"尺寸样式"中的"单位"、"显示"、"文本"、"公差"等选项卡设置尺寸样式，如图 8-29 所示。利用"样式和标准编辑器"对话框，还可以进行诸如"引出序号"、"中心标记"等绘图标准的设置与修改，这里不做详述，读者可以自行操作练习。

2. 创建视图

　　单击"放置视图"中的"基础视图"按钮 ，弹出"工程视图"对话框，如图 8-30

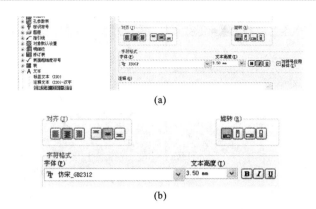

(a)

(b)

图 8-28　利用"样式和标准编辑器"设置注释文本
(a)数字样式;(b)汉字样式

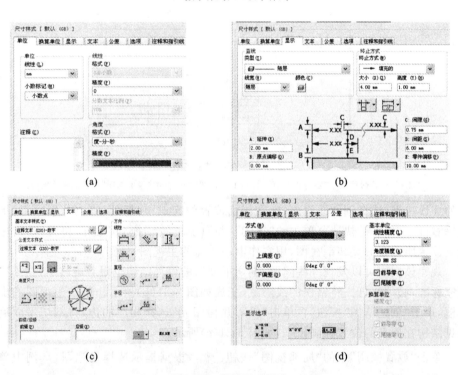

图 8-29　设置尺寸样式
(a)修改"单位"选项卡;(b)修改"显示"选项卡;(c)修改"文本"选项卡;(d)修改"公差"选项卡

(a)所示;在"文件"栏中找到"电动机盖",切换方向,通过预览找到需要的基础视图,本例中是左视图;在"视图/比例标签"中选择比例 1∶1;在"显示方式"中选择"不显示隐藏线";将"显示选项"中的"螺纹特征"、"相切边"选中,如图 8-30(b)所示;将预览的视图拖到合适位置,单击鼠标左键放置基本视图,如图 8-30(c)所示。

单击"放置视图"中的"剖视图"按钮 ,根据提示选择父视图,本例中单击左视

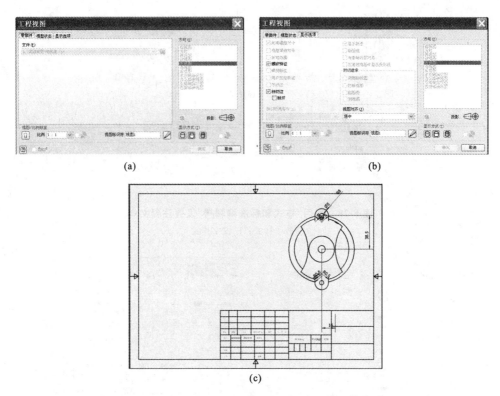

图 8-30　创建基础视图

(a)"工程视图"对话框中"零部件"选项;(b)"工程视图"对话框中"显示选项";(c)创建基础视图

图的虚线边框;选择剖切线终点,即在剖切位置的起点、转折处、终点分别单击;单击鼠标右键,选择右键快捷菜单中的"继续",将预览的视图拖到合适的位置,单击鼠标左键放置所创建的旋转剖视图,用它作电动机盖的主视图,如图 8-31(a)所示。

　　观察该视图可以发现一些问题:剖切平面后的可见结构也跟着旋转了,这不符合国家标准,必须修订。将错误的线隐藏,变成如图 8-31(b)所示。单击主视图的虚线边框,单击"创建草图"按钮,再单击"投影几何图元"选择相应的边,将剖切平面后的可见结构在原来的位置补画出来,如图 8-31(c)所示。

　　单击"放置视图"中的"局部视图"按钮 🖐 局部视图,根据提示选择父视图,本例中单击主视图的虚线边框,弹出"局部视图"对话框,将"视图标识符"改为 I,将"比例"改为"2∶1",如图 8-32 所示;在需要放大的部位选择轮廓中心点,拖动鼠标选择轮廓终点,将预览的放大图拖动到合适的位置,创建局部放大图,如图 8-33 所示,可见局部放大图的剖面线间距也放大了一倍。隐藏剖面线,单击局部放大图的虚线边框,单击"创建草图"按钮,单击"投影几何图元"选择相应的边组成封闭的线框,单击"填充/剖面线填充面域"按钮 填充/剖面线填充面域,画上剖面线。

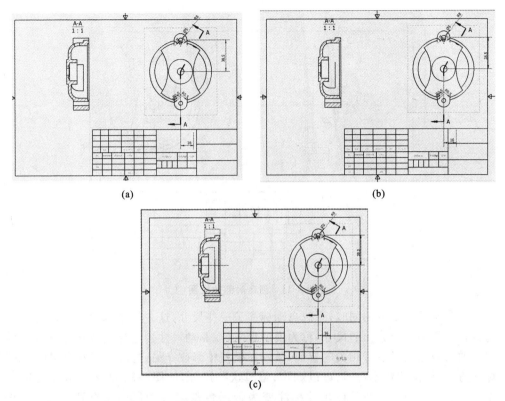

(a)   (b)

(c)

图 8-31 创建旋转剖视图

图 8-32 "局部视图"对话框

3. 添加中心线、标注尺寸及极限与配合要求

首先为视图添加中心线,单击"标注",根据需要点击按钮 中的一个小按钮,为主、左视图添加中心线,单击鼠标右键,结束命令,用鼠标拖拉中心线上的端点(绿色点),修正中心线的长度。

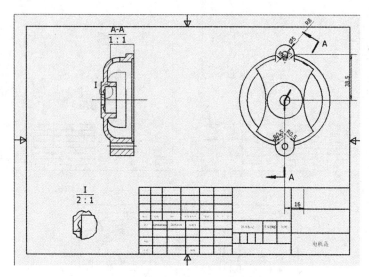

图 8-33　创建局部放大图

在基础视图生成的同时,系统自动标注了一些尺寸,这些尺寸是建立三维模型时与该视图平面平行给出的尺寸,称为模型尺寸(或驱动尺寸),它与模型双向关联。如果修改大或修改影响了相关的特征,最好在模型中修改。另一方面,有些模型尺寸的标注方式、标注位置不合适,可以删除、编辑这些尺寸,如图 8-33 所示的 $R0.5$、38.5 都可以删除。点击"$R8$",该尺寸标注变为带绿色点时移动鼠标到合适位置;点击"$\phi5$",该尺寸标注变为带绿色点时单击鼠标右键,选择右键快捷菜单中的"文本",弹出"文本格式"对话框,输入"$2\times$",如图 8-34(a)所示。

创建主视图、局部放大图时,并没有自动标注模型尺寸,可以单击主视图或局部放大图的虚线边框,单击鼠标右键,选择右键快捷菜单中的"检索尺寸",弹出"检索尺寸"对话框,单击"选择来源"中的"选择零件";再选择主视图中的零件,选中部分变红,同时可以预览该视图中的模型尺寸;然后单击"选择尺寸",选择合理的尺寸并编辑这些尺寸,如图 8-34(b)所示;如果有些尺寸需标注公差带代号或偏差,可选择这些尺寸,单击鼠标右键,选择右键快捷菜单中的"编辑",弹出"编辑尺寸"对话框,利用"精度和公差"选项卡中的相关选项标注这些尺寸,如图 8-34(c)所示;最后利用"标注"菜单中的"通用尺寸"命令标注剩余的尺寸,如图 8-34(d)所示。利用"通用尺寸"命令标注的尺寸称为工程图尺寸。工程图尺寸是系统对标注对象自动测量的结果,并随模型的改变而更新,但不能驱动三维模型和工程图。

4. 标注几何公差、表面结构要求

单击"标注"中的"形位公差符号"按钮 ▨ ,选择符号放置起点,拖动光标到适当位置,单击鼠标右键,选择右键快捷菜单中的"继续",在弹出的"形位公差符号"对话框中,选择需要的符号,输入公差值和基准代号,如图 8-35 所示;单击"标注"中的"基准标识符号"按钮 Ⓐ ,选择符号放置起点,拖动光标到适当位置,单击鼠标左键,在

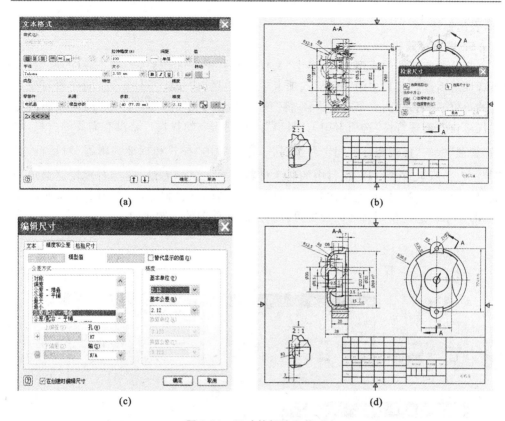

(a)   (b)

(c)   (d)

图 8-34 尺寸的标注和修改

(a)"文本格式"对话框;(b)检索尺寸;(c)"编辑尺寸"对话框;(d)标注剩余尺寸

弹出的"文本格式"对话框中,输入基准代号,单击"确定"按钮即可。

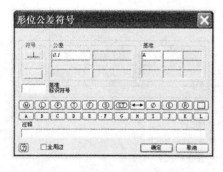   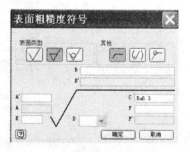

图 8-35 "形位公差符号"对话框   **图 8-36 "表面粗糙度符号"对话框**

    单击"标注"中的"表面粗糙度符号"按钮 √,选择符号放置起点,单击鼠标右键,选择右键快捷菜单中的"继续",在弹出的"表面粗糙度符号"对话框中,选择需要的符号,输入数值,如图 8-36 所示;若所标注的表面粗糙度符号的方向不对,可激活所注符号,通过拖动符号上的绿色点改变方向;也可以在选择符号放置起点后移动鼠标,引出标注。

5. 填写标题栏

打开相应零件的模型文件,单击"文件"中的"iProperties",如图 8-37(a)所示,弹出特性对话框。在其中的"概要"选项卡中的"主题"内填入零件名称,同样填写设计者的单位、姓名,如图 8-37(b)所示;将"项目"选项卡中的"零件代号"改为编制的零件代号;在"物理特性"选项卡中的"材料"内找到需要的材料。若没有需要的材料,单击"管理"中的"样式和标准编辑器"按钮 样式编辑器,弹出"样式和标准编辑器"对话框,如图 8-37(c)所示;在"材料"项目中的任意材料上单击鼠标右键,选择右键快捷菜单中的"新建样式",弹出"新建样式名"对话框,填入新的材料牌号(本例为 ZL3),如图 8-37(d)所示。这些模型特性的设置可以映射到零件图的标题栏中。

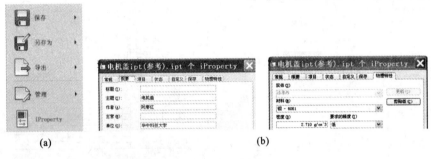

(a)　　　　　　　　　　　(b)

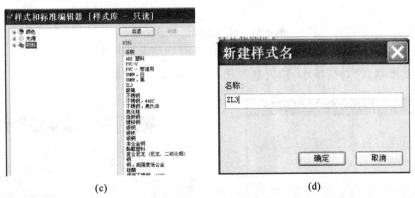

(c)　　　　　　　　　　　(d)

图 8-37　模型特性的设置

(a)"文件"菜单;(b)特性对话框;

(c)"样式和标准编辑器"对话框;(d)"新建样式名"对话框

切换到相应的零件工程图文件,单击"标注"中的"创建包含文本的注释"按钮 A 文本,根据提示在标题栏中"材料"空格处双击鼠标,弹出"文本格式"对话框,在其中的"类型"中选择"特性-模型",在其中的"特性"中选择"材料",然后点击"添加文本参数",单击"确定"按钮即将模型特性中的材料特性映射到标题栏中,如图 8-38 所示。用同样的方法完成设计者单位、设计者姓名、零件名称、零件代号的填写。在填写过

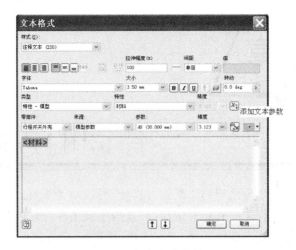

图 8-38 添加文本参数

程中可以对文本的样式进行修改。

至此，完成了电动机盖的零件图，如图8-39所示。通过此例可以看出，由三维模型生成二维工程图虽然快捷，但必须进行修改。要想修改正确，必须掌握正确的投影方法和相应的国家标准。

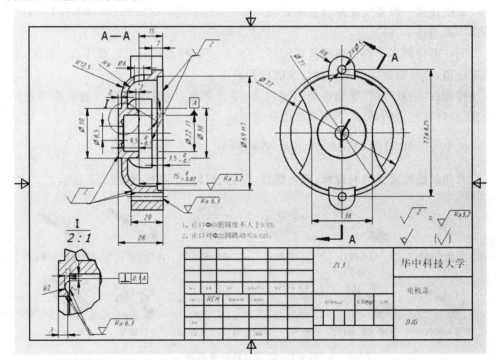

图 8-39 由电动机盖模型转换成的工程图

第 9 章

零件间的连接方式

机器或部件中各零件之间的关系称为连接,按运动关系可以分为动连接和静连接。形成动连接的零件之间有相对运动,形成静连接的零件之间没有相对运动。常见的零件间的连接方式有螺纹连接、铆钉连接、键连接、销连接等。

9.1 螺纹连接

螺纹连接是一种广泛使用的可拆卸的固定连接方式,它运用一对内、外螺纹的旋合作用来紧固两个或两个以上的零件,具有结构简单、连接可靠、装拆方便等优点。

螺纹连接一般需要使用合适的旋具与扳手,且紧固后螺钉槽、螺母和螺钉、螺栓头部不得损伤。

同一零件用多个螺钉或螺栓紧固时,各螺钉或螺栓需按一定的顺序逐步拧紧,若有定位销,应从靠近定位销的螺钉或螺栓开始。

拧紧后,一般螺钉、螺栓应露出螺母 1～2 个螺距,其支承面应与被紧固零件贴合;沉头螺钉拧紧后,钉头不得高出沉孔端面。

9.1.1 常用螺纹连接件的种类和标记

常用的螺纹紧固件有螺栓、双头螺柱、螺钉、螺母、垫圈等,如图 9-1 所示。

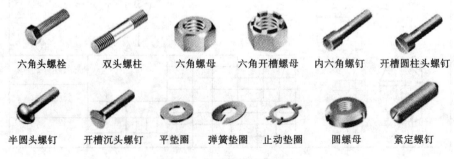

六角头螺栓　　双头螺柱　　六角螺母　　六角开槽螺母　　内六角螺钉　　开槽圆柱头螺钉

半圆头螺钉　　开槽沉头螺钉　　平垫圈　　弹簧垫圈　　止动垫圈　　圆螺母　　紧定螺钉

图 9-1　常用的螺纹紧固件

它们的结构、尺寸都已标准化,使用时,可以从相应的标准中查出所需的结构和尺寸,一般不需画出它们的零件图。设计机器或部件时,只要在装配图上画出这些标准件并按规定的标记注出即可。国家标准规定标记的一般形式为：

名称 标准编号 规格—性能等级

常用螺纹连接件的标记示例如表 9-1 所示。

表 9-1 常用螺纹连接件的标记示例

标记示例	图 例	标记形式	说 明
螺栓 GB/T 5782— 2000 M10×50	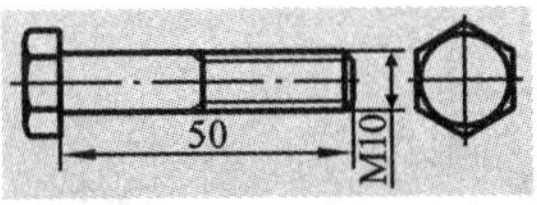	名称 标准编号 螺纹代号×公称 长度	螺纹规格 d＝M10、公称长度 l＝50 mm(不包括头部)的六角头螺栓
螺柱 GB/T 898— 1988 M12×40	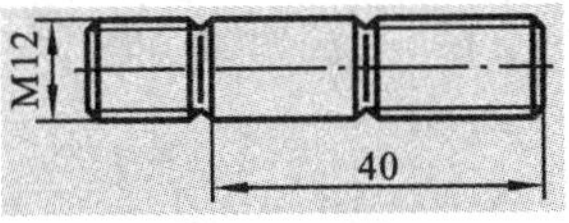	名称 标准编号 螺纹代号×公称 长度	螺纹规格 d＝M12、公称长度 l＝40 mm(不包括旋入端)的双头螺柱
螺母 GB/T 6170— 2000 M16	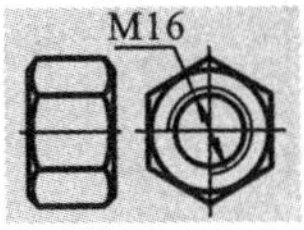	名称 标准编号 螺纹代号	螺纹规格 D＝M16 的 I 型六角螺母
垫圈 GB/T 97.2—2002 16—140HV	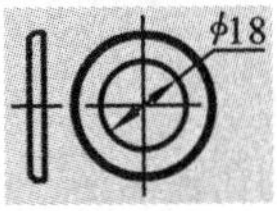	名称 标准编号 公称尺寸-性能 等级	公称尺寸 d＝16 mm、性能等级为 140 HV、不经表面处理的平垫圈
垫圈 GB/T 93— 1987 20	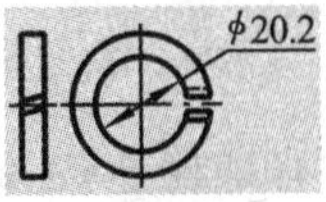	名称 标准编号 规格	规格(螺纹大径)为 20 mm 的弹簧垫圈
开槽圆螺钉 GB/T 65— 2000 M10×40	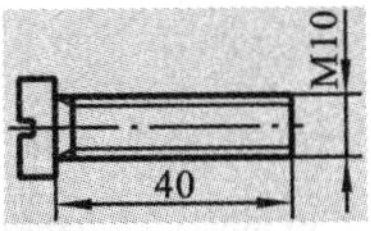	名称 标准编号 螺纹代号×公称 长度	螺纹规格 d＝M10、公称长度 l＝40 mm(不包括头部)的开槽圆柱头螺钉
螺钉 GB/T 71— 1985 M5×12	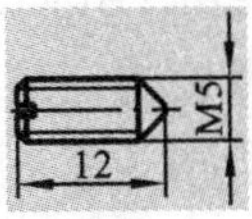	名称 标准编号 螺纹代号×公称 长度	螺纹规格 d＝M5、公称长度 l＝12 mm 的开槽锥端紧定螺钉

9.1.2 螺纹紧固件连接画法

螺纹紧固件连接可以直接查阅国家标准,按有关标准数据画图;也可以按比例近似画图,即为了提高画图速度,螺纹紧固件各部分的尺寸(除公称长度外)都可用 d(或 D)的一定比例画出,如图 9-2 所示。目前许多绘图软件都已经有了各自的标准件库或者用户已在软件系统上自行开发了标准件库,因此可以根据标准件的标记直接调用。

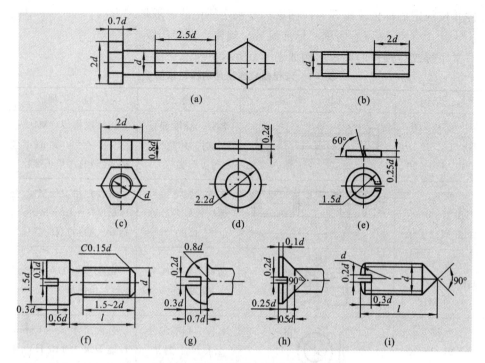

图 9-2　单个螺纹紧固件的比例画法
(a)螺栓；(b)双头螺柱；(c)六角螺母；(d)平垫圈；(e)弹簧垫圈；
(f)圆柱头螺钉；(g)半圆头螺钉；(h)沉头螺钉；(i)紧定螺钉

　　根据使用要求的不同,螺纹紧固件连接通常有螺栓连接、螺柱连接和螺钉连接三种形式。

1. 螺栓连接

　　螺栓连接用于两个或两个以上不太厚的零件,如图 9-3 所示。两个被连接件上加工的都是光孔,其孔径必须大于螺栓的大径(根据装配精度的不同,孔径略有差别),否则,会造成装配困难,特别是成组装配时,会由于孔间距有误差而装不进去,画图时按 $d_0 = 1.1d$ 画出。因为要紧固被连接件,螺栓的螺纹终止线必须在垫圈之下(应在被连接两零件接触面的上方),否则螺母可能拧不紧。

　　画图时,先要算出螺栓的有效长度 $l' = \delta_1 + \delta_2 + h + m + a$ 后,再从国家标准的 l 系列中选取与之相近但不小于 l' 的标准公称长度 l 值,螺栓伸出长度 a 略等于 $0.3d$ (d 为螺栓的大径)。

2. 螺柱连接

　　螺柱连接多用于被连接件之一较厚、不便使用螺栓连接,或因拆卸频繁而不宜使用螺钉连接的场合。如图 9-4 所示,较厚的零件上加工的是螺孔,较薄的零件上加工的是光孔(即通孔,孔的直径约为 1.1d)。双头螺柱中螺纹短的一端为旋入端,螺纹长的一端为伸出端。装配时把螺柱的旋入端旋入较厚零件的螺孔中,为了保证连接

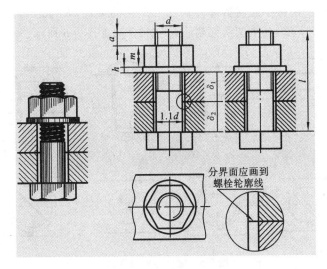

图 9-3　螺栓连接的画法

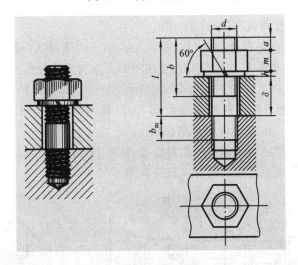

图 9-4　螺柱连接的画法

可靠,应将旋入端全部旋入螺孔内,使旋入端螺纹的终止线与两零件的接触表面平齐;伸出端穿过较薄零件上的光孔,套上垫圈,再用螺母旋紧。

　　螺柱的旋入端长度 b_m 与被旋入零件的材料有关。当被旋入零件的材料为钢和青铜时,$b_m = d$;材料为铸铁时,$b_m = 1.25d$;材料为铝合金时,$b_m = 2d$。

　　由图 9-4 可知,根据 $l \geqslant l' = \delta + h + m + a$ 算出螺柱的有效长度后,再从国家标准的 l 系列中选取与之相近但不小于 l' 的标准公称长度 l 值,螺柱伸出长度 a 同样略等于 $0.3d$(d 为螺柱的大径)。

3. 螺钉连接

按用途来分,螺钉可分为连接螺钉和紧定螺钉两种。

连接螺钉用于连接不经常拆卸并且受力不大的零件,其按形式分有开槽圆柱头螺钉、内六角圆柱头螺钉、半圆头螺钉、沉头螺钉等,如图 9-5 所示。

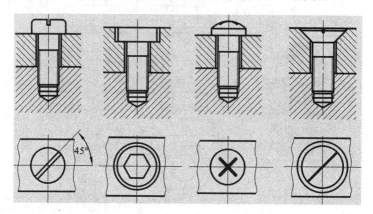

图 9-5　螺钉连接的画法
(a)开槽圆柱头螺钉;(b)内六角圆柱头螺钉;(c)半圆头螺钉;(d)沉头螺钉

画螺钉连接装配图时应注意以下两点。

(1)画图时,螺钉各部分尺寸可以按比例绘制。由于旋入后螺钉的螺纹部分不是全部旋入螺孔中,故螺钉的螺纹终止线在图中不应与两零件的接触表面平齐,而应高出螺纹孔口。

(2)螺钉头部的开槽可按粗实线绘制,在俯视图中画成与水平线成 45°角的方向。若槽宽不大于 2 mm,则应将开槽涂黑。

紧定螺钉用于固定两个零件的相对位置,使它们不产生相对运动,其按形式分有锥端紧定螺钉及平端紧定螺钉两种。其连接图如图 9-6 所示。

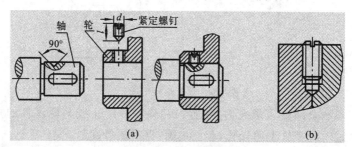

图 9-6　紧定螺钉连接图
(a)锥端紧定螺钉连接;(b)平端紧定螺钉连接

9.2　铆　钉　连　接

铆钉连接是用铆钉将构件、部件或板件连成整体的连接方式,简称铆接,如图9-7所示。

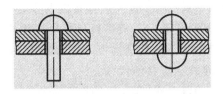

图 9-7　铆接

9.2.1　铆接的种类

铆接可分为活动铆接和固定铆接两种。

1. 活动铆接

活动铆接也称为铰链铆接。它的结合部分可以相对转动,不是刚性连接。如剪刀、圆规各种手用钳等都是采用的活动铆接。

2. 固定铆接

固定铆接的结合部分不能活动,是刚性连接,适用于需要有足够强度的结构。固定铆接广泛应用于车架、车身等汽车修理项目中。

9.2.2　铆接的形式

铆接的形式是由零件相互结合的位置来决定的,主要有以下三种形式。

1. 搭接

搭接是铆接中比较简单的连接形式,如图 9-8(a)所示。若要求两块板铆接后在一个平面上,应把其中一块板先折边,然后搭接。

2. 对接

对接分单盖对接和双盖对接两种,如图 9-8(b)所示。

3. 角接

按不同要求,角接分单角钢角接和双角钢角接两种,如图 9-8(c)所示。

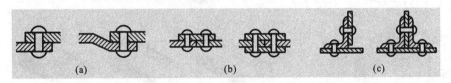

图 9-8　铆接的三种形式

(a)搭接;(b)对接;(c)角接

9.2.3　铆接的方法

铆钉是由可锻性能好的铆钉钢制成的。铆钉连接时,先在被连接的构件上,制成比铆钉直径略大的孔(铆钉用通孔直径参考附录 C 表 C-22),然后将铆钉加热到呈樱桃红色,塞入孔内,再用铆钉枪或铆钉机进行铆合,使铆钉填满钉孔,并将另一端打成另一铆钉头。铆钉在铆合后冷却收缩,对被连接的两零件产生夹紧力,这有利于传力。铆钉连接的韧度高,塑性比较好。但铆接比螺栓连接费工,比焊接费料,目前只用于承受较大的动力荷载的大跨度钢结构中。一般情况下铆接在工厂几乎被焊接所代替,在工地几乎被高强度螺栓连接所代替。

铆钉直径小于 8 mm 的可以冷铆,此时铆钉不需加热,直接铆合即可。冷铆要求铆钉有较高的延展性。

9.2.4　铆钉的拆卸方法

对于直径较小的铆钉,可直接使用锉刀、凿子或手持式砂轮机等工具,将铆钉头部去除掉,然后用冲头将铆钉冲出。

对于直径较大或铆合过紧的铆钉,一般拆卸时都采用钻孔的方法,选一个比铆钉直径略小的钻头,在铆钉中心钻孔后将铆钉拆除。

铆钉的排列形式是根据连接件的强度确定的。

9.3　键连接和销连接

9.3.1　键连接

键用于连接轴和轴上的轮毂类零件,如齿轮、皮带轮等传动件,使轴和轮毂类零件不发生相对转动,以传递扭矩或旋转运动,起径向固定的作用。键为标准件,其结构、类型和尺寸可以查国家标准,也需按规定的标记注出。

用键连接轮毂与轴时,需在轮毂和轴上分别加工出键槽,先将键嵌入轴的键槽内,再对准轮毂上的键槽,将轴和键一起插入轮毂孔内。常用键的键槽形式及加工方法如图 9-9 所示。

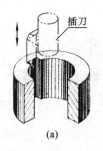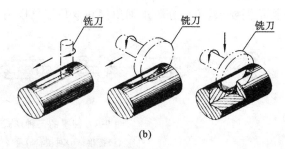

图 9-9　键槽加工方法的示意图

(a)轮毂上的平键槽;(b)轴上的键槽

键连接分为平键连接、半圆键连接、楔键连接和花键连接,如图 9-10 所示。

1. 平键连接

平键的两侧面为工作面,平键连接靠键和键槽侧面挤压传递转矩,键的上表面和

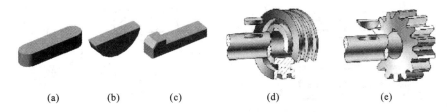

图 9-10 常用键的类型及其连接

(a)普通平键;(b)半圆键;(c)勾头楔键;(d)普通平键连接;(e)半圆键连接

轮毂槽底之间留有间隙,如图 9-11 所示。平键连接具有结构简单、装拆方便、对中性好等优点,因而应用广泛。

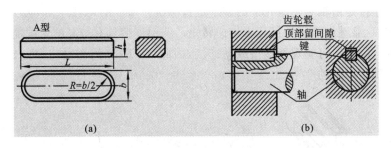

图 9-11 普通平键及其连接

(a)平键简图;(b)平键连接

2. 半圆键连接

半圆键连接的工作原理与平键连接的相同。轴上键槽是用与半圆键半径相同的盘状铣刀铣出的,因此半圆键在槽中可绕其几何中心摆动以适应轮毂槽底面的斜度,如图 9-12 所示。半圆键连接的结构简单,制造和装拆方便,但由于轴上键槽较深,对轴的强度削弱较大,故一般多用于轻载连接,尤其是锥形轴端与轮毂的连接中。

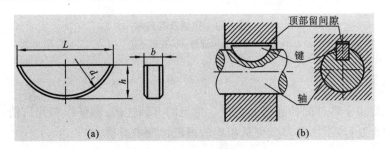

图 9-12 半圆键及其连接

(a)半圆键简图;(b)半圆键连接

3. 楔键连接

楔键的上、下表面是工作面,键的上表面和轮毂上键槽底面均具有 1∶100 的斜度。装配后,键楔紧于轴槽和毂槽之间。工作时,靠键、轴、毂之间的摩擦力及键受到的偏压来传递转矩,同时能承受单方向的轴向载荷,如图 9-13 所示。

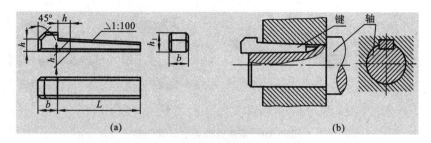

图 9-13　楔键及其连接

(a)楔键简图；(b)楔键连接

4. 花键连接

花键连接是由轴和轮毂孔上的多个键齿和键槽形成的，如图 9-14 所示。键齿侧面是工作面，靠键齿侧面的挤压来传递转矩。花键连接具有较高的承载能力，定心精度高、导向性能好，可实现静连接或动连接，因此，在飞机、汽车、拖拉机、机床和农业机械中得到了广泛的应用。

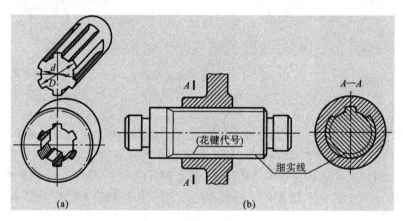

图 9-14　花键及其连接

(a)键齿和键槽；(b)花键连接

9.3.2　销连接

销主要用于零件间的连接和定位。常见的有圆柱销、圆锥销和开口销，如图9-15所示。销也是标准件，其参数可从相应的国家标准中查得。

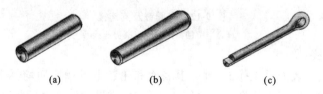

图 9-15　销的种类

(a)圆柱销；(b)圆锥销；(c)开口销

　　安装定位用的圆柱销或圆锥销之前，要求将被定位的两零件调整好，共同加工出销孔以保证定位精度。图 9-16 所示的是圆锥销的孔加工过程和连接画法。

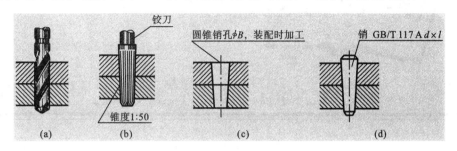

图 9-16　圆锥销孔的加工过程和连接画法

(a)先钻孔；(b)再铰孔；(c)铰成孔；(d)装上销

　　在销连接图中，若剖切平面通过销的轴线剖切，销应按不剖处理。当剖切平面垂直于销的轴线剖切时，须在销的断面上画出剖面符号，如图 9-17 所示。

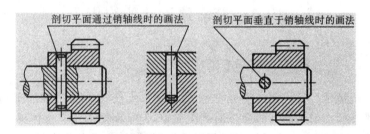

图 9-17　圆柱销连接画法

　　开口销由一段半圆形断面的低碳钢丝弯转折合而成。在螺栓连接中，为防止螺母松开，可用带孔螺栓和六角开槽螺母，将开口销穿过螺母的槽口和螺栓的孔，并在销的尾部叉开，使螺母不能转动而起到防松作用。图 9-18 所示为开口销连接画法。

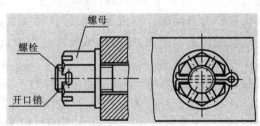

图 9-18　开口销连接画法

第 10 章

装配体设计及装配工程图

装配体是由若干零件装配在一起,具有独立功能(如能量的传递、质量的传递等)的机器或部件。零件只是装配体中的最小单元,它在部件中有其独特的作用,但一个个零件并不能单独完成某项功能。下面简单介绍装配体的设计与装配工程图。

10.1 装配体设计的约束

10.1.1 三维装配设计的目的

传统的机械设计过程是一种从三维思想到二维表达再到三维加工与装配的过程。用二维平面图形表达三维实体时画图简单,但平面图形没有立体感,不容易看懂其空间形状。三维图样虽然易看懂,但很难绘制。因此,要求设计人员必须具有较强的三维空间想象能力和二维表达能力。

如今随着计算机三维设计软件应用的普及,传统的机械设计逐步过渡到直接进行三维零部件的结构设计,即从三维思想到三维表达的设计。这种设计方法符合人在进行产品设计时的思维活动,具有形象、直观、精确、快速等特点。

以计算机三维实体建模为基础的计算机辅助设计也可以直接生成加工指令,中间不再需要图样进行信息的传递。因此,三维机械设计是当今科技高速发展的必然趋势。

三维装配设计就是在三维设计环境下,直接创建零件的三维实体、建立零件间的装配约束关系的过程。这种三维设计的优点是在设计过程中可以直接获取零件之间装配状态的三维实体模型,可以观察、分析零部件之间的装配关系和工作原理,可以进行运动和动力学仿真,能直接检查零件之间的干涉情况等。

10.1.2 自由度和约束的概念

设计产品时,一般是从装配体开始,先设计装配体的装配结构,再设计零件结构,而零件又是按一定的连接关系装配在一起的,因此在表达装配体时,应先建立零件的装配关系,即确定零件在装配体中是如何定位、连接的。零件之间的位置约束关系是完成装配体建模的关键。

在一个部件中,零件所处的位置和所能进行的动作是由该零件在部件中的功能所决定的。如传动轴上的齿轮,装配时要求齿轮与传动轴同轴且同步旋转,它们之间不能相对移动和旋转。限制零件与零件之间的相对运动,就是限制零件的自由度,它是通过添加约束关系来实现的。

所谓自由度是指物体在空间自由运动的维数。如一个零件,在空间上完全没有约束,那么,它可以沿三个正交方向移动,还可以绕三个正交方向转动,即有六个自由度。添加一个约束就可以减少一个或多个自由度,零件定位的实质就是通过添加约束来限制有不良影响的自由度。如图10-1 所示的孔径相同的齿轮与轴用普通平键连接,它们只能沿轴线相对移动,因此两零件之间只有一个自由度,限制了五个自由度。

图 10-1　孔径相同的齿轮
与轴连接

在装配中,两个零件之间的位置关系可分为约束和非约束关系。约束关系是实现装配级参数化的前提和保证,有约束关系的零件之间是相互关联的关系,即当一个零件移动时,与之有约束关系的所有零部件随之移动,始终保持相对位置,约束的尺寸值还可以灵活修改。非约束关系仅仅是把零部件放置在某个位置,当一个零件运动时,其他零部件不随之运动。若确定了两个零件之间的自由度,也就可以确定两零件之间的相对位置。

两个零件间存在的几何位置约束称为配对约束。配对约束是因零件与零件间具有确定的位置关系而形成的约束关系。配对约束方式有贴合、对齐、角度、平行、垂直、对中、距离、相切等。

10.1.3　装配约束的种类

在参数化的三维实体建模系统中,零件间相互连接的装配约束关系,一般有面贴合、面对齐、插入、角度、相切等约束关系。

1. 面贴合约束

如图 10-2 所示,面贴合约束就是两个零件的装配面相向(法线平行、方向相反)共面(贴合在一起)或相向平行的约束关系。面贴合约束要求两个装配面形式要完全一致,即都为平面或都为曲面,对于非平面的两个装配面,它们之间的尺寸还必须完全一致。如果是两个圆柱面贴合,则要求它们的轴线重合,且直径相等,如图 10-2(b)所示。若是两条直线贴合,则两条直线重合,如图 10-2(c)所示。

若两个装配面之间的偏移距离为零,则两个面相向共面(直接接触);若两个装配面之间的偏移距离不为零,则两个面相向平行,如图 10-3 所示;如偏移距离为负值,则表示两个面相交。

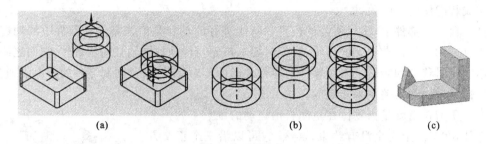

图 10-2　面贴合

(a) 两平面贴合;(b) 两圆柱面贴合;(c) 线线贴合

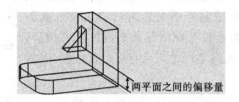

图 10-3　两平面平行且偏移

2. 对齐约束

图 10-4 所示的两个零件间的约束为对齐。其中,图 10-4(a)所示的两个平面平齐,图 10-4(b)所示的两个平面平行且相距一定的距离,如 2 mm。

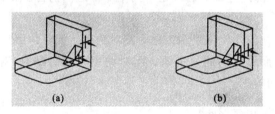

图 10-4　对齐

(a) 两平面平齐;(b) 两平面平行

3. 角度约束

图 10-5 所示的两个零件间的约束为角度约束,它是通过两个零件上的元素(线、面)之间的夹角来约束零件的。

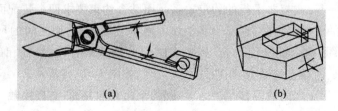

图 10-5　角度约束

(a) 30°约束;(b) 垂直约束

4. 相切约束

图 10-6 所示,两个实体的元素(如平面、曲面等)在切点或切线处相接,二者之间的约束称为相切约束。

图 10-6　相切约束

5. 插入约束

插入约束一般同时含有面与面贴合约束和线与线贴合约束。如图 10-7 所示,轴插入孔时的约束包括轴上的平面与轮的平面贴合和轴的轴线与轮的轴线贴合。插入约束提高了系统的运行速度。

由于每个零件都有六个自由度,因此要根据零件在装配体文件中的作用及其与相邻零件的装配关系来定位或控制零件,即必须组合使用这些约束关系,直到符合零件自身自由度的要求为止。一个装配体的设计通常有多种装配关系可利用,选择能最好捕捉设计意图的装配关系非常重要,这种选择能让装配体文件更易于理解和编辑。

如图 10-7 所示,在孔径相同的齿轮与轴之间添加插入约束,限制了齿轮相对轴的五个自由度,齿轮相对轴的轴线还可以转动,必须添加齿轮的键槽侧面与轴的键槽侧面的面贴合约束,才能保证齿轮与传动轴同轴线且同步运动,满足设计要求。

图 10-7　插入约束

值得注意的是,三维设计系统中的约束和实物零件的约束不同。

(1) 图 10-7 中的孔径相同的轮毂与轴连接只需添加两个约束,实际上需要在键槽中装入键;

(2) 限制轮毂沿轴的轴线方向移动时,还需在轴端设计轴向固定结构,具体可参考 10.2.1 节。

10.2　常见的装配工艺结构

零部件的装配和维修结构的工艺性对于产品的整个生产过程有很大影响。它是评定机器或部件设计好坏的标志之一。装配过程的难易、成本的高低以及机器或部件使用质量的好坏,在很大程度上取决于它本身的结构。

　　机器在装配过程中,要求相互连接的零部件不用或少用修配和机械加工的方法,就能按要求顺利地、以比较少的劳动量装配起来,达到规定的装配精度且拆卸方便,这就是装配的工艺性要求。

10.2.1　装配的工艺结构

1. 倒角结构

　　为便于将轴装进孔中,一般要在轴端或孔端加工倒角,去除孔或轴端的锐角、毛刺,如图 10-8 所示。

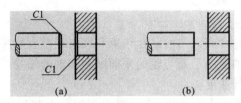

图 10-8　装配倒角

(a) 正确;(b) 错误

2. 接触表面与配合表面的结构

　　(1) 两零件接触或配合时,在同一方向上,只宜有一对表面接触或配合,不能同时有两对表面接触或配合,否则会给零件加工和装配等工作造成困难,如图 10-9 所示。

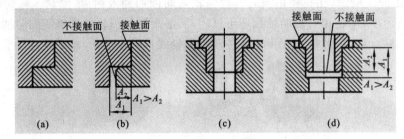

图 10-9　同一方向只有一个接触表面或配合表面

(a)、(c) 错误;(b)、(d) 正确

　　(2) 为了保证轴肩与孔端面接触,应将孔边倒角或在轴上加工退刀槽,否则,轴肩和孔端面不能直接接触,如图 10-10 所示。

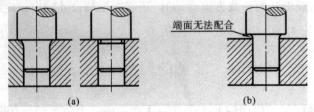

图 10-10　接触面的结构

(a) 正确;(b) 错误

（3）两圆锥面配合时，圆锥体的端面与锥孔的底部之间应留有间隙，如图 10-11 所示，否则很难达到锥面的配合要求，或者会增加制造的难度。

（4）为了保证轴上零件并紧，防止轴向窜动，如图 10-12 所示，应使尺寸 $L<B$。

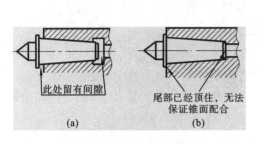

图 10-11　锥面的配合结构
（a）正确；（b）错误

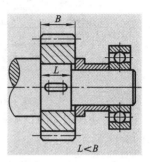

图 10-12　齿轮的轴向定位

3. 减小加工面积

为了保证接触良好，接触面需经机械加工。合理地减小加工面积，可以降低加工成本费用、改善接触情况，如图 10-13 中的螺纹连接，分别采用了沉孔和凸台结构。

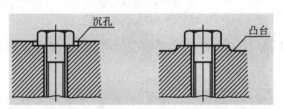

图 10-13　减小加工面积的常用结构

4. 零件的结构应便于拆卸

如图 10-14 所示的滚动轴承是以轴肩或孔肩定位的，因此为了便于拆卸，要求轴肩或孔肩的高度小于轴承内圈或外圈的厚度。

图 10-15 所示的顶尖装配在套筒的孔中，为了便于拆卸顶尖，在套筒上加工了一

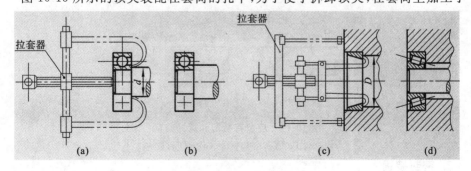

图 10-14　滚动轴承端面接触的结构
（a）、（c）正确；（b）、（d）错误

腰形孔,以便于拆卸顶尖。

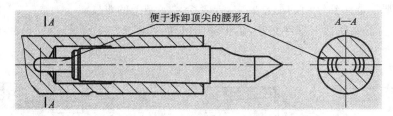

图 10-15　顶尖的拆卸结构

采用销连接时,销孔应尽量做成通孔或选用带螺钉孔的销孔,以便于拆卸销钉,如图 10-16 所示。

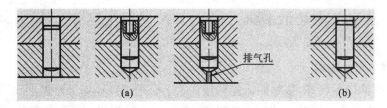

图 10-16　销连接结构
(a) 正确;(b) 错误

为了便于拆装,必须留出扳手的活动空间和装、拆螺栓及螺钉等的空间,如图 10-17 所示。

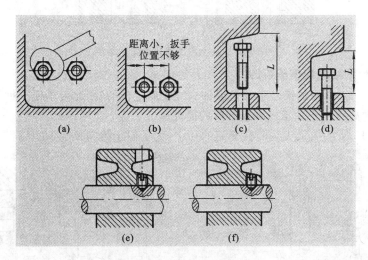

图 10-17　应留有装配和拆卸空间
(a)、(c)、(e) 正确;(b)、(d)、(f) 错误

5. 密封装置

为了防止油外流或外部尘埃的侵入,通常需要采用密封装置,如图 10-18(a)所示。

在泵类、阀类和其他管道中,有时采用填料密封装置防止流体溢出,这时可用压盖压紧填料,如图 10-18(b)所示。

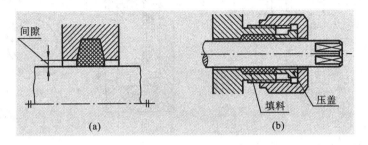

图 10-18　密封装置

(a) 密封圈密封;(b) 填料密封

6. 防松装置

对于承受冲击载荷和振动的部件,应防止螺纹连接的松脱,通常采用的防松装置如图 10-19 所示。其中止动垫片锁紧是通过在螺母拧紧后折弯止动边,让止动边卡进螺母槽中来锁紧螺母的。

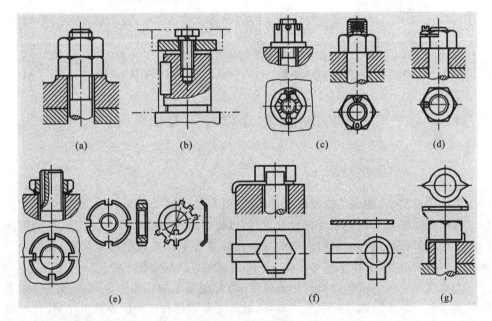

图 10-19　防松装置

(a) 双螺母锁紧;(b) 弹簧垫圈锁紧;(c) 开口销锁紧;(d) 开缝螺母锁紧;
(e) 圆螺母与止动垫圈锁紧;(f) 双耳止动垫片锁紧;(g) 止动垫片锁紧

7. 零件的轴向固定结构

为防止滚动轴承等轴上零件产生轴向窜动,必须采用一定的结构来固定。常用的固定结构如图 10-20 所示。

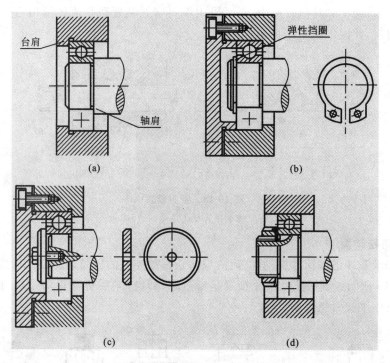

图 10-20　零件的轴向固定结构

（a）用轴肩固定；（b）用弹性挡圈固定；（c）用轴端挡圈固定；（d）用圆螺母及止动垫圈固定

10.3　装配体设计的方法

10.3.1　装配示意图

为了清晰、简便地表达机器或部件的工作原理、连接关系等，可以绘制装配示意图。装配示意图是在机器或部件设计、拆卸过程中所画的记录图样，它是绘制装配图和重新进行装配的依据。它所表达的主要内容是各零件之间的相对位置、装配与连接关系、传动路线和工作情况等。图 10-21 为机用球阀的装配示意图。

对装配示意图的画法没有严格的规定，通常用简单的线条形象地画出零件的大致轮廓及相对位置。画装配示意图时，一般从主要零件和较大的零件入手，按装配顺序和零件的位置逐个画出，并且可将零件当做透明体，其表达可不受前后层次的限制，并尽量将所有零件都集中在一个视图上表达出来。装配示意图一般只有一个视图，若用一个视图无法表达清楚，可以画出第二个视图，两视图要保证投影关系。画机构传动部分的示意图时，应按国家标准绘制。

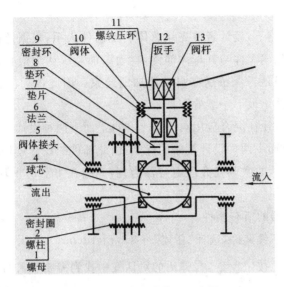

图 10-21　球阀的装配示意图

10.3.2　装配体设计

构建装配体有自下而上和自上而下两种设计方法。

自下而上的设计是最常见的设计装配体的方法,它是将现有的零件一个一个进行组装,最后装配成总装配图的设计过程。这种设计方法是先在零件环境下设计所有零件,然后在装配环境下,调入所有零件,按照装配关系逐个装配零件,生成部件、子装配件、总装配件等。

自下向上设计方法的特点是:每个零件都是独立设计的,与其他零部件之间不存在任何关联。例如仿制某产品,其设计过程就是先测绘产品的每个零件,其中每个零件的结构、尺寸都已确定,不再需要修改。这时,可以先设计一个个零件,最后根据各零件之间的装配关系,自下而上进行装配设计。在组装过程中随时根据发现的问题进行零件的修改。

这种自下而上的设计方法是传统的设计方法,在这种方法中,已有的特征将决定最终的装配体特征。这样,设计者往往就不能够对总体设计特征有很强的把握力度,因此,自上而下的设计方法应运而生。

自上而下的装配设计是从一个装配体的设计方案出发,设计人员根据设计方案分头设计零件,直到最后完成装配体的设计过程。在这个设计过程中,分担不同设计任务的设计者都是从一个概念化的设计目标出发,分头、协同地完成设计任务。每个人的设计成果随时都可共享,相关零件的设计方案也可随时得到调整。在设计过程中可以及时发现设计中的问题如干涉等,从而使设计中的错误减到最少。采用这种设计方法,首先需要完成的是设计方案,然后是进行项目分解,最终就是零件的详细设计过程。

　　在这种设计思路下,设计者首先从总体装配组件入手,根据总体装配的需要,在位创建零件,同时创建零件与其母体部件,自动添加系统认为最合适的装配约束,当然,设计者可以选择是否保留这些自动添加的约束。因此,在自上而下的设计过程中,最后完成的零件是最下一级的零件。

　　在设计过程中,往往混合应用自下而上和自上而下两种设计方法。这样,可以结合自下而上和自上而下两种设计策略的优点,因此部件的设计过程十分灵活。

　　现以图 1-2 所示的微调瓷介质电容器为例,介绍在 Inventor 环境中自下而上的装配设计过程。

　　(1) 创建电容器的所有零件。

　　(2) 新建一个部件文件,选择"新建"→"Stanfard(mm).iam"。

　　(3) 单击"放置"按钮 ，在弹出的对话框中找到需要装入的零部件路径,装入零件定片,单击鼠标右键结束。系统自动将第一个加入部件(装配体)中的零件设置为固定的零件,并且该零件的原始坐标系与当前部件中的原始坐标系完全重合。

　　(4) 单击"放置"按钮 ，在弹出的对话框中,选择装入铆钉焊片,单击鼠标右键结束。

　　(5) 单击"约束"按钮 ，弹出"放置约束"对话框,单击 按钮,将约束类型设置为"贴合",如图 10-22(a)所示。选取定片的上端面和铆钉焊片的铆钉平面,使它们面贴合,单击"应用"按钮,此时铆钉焊片的三个自由度被限制,若按住鼠标左键然

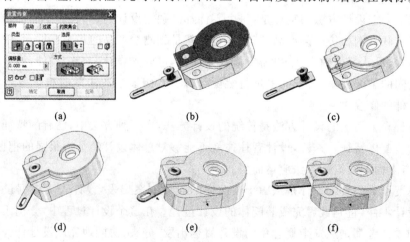

(a)　　　　　　　　　(b)　　　　　　　　　(c)

(d)　　　　　　　　　(e)　　　　　　　　　(f)

图 10-22　添加约束

(a)"放置约束"对话框;(b) 添加两平面贴合约束;(c) 添加两轴线贴合约束;

(d) 铆钉焊片可绕定片轴线旋转;(e) 添加两平面平行的约束;(f) 铆钉焊片完全被固定

后拖动它,它只能在定片的上端面上平动和绕与定片的上端面垂直的方向转动,如图 10-22(b)所示。再选取定片圆孔的轴线和铆钉焊片的轴线,如图 10-22(c)所示,单击"应用"按钮,此时铆钉焊片只能绕定片的轴线旋转,如图 10-22(d)所示;最后添加一个平行约束,即在"放置约束"对话框中单击 按钮,将约束类型改为"平行",选取如图 10-22(e)所示的两平面,单击"应用"按钮,两零件完全固定,如图 10-22(f)所示。此时铆钉焊片与定片之间无相对运动,符合微调瓷介质电容器的工作原理。

(6) 装配动片。单击"放置"按钮 ,在弹出的对话框中,选择装入零件动片,按鼠标右键结束。设置约束类型为"贴合",分别选取如图 10-23(a)所示两个零件上的平面后,单击"应用"按钮;再选取如图 10-23(b)所示两个零件上的两个圆柱面,单击"确定"按钮,即装入零件动片。根据微调瓷介质电容器的工作原理,定片与动片之间有一个转动自由度。

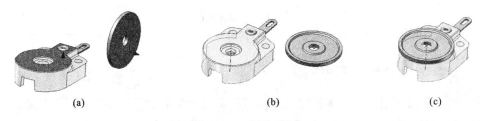

(a)　　　　　　　　　　(b)　　　　　　　　　　(c)

图 10-23　装配动片

(a) 添加两平面贴合约束;(b) 添加两圆柱面贴合约束;(c) 装配完成,动片可旋转

(7) 装配锡片、接触簧片、垫圈和转轴,如图 10-24 至图 10-27 所示。

(a)　　　　　　　　　　(b)

图 10-24　装配锡片

(a) 添加两平面贴合约束;(b) 添加两轴线贴合约束

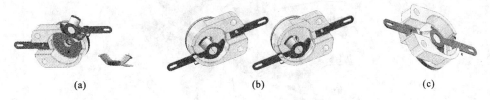

(a)　　　　　　　　　　(b)　　　　　　　　　　(c)

图 10-25　装配接触簧片

(a) 添加两平面贴合约束;(b) 添加两轴线贴合约束;(c) 添加平行约束

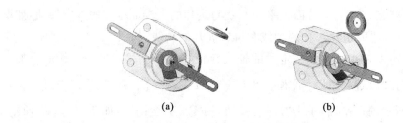

(a)   (b)

图 10-26　装配垫圈

（a）添加两平面贴合约束；（b）添加两圆柱面贴合约束

(a)   (b)   (c)

图 10-27　装配转轴

（a）添加两平面贴合约束；（b）添加两圆柱面贴合约束；（c）装配完成,转轴可旋转

10.3.3　装配体的相关设计

　　机器是由若干部件和零件组成的。零件的结构形状、尺寸和技术要求主要取决于零件在部件中的作用。同时,部件的结构、所用零件又与它自身的功能有关。零件设计得是否合理、制造加工质量的好坏,最终也会影响部件的工作性能和使用效果。因此,在设计之前应了解部件的功用与零件之间的关系。

　　图 10-28 所示为机用虎钳,它是安装在机床工作台上,用于夹紧工件,以便进行切削加工的一种通用工具。固定钳身 6 可安装在机床的工作台上,起机座作用,用扳手转动螺杆 2,能带动螺母 1 左右移动(因为螺旋线有两个运动,即转动和轴向移动。螺杆已被轴向固定了,因此只能转动,轴向移动传递给了螺母),螺母 1 带着螺钉 7(自制螺钉)、活动钳身 10、钳口板 8 左右移动,起夹紧或松开工件的作用,这就是该

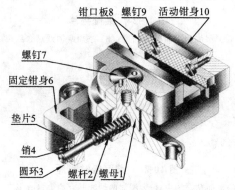

图 10-28　机用虎钳的三维实体图

装配体的工作原理。

　　由此可见,部件中的每一个零件都有它独特的作用,缺一不可。

　　零件在部件中的作用是通过它的结构形状和尺寸来实现的,部件的精度也是通过零件的精度来保障的。如图 10-28 中:圆环 3 是安装在螺杆 2 上的,因此圆环上安装孔的大小和形状与螺杆轴的大小和形状必须一样,为了便于操作,它们之间应为间隙配合;活动钳身 10 的安装面与固定钳身 6 的接触面尺寸要一致;钳口板 8 的两个安装孔的间距,应与活动钳身 10、固定钳身 6 的孔距一样。

　　螺钉 7 与螺母 1 是通过螺纹连接的,因此螺钉外螺纹与螺母的内螺孔尺寸应一样;部件中一组零件的尺寸,若它们之间彼此关联,并按一定顺序排列,构成封闭的回路,且其中某一个尺寸受其余尺寸的影响,这一组尺寸就称为装配尺寸链。如图 10-29 所示的铣刀头部件,其轴向尺寸 5、23、194、23、5、5 就构成了装配尺寸链。它们中任何一个尺寸在加工过程中都会有误差,它们的误差都会影响装配后轴向间隙的大小。为了降低相关零件轴向尺寸的精度,可以通过调整垫片的厚度来实现所要求的轴向间隙。因此,在这个装配尺寸链中,除垫片的厚度之外的其他尺寸都为重要尺寸,在零件图中都必须直接标注,不允许间接推算。

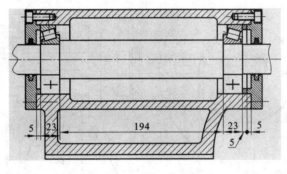

图 10-29　铣刀头部件

10.4　装配工程图的作用与内容

10.4.1　装配工程图的作用

　　装配图是表达机器或部件的图样,通常用来表达机器或部件的工作原理及零部件间的装配关系,各组成零件在机器或部件中的作用和结构、零件之间的相对位置和连接方式以及装配、检验、安装时所需尺寸数据、技术要求,是机械设计和生产中的重要技术文件之一。在产品设计中,一般先根据用户的要求画出产品的工作原理图,再画出装配示意图,由装配示意图整理成装配图,最后根据装配图进行零件设计,并画出各个零件的零件图。在产品制造中,装配图是制订装配工艺规程、进行装配和检验的技术依据。在机器使用和维修时,也需要通过装配图来了解机器的工作原理和构造。

可见,装配图是正确设计零件结构、确定零件技术要求和零件尺寸的依据,是指导工人将零件装配成部件或产品的依据。使用者也是通过装配图来了解部件和机器的性能、作用、使用方法,以及维护、保养机器或部件的。

10.4.2　装配工程图的内容

一张完整的装配图包括以下内容:一组视图、必要的尺寸、技术要求,以及零件的序号、明细栏和标题栏。

1. 一组视图

装配图应用一组视图表达出机器(或部件)的工作原理、各零件的相对位置及装配关系、连接方式和重要零件的形状结构。如图 10-30 所示支承的装配图,采用了主视图和左视图两个视图,其中左视图的表达方法是局部剖视图。该装配图表达了部件的工作原理、组成支承的各零件之间的装配关系和部件的外形。

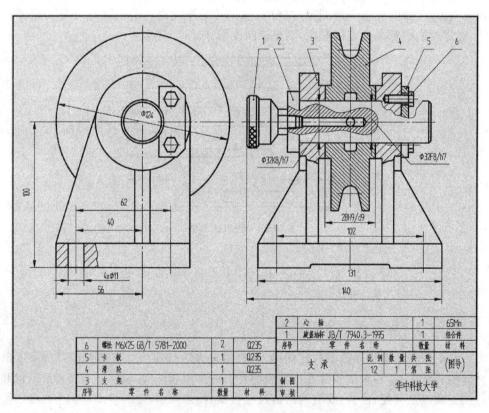

图 10-30　支承的装配图

2. 必要的尺寸

零件图是指导零件加工的技术文件,因此,零件上的尺寸一定要齐全、完整,能唯一确定零件的结构形状。而装配图是指导部件装配的技术文件,因此,装配图上只需要标注机器或部件的性能(规格)尺寸、配合尺寸、安装尺寸、外形尺寸、检验尺寸等。

3. 技术要求

装配图中只有配合尺寸要标注配合代号,其他尺寸一般不标注尺寸偏差,也不需要标注表面粗糙度代号和几何公差代号。在明细栏的上方或图形下方的空白处用文字形式说明技术要求的内容,主要包括机器或部件的性能,以及装配、调整、试验等所必须满足的技术条件。

4. 零部件的序号及明细栏和标题栏

装配图中的零部件序号和明细栏用于说明每个零部件的名称、代号、数量和材料等。标题栏包括部件名称、比例、绘图和设计人员的签名等。

10.5　装配工程图中的表达方法

绘制零件图所采用的视图、剖视图、断面图等表达方法,在绘制装配图时仍可使用。由于装配图主要是表达各零件之间的装配关系、连接方法、相对位置、运动情况和零件的主要结构形状,因此,在绘制装配图时,还需采用一些规定画法和特殊表达方法。

10.5.1　装配工程图中的规定画法

(1) 两相邻零件的接触面和配合面只画一条轮廓线,非接触表面(即使间隙很小)也要画成两条轮廓线,如图 10-31 所示。

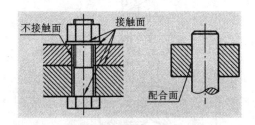

图 10-31　接触面与配合面的画法　　　　　图 10-32　相邻零件剖面线的画法

(2) 同一个零件在所有视图上的剖面线方向相同、间隔相等,相邻两个或多个零件的剖面线方向相反或方向相同但间隔不相等,如图 10-32 所示。其目的在于区分不同的零件,以利于找出同一零件在不同视图中的投影,想象各零件的形状和装配关系。

(3) 在装配图中,当剖切平面通过螺钉、螺母、垫圈等紧固件以及轴、连杆、球、钩子、键、销等实心零件的轴线时,这些零件均按不剖切绘制。若需要特别表明这些零件上的局部结构,如凹槽、键槽、销孔等则可用局部剖视图表示,如图 10-33 所示。当剖切平面垂直于这些零件的轴线剖切时,需画出剖面线,如图 10-34 所示。

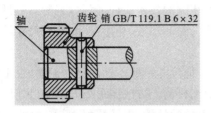

图 10-33　实心件、紧固件的规定画法

图 10-34　垂直于轴线的剖面画法

10.5.2　装配工程图中的特殊画法

由于装配图所表达的是由若干零件组合而成的机器或部件,因此,装配图有如下的特殊画法。

1. 沿结合面剖切和拆卸

当有些零件的图形遮住了其后面的需要表达的零件,或在某一视图上不需要画出某些零件时,既可拆去这些零件后绘制,也可选择沿零件结合面进行剖切。若是拆去了某些零件的视图,应在视图上方说明拆去的零件序号。图 10-35 所示滑动轴承的俯视图,就是假想用剖切平面沿轴承盖和轴承底座的空隙及上、下轴衬的接触面剖切,并拆去了轴承盖等零件,由于剖切平面垂直于螺栓轴线,故在螺栓被切断处画上剖面线。

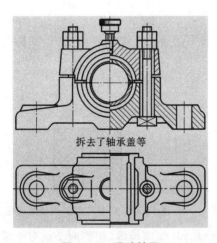

拆去了轴承盖等

图 10-35　滑动轴承

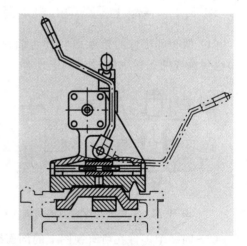

图 10-36　车床尾架

2. 假想画法

(1) 为表达部件或零件与相邻的其他辅助零部件的关系,可用双点画线画出这些辅助零部件的轮廓线。如图 10-36 所示的车床尾架安装在车床导轨上,而车床导轨是不属于车床尾架部件的,它们之间又有装配关系,因此车床导轨用双点画线画出。

(2) 对于运动件,若需要表明其运动范围或运动的极限位置,也用双点画线表示。如图 10-36 中的手柄,在一个极限位置处画出该零件,而在另一个极限位置处用双点画线画出其外形轮廓。

3. 单独表示某个零件

装配图不仅要表达零部件的装配关系,还要表达主要零件的结构形状。在装配图中,若零件的结构形状需要表示而又未表示清楚时,可单独画出这个零件的一个视图或几个视图,但要在该视图的上方注出零件的编号和投射方向。图 10-37 所示的限压阀,采用了 $A—A$ 和 $B—B$ 两个移出断面单独表示上、下阀瓣的形状。

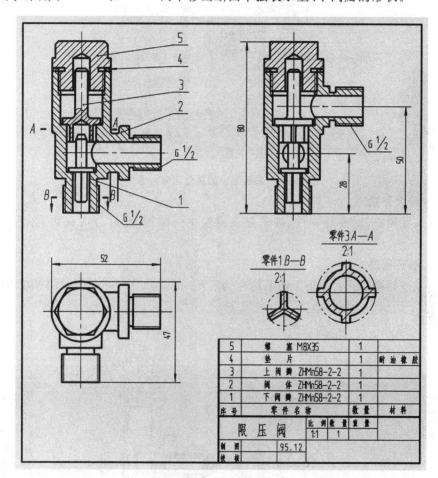

图 10-37　限压阀的装配图

4. 简化画法

(1) 在装配图中,零件的部分工艺结构,如小圆角、倒角、退刀槽、起模斜度等可省略。

(2) 对于装配图中若干相同的零件和部件组,如螺栓连接等,可详细地画出一组,其余则用点画线表示其中心位置。

（3）装配图中的滚动轴承可以一半采用规定画法，另一半采用通用画法或特征画法。

（4）对薄的垫片等不易画出的零件，可在其断面上涂黑来代替剖面符号。

（5）密封圈可在一侧按要求画出，另一侧在轮廓线内用细线画出两条对角线，如图 10-38 所示。

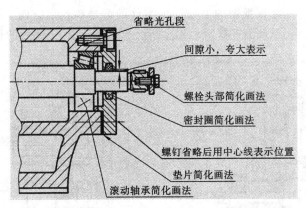

图 10-38　装配图中的简化与夸大画法

5. 夸大画法

在装配图中，对薄片零件、细丝弹簧或较小间隙等，允许夸大画出，如图 10-38 所示。

6. 展开画法

将空间结构展开在平面上的画法称为展开画法。如图 10-39 所示的挂轮架即采

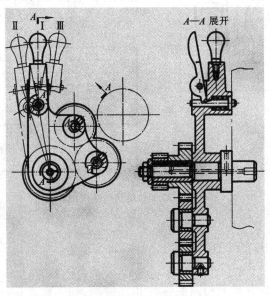

图 10-39　挂轮架

用了展开画法。

10.5.3　装配工程图的视图选择

1. 视图的选择

画装配图时,首先要分析部件的工作情况和装配结构特征,然后选择一组图形,把部件的工作原理、装配关系和主要零件的结构形状表达清楚。

1）主视图的选择

主视图的选择原则是应能较好地表达机器或部件的工作原理和主要装配关系,并尽可能按工作位置放置,即它能表达主要装配干线或较多的装配关系。

2）其他视图的选择

针对主视图还没有表达清楚的装配关系和零件间的相对位置,应选用其他视图及相关的表达方法,如剖视图(包括拆卸画法、沿零件结合面剖切)和断面图等来表达清楚。装配图中的每一个视图都应有其表达的侧重内容,整个表达方案应力求简练、清晰、正确。

如图 10-40 所示为节流阀的装配图。节流阀是通过改变节流面积或节流长度以控制油液量的一种流量控制阀,它只有一条装配干线。

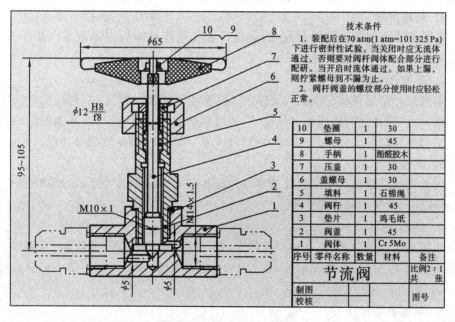

图 10-40　节流阀的装配图

为了表达各个零件之间的相对位置、固定以及装配连接等关系,主视图处在其工作位置上,表达方法为全剖,它反映了节流阀的装配干线及其工作原理。图样中流体不能从阀体的右边流向阀体的左边,为"闭"的状态。当手柄 8 旋转时,通过螺母 9、垫圈 10 带动阀杆 4 向上运动,使阀体 1 上的两个 $\phi5$ mm 的孔连通,转为"通"的状态。通过旋转手柄8,可以改变通道截面积而达到调节流量和压力的目的。

主视图中用双点画线表示的是左、右管接头,它表达节流阀与其之间的装配关系。

2. 画装配图的步骤

(1) 根据所确定的视图表达方案,选取适当比例及图幅,合理布图。画图的比例及图幅大小应根据装配体的大小、复杂程度及所确定的表达方案而定,同时还要兼顾尺寸标注。

(2) 画图时,以装配干线为准,应先画出各视图的作图基准线。由里向外按装配顺序逐一画出每一个零件;也可以从外往里画,先画最外面的,再画包容在里面的零件,这种画法的好处是便于布置图形,防止图形超出图框界限。

(3) 检查、修改底稿。

10.6　装配工程图中的尺寸标准

在一般情况下,装配图中只需标注规格尺寸、装配尺寸、安装尺寸、外形尺寸和其他重要尺寸五大类尺寸。

1. 规格尺寸

它是用来说明部件规格的尺寸,是设计和选用产品时的主要依据。如图 10-40 中的尺寸 M14×1.5 就是规格尺寸。

2. 装配尺寸

装配尺寸是用以保证产品或部件的工作精度和性能的尺寸,它包括所有有配合要求的尺寸、零件之间的连接定位尺寸、轴线到轴线的距离、轴线到基面的距离和基面到基面的距离等。如图 10-40 中的 ϕ12H8/f8、M10×1 即是装配尺寸。

3. 安装尺寸

安装尺寸是将部件安装到其他零部件或基础上所需要的尺寸,如地脚螺栓孔的定位、定形尺寸等即属于安装尺寸。

4. 外形尺寸

机器或部件的总长、总宽和总高尺寸,它反映了机器或部件的体积大小,以提供该机器或部件在包装、运输和安装过程中所占空间的大小。如图 10-40 中的尺寸 95~105 和 ϕ65 即是外形尺寸。

5. 其他重要尺寸

除以上四类尺寸外,在装配或使用中必须说明的尺寸也应标注,如运动零件的位移尺寸等。

需要说明的是,装配图上的某些尺寸有时兼有几种意义,而且每一张图上也不一定上述五类尺寸都具有。在标注尺寸时,必须明确每个尺寸的作用,对装配图没有意义的结构尺寸不需注出。

10.7　装配工程图中的其他内容

10.7.1　零部件序号及其编排方法

装配图中的零部件序号和明细栏是用于说明每个零件的名称、代号、数量和材料等。标题栏包括部件名称、比例、绘图和设计人员的签名等。

在生产中，为便于图纸管理、生产准备、机器装配和看懂装配图，对装配图上各零部件都要编注序号和代号。序号是为了看图方便编制的，代号是该零部件的图号或国标代号。零部件的序号和代号要与明细栏中的序号和代号相一致，不能产生差错。

1. 零部件的序号

（1）装配图中每一种零部件都要编号，且形状尺寸完全相同的零件和标准部件如滚动轴承、电动机等只编一个序号，数量填写在明细栏中。形状相同、尺寸不同的零件，要分别编号。

（2）序号应尽可能注写在反映装配关系最为清楚的视图上，且沿水平或垂直方向排列整齐。按顺时针或逆时针方向依次编号。

（3）零件的序号在指引线的水平线（细实线）上方或圆（细实线）内注写；序号字高比图中尺寸数字高度大一号或两号。

2. 指引线的画法

（1）指引线应从所指零件的可见轮廓内用细实线向图外引出，引出端画一小圆点。必要时，指引线可画成折线，但只允许弯折一次。

（2）当所指部分很薄或剖面涂黑时，可用箭头代替小圆，如图 10-41 中零件 2 的指引线。

（3）装配关系清楚的紧固件组，可采用公共指引线，如图 10-41 中零件 4、5、6 的指引线。

（4）指引线不允许彼此相交且不应与剖面线平行，如图 10-41 所示。

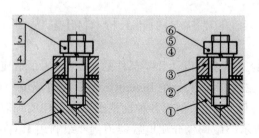

图 10-41　零件编号的形式和指引线的画法

10.7.2　标题栏和明细栏

1. 标题栏

装配图中的标题栏包括部件名称、比例、重量、绘图和设计人员的签名等内容。

2. 明细栏

（1）明细栏是机器或部件中全部零件的详细目录,包括零件的序号、代号、名称、数量、材料等。

（2）明细栏应紧接在标题栏的上方并对齐,顺序是自下而上填写。若位置不够,可在标题栏左侧继续列表;若零件过多,在图中写不下时,也可以另外用纸单独填写。

（3）标准件应填写规定标注,如螺钉 GB/T 70.1 M6×16;齿轮的模数等重要参数可以填入零件的备注一栏中,如图 10-42 所示。

15	GB/T 70.1	螺钉M6×16	12	35		5	GB/T 67	垫片	2	纸	δ=1
14	GB/T 1096	键4×10	1	45		4	GB/T 119	销A5×18	4	Q235	
13	GB/T 6170	螺母M12×1.5	1	35		3	01-03	齿轮轴	1	45	m=3,Z=9
12	GB/T 93	垫圈12	1	65Mn		2	01-02	传动齿轮轴	1	45	m=3,Z=9
11	01-11	传动齿轮	1	45	m=2.5,Z=20	1	01-01	左端盖	1	Q235	
10	01-10	压紧螺母	1	35		序号	代号	名称	数量	材料	备注
9	01-09	轴套	1	45					比例		
8	01-08	密封圈	1	橡胶		齿轮油泵			重量		（图号）
7	01-07	右端盖	1	Q235		姓名		日期			（厂名）
6	01-06	泵体	1	Q235		审核		日期			

图 10-42　装配图中的明细栏

注意:明细栏中零件的序号必须与装配图中零件的序号一一对应。

10.7.3　装配工程图中的技术要求

装配图上一般应注写以下几方面的技术要求。

（1）装配过程中的注意事项和装配后应满足的要求,如应保证的间隙、精度要求、润滑方法、密封要求等。

（2）检验、试验的条件和规范及操作要求。

（3）部件的性能、规格参数,包装、运输、使用时的注意事项和表面涂饰要求等。

10.8　装配工程图的生成

在完成了零件的三维模型设计和零部件的装配后,为了适应当前的加工、装配要求,一般都需要生成二维工程图。在 Inventor 的工程图环境中,可以十分方便地创建装配工程图并进行尺寸标注、创建各种剖视图以及创建明细表等。

下面以图 1-2 所示的微调瓷介质电容器为例介绍利用 Inventor 生成装配工程图的方法。

1. 新建工程图文件

单击"新建"按钮,选取生成标准工程图样式"standard. idw"即可生成工程图文件。

单击"基础视图"按钮 ，在弹出的对话框中选取要生成工程图的装配体——电容器,选择绘图比例,如 2：1,将该视图放置在图纸的适当位置。若图纸幅面不合要求,可以将鼠标放置在树结构中的"图纸"栏上,再单击鼠标右键,在其下拉菜单中点击"编辑图纸",在弹出的"编辑图纸"对话框中将图纸设为所需的大小,如 A4 幅面,单击"确定"按钮后,再拖动视图到适当的位置,如图 10-43 所示。

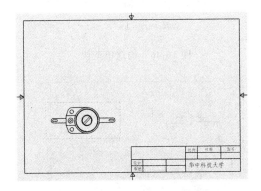

图 10-43　基础视图的生成　　　　　　图 10-44　创建其他视图

2. 创建其他视图

在放置视图工具栏中,可以创建其他视图来表达装配图的装配关系。创建视图的方式与生成零件图一样。对于电容器,可以单击"剖视"按钮 ，选中已知视图,再确定剖切位置,生成主视图,如图 10-44 所示。

3. 添加中心线

选中需要添加中心线的视图,单击鼠标右键,在下拉菜单中选取"自动中心线",即可添加中心线。

4. 按国家标准对视图进行修整

如图 10-45 所示,对于 $D—D$ 剖视图中的转轴零件,如果希望它按不剖处理,可以在图 10-46 所示的构造模型树中找到 D 视图,在 D 视图中选中转轴零件,单击鼠标右键,在弹出的下拉菜单中选取"剖切参与件"的"无"选项,这时转轴零件就不剖切了,而是只画外形,如图 10-47 所示。

5. 标注尺寸

在"标注"选项卡中,标注装配图必要的尺寸,如图 10-48 所示。标注尺寸的方法与零件图的标注方法一样。

6. 零件指引线

在"标注"选项卡中,单击"自动引出序号"按钮 ，单击需要引出指引线的视

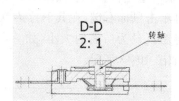

图 10-45　转轴零件被剖切

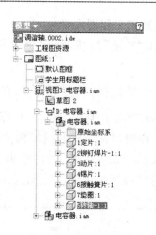

图 10-46　构造模型树

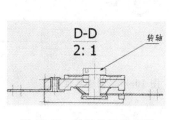

图 10-47　转轴按不剖处理

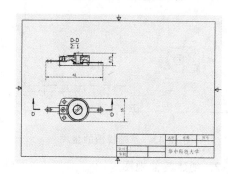

图 10-48　尺寸标注

图,如主视图。再选取要编序号的零部件,通常用矩形框选取要编号的零部件。最后设置序号放置的方式。利用"自动引出序号"对话框中的"放置"选项,可以设置零件序号的放置方式,即是按水平、垂直还是按环绕视图方式放置,如选择环形放置,再单击按钮 选择放置方式,用鼠标确定序号的位置后,单击"应用"按钮,则序号自动按图 10-49 所示方式排列。此操作是可以重复进行的,即可以对不同视图进行零部件编号。单击"自动引出序号"对话框中的"取消"或"确定"按钮则退出自动编号。

在"标注"选项卡中,单击"引出序号"按钮 ①,可以用手动的方式逐一画出各零件的指引线并对其进行编号。

7. 明细表

单击"标注"选项卡中的"明细栏"按钮,选取要编辑明细表的视图,单击"确定"按钮,将明细表放置到标题栏的上方,如图 10-50 所示。

选中明细表,按鼠标右键,在弹出的下拉菜单中选取"编辑明细栏样式",在弹出的对话框中单击"默认列设置"的按钮 列选择器(L),弹出"明细栏列选择器",添加或删除明细栏中的列项,如图 10-51 所示。

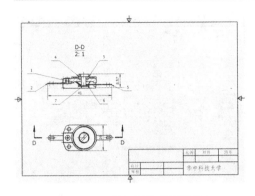

图 10-49　添加零件的指引线

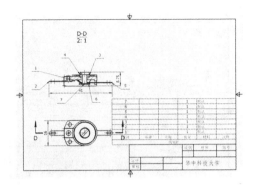

图 10-50　生成明细表

单击"默认列设置"中的宽度,可以重新设置每列的宽度,如图 10-52 所示,保存后再退出。也可以直接拖动鼠标,在图上直接设置宽度。

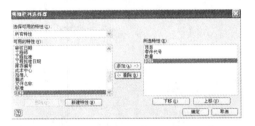

图 10-51　"明细栏列选择器"对话框

图 10-52　修改明细栏中每一列的宽度

选中明细表,按鼠标右键,在下拉菜单中选取"删除",则已写好的明细表被删除。再重新单击"标注"中的"明细栏"按钮 ▤ ,选取要编制明细表的视图,单击"确定"按钮,将新的明细表放置到标题栏的上方,如图 10-53 所示。

8. 修改零件指引线

选中某一条指引线,拖动指引线转折上的小圆点,可以重新设置指引线的位置,若拖动箭头上的小圆点,则可以重新设置指引线的端点。默认状态下,指引线的一端为箭头,它是从零部件的轮廓线上引出的。当拖动箭头离开轮廓线时,箭头就变成了圆点。注意这时的指引线的样式变成了"替代"指引线。

"替代"指引线的设置方法:在"管理"工具栏中,单击"样式编辑器",在"样式和标准编辑器"对话框中单击"指引线"下的"替代",将箭头用小圆点替代,如图 10-54 所示。

9. 共用指引线

一组装配关系明确的零部件,可以共用一条指引线。其设置方法是:选中一指引线,单击鼠标右键,在弹出的下拉菜单中选取"附着引出序号",再选取要附在此指引线上的零件即可。最后,还应删掉附着零件自身的指引线。如图 10-55 所示的 4 号零件依附于 7 号零件。

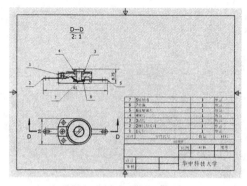

图 10-53　重新生成的明细表

图 10-54　"样式和标准编辑器"对话框

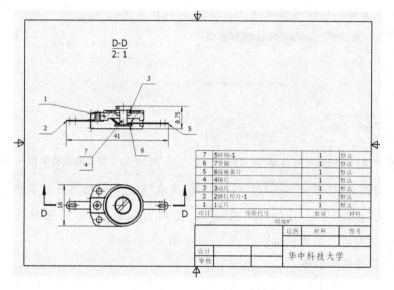

图 10-55　共用指引线

10. 零件的编号

系统是按零部件的装配顺序给零件编号的,而为了便于读图,要求零部件的序号应顺时针或逆时针依次编写,因此,应对零件的编号进行修改。

选中明细表,单击鼠标右键,在弹出的下拉菜单中选取"编辑明细栏",可以对弹出的明细表进行修改。如将 1 号零件改成 2 号零件,直接将项目中的"1"改为"2",这时原来的"2"变成黄色,再将其改为"1",单击"应用"按钮。

再单击"将项替代项保存到 BOM 表"按钮 ，在弹出的对话框中单击"排序"按钮 ，使"项目"设置为"升序"排列,单击"确定"按钮退出即可,此时图 10-55 变成图 10-56。

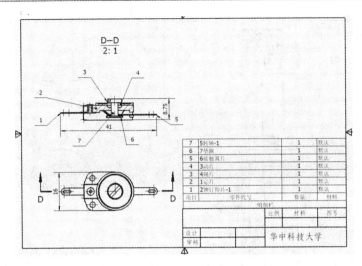

图 10-56　调整后的零件序号及明细表

10.9　看装配图及由装配图拆绘零件图

在设计交流、生产制造、机器维修中都会遇到装配图,看懂装配图、学会由装配图拆画出零件图,是学习装配图的重要目标之一。

看装配图应达到以下要求:

(1) 了解部件功能、性能及工作原理;

(2) 弄清楚零件之间的相互位置关系和装配连接关系;

(3) 看懂提供的每个零件的形状和每个结构所起的作用。

看装配图的方法及步骤如下。

1. 初步了解

以标题栏、序号和明细表为索引,概括了解部件全貌,如部件的名称和用途、零件的个数及材料、零件在装配图中的位置等。由图 10-57 中的标题栏可以看到,该部件为阀,具有开关通断功能;由明细表可知,该部件由六个零件组成,其中还有两个标准件。

2. 了解和分析视图的表达意图

应明白装配图采用了哪些图示方法表达机器或部件,这是看懂视图的关键。首先,分析视图,找出主视图和各视图间的关系,明确图示部位和投影的方向,从而搞清各视图的表达重点。图 10-57 采用了一个主视图,表达了各零件之间的装配关系以及本部件的工作原理。另外,还有一个向视图和一个断面图,均采用单独表示法,分别表达了气阀杆 5 的断面和阀体 4 的右端局部结构。

3. 了解和分析零件的作用及装配关系

在初步了解的基础上,对照视图利用投影关系、剖面符号的方向、间隔的差异可以大致区分不同的零件,弄清各零件间的配合要求,以及零件的定位、连接、装配关系,进一步了解部件的工作原理和运动关系,以及组成该部件的主要零件的结构、形

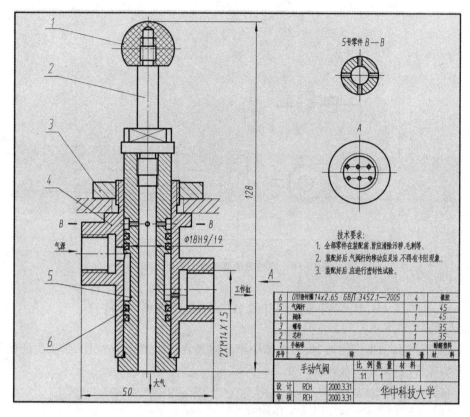

图 10-57　手动气阀装配图

状;接着围绕主要零件,了解其他零件的功用和结构。由图 10-57 可知,阀体 4 是本部件的主要零件,通过其上端的螺纹与螺母 3 安装在支座上(支座用假想画法表示);气阀杆 5 与阀体 4 之间是间隙配合;气阀杆 5 的上、下端各有两个 O 型密封圈 6,O型密封圈使得气源与工作缸、气源与大气形成两个通道;芯杆 2 通过两端的螺纹与气阀杆 5、手柄球 1 相连。图中气源通过气阀杆 5 上的细颈与工作缸相通,为开启状态;当手柄球向下压时,气阀杆 5 随之下移,O 型密封圈隔断气源与工作缸,气源通过气阀杆 5 上端的四个小孔与大气相通泄压,这就是手动气阀的工作原理。

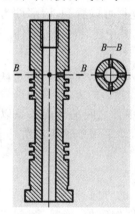

图 10-58　气阀杆视图

4. 由装配图拆画零件图

下面以拆画手动气阀中的气阀杆 5 为例,说明由装配图拆画零件图的步骤和方法及需注意的问题。

(1) 分离零件,由剖面符号方向、间隔的不同,根据轮廓线的范围用三角板和分规找投影,把要画的零件分离出来,可得零件的大致轮廓,再补全被其他零件遮挡的图线,如图10-58所示。

（2）重新拟订视图方案。一般来讲，主要零件主视图的选择与装配图一致，零件的尺寸应按装配图提供的尺寸绘制。装配图上提供的尺寸应如实照抄，对于零件上未注的尺寸，其大小可按比例从装配图上量取，如图 10-59 所示。

气阀杆 5 为轴套类零件，主要在车床上加工，图10-57所示的主视图放置方向显然是不合理的，此时应考虑工艺要求，重新拟订视图方案，将气阀杆 5 水平放置，如图 10-59 所示。

（3）由于装配图采用了简化画法，所以对零件图还需增加一些细部结构或工艺结构。有的装配图还可能没有将某一零件的不重要的部分表达清楚，这时应该根据相关结构来设计该结构，并把它表达出来。

气阀杆 5 上应增加内、外倒角；同时为了更好地装配手柄球 1、芯杆 2 ，将气阀杆 5 的左端 $\phi22$ mm 外圆铣出两个平面，以便用扳手夹持。

（4）查阅有关手册，修正并补画标准件结构或与标准件连接的有关结构。例如，气阀杆 5 上的 O 型密封圈槽在装配图中没有表达清楚，应查阅有关手册将密封圈槽及其尺寸表达清楚。

（5）注全尺寸。装配图上标注的尺寸应全部正确抄注，如 $\phi18f9$，同时应补全所有尺寸，并适当调整，做到尺寸齐全、清楚、合理，如图 10-59 所示。

（6）补全零件图中其他内容。零件图上的技术要求应根据零件在部件中的作用来确定，也可以参考同类产品来确定，最后完成全图。

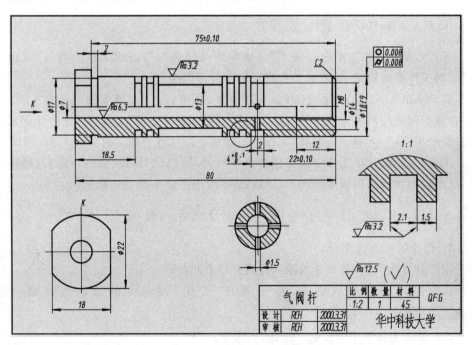

图 10-59　气阀杆零件图

AutoCAD 二维绘图简介

A.1 AutoCAD 二维绘图软件简介

AutoCAD 是美国 Autodesk 公司于 20 世纪 80 年代初为在个人计算机上应用 CAD 技术而开发的绘图程序软件包,经过不断的完善,其已经成为强有力的绘图工具,并在国际上广为流行。

AutoCAD 可以用来绘制二维和三维图形。与传统的手工绘图相比,用 AutoCAD 绘图速度更快,精度更高,且便于修改。AutoCAD 二维绘图软件已经在航空、造船、建筑、机械、电子、化工等领域得到了广泛应用。

A.1.1 AutoCAD 的绘图界面

AutoCAD 2008 为用户提供了"二维草图与注释"、"AutoCAD 经典"、"三维建模"三种工作空间模式,这三种工作模式可以自由切换。

启动 AutoCAD 2008 程序,在默认状态下,即可打开"二维草图与注释"工作空间,在该空间中用户可以很方便地绘制二维图形;"三维建模"工作空间适合于创建三维模型的用户;"AutoCAD 经典"工作空间保留了以往各个版本的 AutoCAD 界面。

AutoCAD 的各个工作空间都包含菜单栏、标题栏、工具栏、命令行窗口、绘图窗口、状态栏和功能选项板等。AutoCAD 2008 绘图界面如图 A-1 所示。

A.1.2 AutoCAD 的命令输入方式及命令的取消

1. 命令的输入方式

以绘制直线为例,其命令的输入方式有以下几种。

(1) 利用菜单输入命令,单击展开"绘图"菜单下的绘制直线命令按钮 直线(L);

(2) 单击工具条中的按钮 ,输入命令;

(3) 用键盘输入命令,如在命令行用键盘输入 line 或 L 后回车可绘制直线;

(4) 利用右键弹出的快捷菜单输入命令。

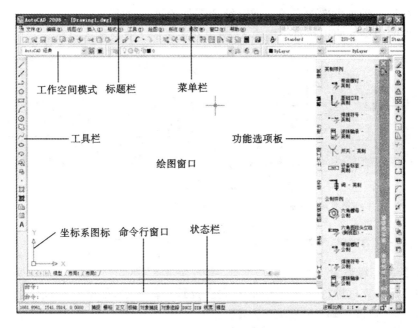

图 A-1　AutoCAD 2008 绘图界面

2. 命令的取消

按 ESC 键可以中断正在执行的命令；输入 U 或单击按钮 ，可以撤销前面执行的命令；要恢复撤销的最后一个命令，可以在命令行键入 REDO 或单击按钮 。

A.1.3　AutoCAD 坐标值的输入方法

AutoCAD 可以通过键盘精确输入坐标，AutoCAD 系统提供了四种点的坐标表示方法：绝对直角坐标、相对直角坐标、绝对极坐标和相对极坐标。

1. 绝对直角坐标

输入 x、y、z 表示该点相对于坐标原点的坐标，在二维图形中 z 坐标可以省略，如图 A-2(a)所示。

2. 相对直角坐标

输入相对坐标，必须在前面加@符号，如@2,2 表示该点相对于前一点沿 x 方向移动 2，沿 y 方向移动 2，如图 A-2(b)所示。

3. 绝对极坐标

在距离和角度之间加"<"，如输入点的坐标 15<30，表示该点与坐标原点的距离为 15，该点和原点连线与 x 轴正向的夹角为逆时针 30°，如图 A-2(c)所示。

4. 相对极坐标

在极坐标前加@，如@10<80，表示该点与其前一点连线的距离为 10，该点和前

一点连线与 x 轴正方向的夹角为逆时针 $80°$，如图 A-2(d)所示。

在作图中经常使用相对坐标输入，也可在某方向上直接输入距离。

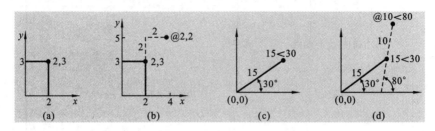

图 A-2　AutoCAD 的坐标输入方法

（a）绝对直角坐标；（b）相对直角坐标；（c）绝对极坐标；（d）相对极坐标

A.1.4　AutoCAD 的绘图步骤

1. 绘图环境设置

在使用计算机进行二维绘图前，首先要设置一些参数，如单位、图形界限以及图层等，这样才可以精确、快速地绘制图形。

1）设置绘图单位

绘图之前应选择度量长度和角度的单位格式和精度。按照国家标准机械制图尺寸标注的规定，绘制机械图时应该把长度单位设置为十进制，角度单位设置为 °′″。

2）设置图纸界限

因为显示在显示器上的图形最终也将输出到一定尺寸的图纸上，所以应该将图纸限制在一定范围之内，因此在绘图之前需要设置绘图的界限尺寸。

3）图层

图层可以想象为没有厚度的透明薄片。绘图之前，为不同的图层设置不同的线型、颜色、线宽等，绘图时就可以把不同用途的图线分别绘在不同的图层上，这样，可以单独对所需要修改的图层进行修改，而不影响其他图层。

2. 使用基本绘图功能和辅助绘图功能绘图

绘图功能是一个计算机辅助绘图系统的核心，通过各种绘图命令和一些辅助命令，用户可以快速、精确地绘出各种几何图形。各种绘图系统通常都提供了绘制直线、圆和圆弧、样条曲线及图案填充等绘图功能。辅助绘图功能系统提供了捕捉、自动追踪等精确绘图功能。

3. 使用图形修改功能编辑图形

图形修改是指对已有图形对象进行删除、移动、旋转、缩放、复制及其他修改操作，它可以帮助用户合理构造和组织图形，保证作图准确，减少重复的绘图操作，从而提高设计绘图效率。

4. 使用标注功能进行尺寸标注和文字注释

1）尺寸标注

计算机辅助绘图系统的尺寸标注功能是手工绘图无法比拟的。在进行尺寸标注时，用户只要指定需标注的图形元素，系统就会自动测算出尺寸并标注出来。但是在进行尺寸标注之前，必须预先设置好所需的标注格式，比如尺寸数字的字体格式、字高、箭头的形式等，这些参数的组合称为尺寸标注样式。

2）文字注释

文字是工程图样中不可缺少的一部分。为了完整表达设计思想，除了用图形正确地表达物体的形状、结构，标注出尺寸外，还需要注写技术要求、填写标题栏等，这些内容都由文字注释功能来完成。在图形中书写文字，首先要确定采用的字体、字符高度以及放置方式等，这些参数的组合称为文字样式。

A.1.5 AutoCAD 的绘图原则

（1）绘图前先设置绘图环境，再进行绘图和编辑等操作。也可将绘图环境和常用设置保存成模板，新建文件时，使用模板直接绘图。

（2）尽量采用 1∶1 的比例绘图，最后在打印时根据实际纸张大小控制输出比例。

（3）注意看命令行提示信息，避免误操作。

（4）注意采用对象捕捉、追踪等精确绘图工具辅助绘图。

（5）使用右键功能，尽量减少鼠标在屏幕上移动的次数，以提高绘图速度。

（6）灵活应用各种命令，提高绘图技巧。

A.2   AutoCAD 二维绘图实例

下面通过实例应用 AutoCAD 2008 说明绘制零件图的一般过程，具体命令的操作方法请参阅软件的帮助文件。本实例的界面为 AutoCAD 2008"AutoCAD 经典"工作空间的界面。

要求按图 A-3 给定的尺寸绘制支架的零件图（绘图比例 1∶1，A3 图幅）。绘图过程如下。

A.2.1 绘图环境设置及样板图的绘制及保存

1. 设置绘图单位（units）

直接输入命令 units 或单击"菜单"→"格式"→"单位"执行绘图单位命令，命令执行后在如图 A-4 所示的"图形单位"对话框中进行单位和精度的设置。

2. 设置图形界限（limits）

直接输入命令 limits 或单击"菜单"→"格式"→"图形界限"执行图形界限命令，

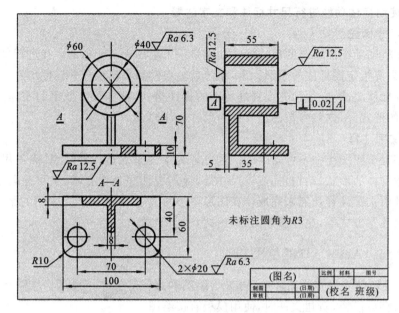

图 A-3　支架零件图

图 A-4　"图形单位"对话框

根据命令行提示输入图形的左下角点坐标(0,0),右上角点坐标(420,297)。单击状态栏中的"栅格"图标,显示绘图区域,再选择"菜单"→"缩放"→"全部"命令,或键盘输入 Z(ZOOM 缩写)后回车,输入 A(ALL 缩写)后回车,使图形处于屏幕中央并全部显示。

3. 设置图层(layer)

(1) 单击图层工具条中的按钮 ,打开"图层特性管理器对话框"(见图A-5)。

单击左上角的"新建"按钮 创建新图层,按图 A-5 所示创建各图层并输入图层名。一般需要设定的图层包括:粗实线图层、细实线图层、点画线图层、虚线图层、文字图层、剖面线图层、尺寸标注图层、辅助线图层等。

(2) 单击各图层的"颜色"列中的颜色块(见图 A-5),在出现的"选择颜色"对话框(见图 A-6)中为各图层选择颜色。

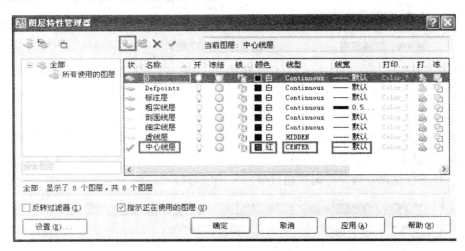

图 A-5 图层特性管理器

(3) 单击各图层的"线型"列中的线型块(见图 A-5),出现"选择线型"对话框(见图 A-7),在列表中单击所需线型,然后单击"确定"按钮。若该列表框中没有所需的线型,可单击"加载"按钮,在弹出的"加载或重载线型"对话框中加载新的线型。建议加载图 A-7 中所示的线型分别作为虚线、中心线。

每次绘制图形前,应根据所绘线型,切换到相应图层。切换图层的方法如下:单击"图层"工具条中图层列表框后面的下拉按钮,选择所需图层(见图 A-8)。如果没

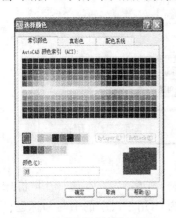

图 A-6 "选择颜色"对话框

图 A-7 "选择线型"对话框

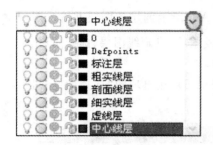

图 A-8　切换图层

有切换图层,也可以选择对象后单击菜单"修改"→"特性"或单击标准工具条中的特性按钮 修改对象特性,或单击标准工具条中特性匹配按钮 匹配特性。

4. 设置文字样式

进行文本标注前,需对文字样式进行设置。单击下拉菜单"格式"→"文字样式"或单击"样式"工具条中的按钮 (见图 A-9),在出现的"文字样式"对话框(见图 A-10)中设置,步骤如下:单击"新建"按钮,新建"尺寸文本"(新建的文字样式名),字体选 gbeitc. shx 或 gbenor. shx,勾选"使用大字体"复选框,选择大字体为 gbcbig. shx,倾斜角度设为 0,宽度因子设为 1,若高度设为 0,说明字体的高度需在输入文字的时候设定。单击"应用"按钮,最后单击"关闭"按钮。这样,就设置了一个名为"尺寸文本"的文字样式,用于标注尺寸数字等阿拉伯数字和文字字母等。

图 A-9　"样式"工具条

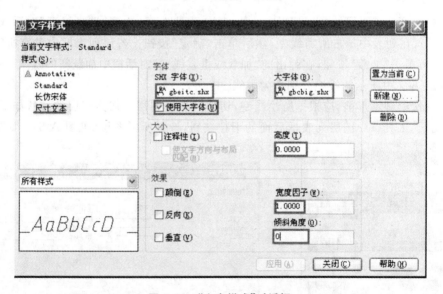

图 A-10　"文字样式"对话框

使用同样的方法新建"长仿宋体"(新建的文字样式名),字体选择"T 仿宋 GB2312",宽度因子设为 0.7,倾斜角度设为 0,高度设为 0,用于汉字的书写和标题栏的填写等。

5. 设置尺寸标注样式

进行尺寸标注前,通常要按实际需要在系统默认的尺寸样式 ISO-25 的基础上,重新设置符合制图国家标准的尺寸标注样式,以便控制各类尺寸的布局和外观。

先设置一个通用的线性尺寸标注样式,在此基础上再设置一个仅用于标注角度的尺寸样式。设置名为"A3"的尺寸样式的步骤如下:单击下拉菜单"格式"→"标注样式"或单击样式工具条(见图 A-9)中的按钮 ，打开"标注样式管理器"对话框(见图 A-11),单击"新建"按钮,在弹出的"创建新标注样式"对话框中输入新样式名"A3",单击"继续"按钮,打开"新建标注样式"对话框(见图 A-12)。

图 A-11　标注样式管理器

按图 A-12 依次设置尺寸样式的"线"、"符号和箭头"、"文字"、"调整"及"主单位"等选项卡的选项。

(1) 打开"线"选项卡,设置尺寸线、尺寸界线的相对关系、颜色和外观形式。可以将它们的颜色、线型和线宽设为随层。"基线间距"值设为 12,"超出尺寸线"值设为 2,"起点偏移量"值设为 0(见图 A-12)。

(2) 打开"符号和箭头"选项卡,设置箭头的外观形式和大小、圆心标记等。

在"箭头"选项组,将"箭头"设为"实心闭合";

将"箭头大小"微调框中的值设为 7;

在"圆心标记"选项组中,选择"标记"选项,将"大小"微调框中的值设为 6;

其他选项采用默认值。

(3) 打开"文字"选项卡,设置标注文字的格式、位置及对齐方式等特性。

在"文字外观"选项组:在"文字样式"下拉列表框中,选择已经设置的"尺寸文本"样式;将"文字高度"微调框中的值设为 5;

在"文字位置"选项组:在"垂直"下拉列表框中,选择"上方";在"水平"下拉列表框中,选择"置中";将"从尺寸线偏移"微调框中的值设为 2;

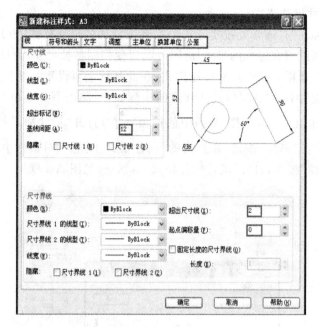

图 A-12　"新建标注样式"对话框

在"文字对齐"选项组中,选择"ISO 标准"单选项;

其他选项采用默认值。

(4) 打开"调整"选项卡,设置各尺寸要素之间相对位置的调整项。

在"调整选项"区中,选择"文字"单选项;

在"文字位置"区中,选择"尺寸线上方,不带引线"单选项;

在"标注特征比例"区中,选择"使用全局比例",比例采用默认值"1";

在"优化"区中,点取"在尺寸界限之间绘制尺寸线"选项;

其他选项采用默认值。

(5) 打开"主单位"选项卡,设置主单位的格式及精度,同时还可以设置标注文字的前缀和后缀。

在"线性标注"选项组中:在"单位格式"下拉列表框中,选择"小数";"精度"选择"0";在"小数分隔符"下拉列表框中,选择"·"(句点)项;

在"测量单位比例"选项组中,将比例值设置为1;

在"角度标注"选项组中,设置角度标注的角度格式为"十进制度数";

其他选项采用默认值。

注意:在"创建新标注样式"对话框中涉及两个比例,它们的设置非常关键。一个是"调整"选项卡的"标注特征比例",另一个是"主单位"选项卡的"测量单位比例",其功能意义如下。

"标注特征比例"选项组中,有以下两个选项。

①"使用全局比例"单选按钮——用来设定整体比例系数,控制各尺寸要素,即该尺寸标注样式中所有尺寸四要素的大小及偏移量的尺寸标注变量都会乘上整体比例系数。整体比例的默认值为"1",其值可以在右边的文字编辑框中指定。

②"将标注缩放到布局(图纸空间)"单选按钮——控制在图纸空间还是在当前的模型空间视窗上使用整体比例系数。

"测量单位比例"选项组用于确定测量时的缩放系数,有以下两个选项。

①"比例因子"——可实现按不同比例绘图时,直接标注出实际物体的大小,如果之前对图形进行了 $1/n$ 的整体缩放,则需将"主单位"标签页中的"测量单位比例"的比例因子设置为 $n/1$,以便使用真实的尺寸值进行标注。

②"仅应用到布局标注"开关——控制仅把比例因子用于布局中的尺寸。

设置完各选项后,单击"确定"按钮返回"标注样式管理器"对话框,关闭"标注样式管理器"对话框结束设置,标注样式控制下拉列表中会增加一个名为"A3"的尺寸样式。由于角度的尺寸数值一律水平注写,所以若要符合国家标准,在 A3 尺寸样式建立完后,再新建一个角度标注的样式(见图 A-13),在"文字对齐"选项组中选择"水平"单选项(见图 A-14)。

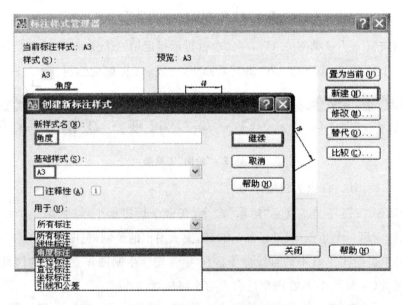

图 A-13　新建角度标注样式

设置好尺寸标注样式后,可利用"标注"工具条中的各命令对图形进行尺寸标注。

6. 绘制图框和标题栏

根据技术制图国家标准对图纸幅面和格式的要求绘制零件图的边框和图框。本例采用 A3 图幅留装订边的图框格式和学生练习用的标题栏格式。

(1) 将细实线图层设为当前层,单击绘图菜单中的"矩形"命令或单击"绘图"工

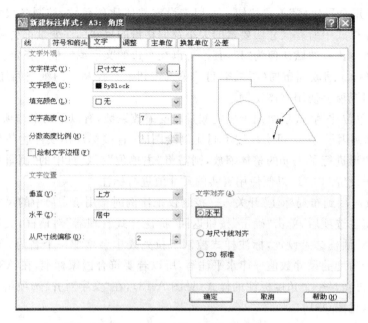

图 A-14　角度标注样式的设置

具条中的按钮 ▭（见图 A-15），在命令行提示指定第一个角点下，输入坐标"0,0"，指定另一个角点，输入坐标"420,297"后回车，完成 A3 图幅的绘制。

图 A-15　"绘图"工具条

（2）切换图层，将粗实线层作为当前层。

（3）单击按钮 ▭ ，重复"矩形"命令，在命令行提示下，输入第一个角点坐标"25,5"，指定另一个角点坐标"@390,287"，完成图框的绘制（见图 A-16）。

（4）单击绘图工具中的直线命令按钮 ╱ ，按学生制图作业采用的简易标题栏格式及尺寸（见图 A-17），在图框的右下角绘制标题栏外框。

（5）单击"修改"工具条中的偏移命令按钮 ⎣（见图 A-18），分别按图 A-17 所示的尺寸输入偏移距离，偏移标题栏外框的左边直线和上面的直线，然后利用"修改工具条"中的修剪命令按钮 -/--（见图 A-18），先选择要修剪对象的分界边，再选择要修剪的对象，修剪多余线段。最后可以用"修改"菜单中的"特性匹配"命令或标准工具条中的特性匹配工具按钮 ✐ ，将标题栏里面的线型修改为细实线。

（6）切换文字图层作当前图层，"长仿宋体"为当前文字标注样式，单击绘图工

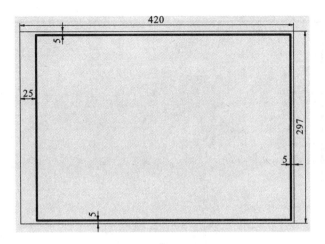

图 A-16　绘制零件图的边框和图框

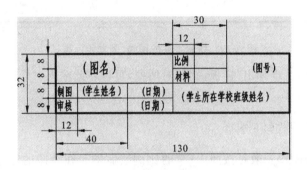

图 A-17　简易标题栏的格式及尺寸

图 A-18　"修改"工具条

条中的多行文字命令 **A** ，命令行提示指定文字的第一角点和对角点时,在标题栏中的相应位置用鼠标拾取放置文字矩形框的两对角点后,弹出"文字格式"工具条,其下方为文字编辑框。

　　在文字编辑框中选取文字的样式为长仿宋体,文本的字高为 5,在多行文字编辑框中输入需要插入的文字。单击"确定"按钮,完成多行文字注写操作。

　　最后的结果如图 A-19 所示。

　　(7) 保存样板图。将上面设置好的绘图环境保存为样板文件,步骤如下:单击菜单中的"文件"→"另存为",在弹出的"图形另存为"对话框中,将文件的类型选择为"AutoCAD 图形样板(∗ . dwt)"选项,在"文件名"文本框中输入文件名称,如"A3",

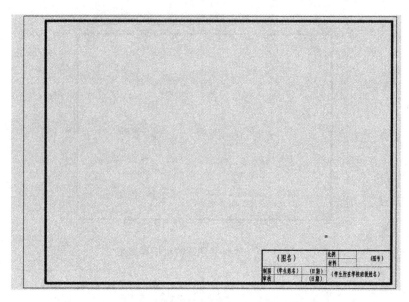

图 A-19　绘制零件的图幅、图框和标题栏

单击"保存"按钮,系统弹出"样板说明"对话框,可以在此输入对样板文件的描述和说明文字。

A.2.2　绘制零件图样

计算机绘制图形一般是按照 1:1 的比例绘制的。在绘图的过程中可以随时滚动鼠标中键放大或缩小图形,按下鼠标中键则可以平移图形。

单击菜单中"文件"→"新建"命令,在弹出的对话框中选取一样板文件,如上面生成的"A3"样板文件。

(1) 用鼠标右键单击任意工具条,在弹出的工具条菜单中选择"对象捕捉"工具条,则"对象捕捉"工具条出现在桌面上(见图 A-20)。用同样的方法使常用工具条如"标准"工具条、"图层"工具条、"样式"工具条、"绘图"工具条、"修改"工具条等出现在桌面上,并放在绘图窗口的四周固定,以方便以后作图。

图 A-20　"对象捕捉"工具条

(2) 用鼠标右键单击状态栏中"对象捕捉"按钮,单击"设置"选项,在"草图设置对话框"中勾选"端点"、"交点"、"圆心"等常用点前面的复选框,并勾选"启用对象捕捉",进行自动捕捉的设置(见图 A-21),并根据具体情况单击状态栏中的对象捕捉和对象捕捉追踪按钮,随时打开或关闭自动捕捉和自动追踪功能。

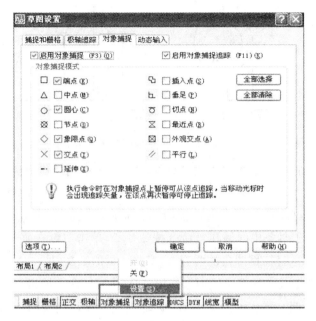

图 A-21   自动捕捉和自动追踪工具的设置

（3）绘制主视图。

① 切换图层，在中心线图层上用直线命令绘制主视图中的对称线，即作图的基准线。

② 切换图层，在粗实线图层上绘制轮廓线。打开状态栏中的自动捕捉功能，单击绘图工具的圆命令按钮 ⊘，捕捉两中心线的交点即圆心，分别绘制半径为 20 mm 及 30 mm 的两圆。

③ 单击绘图工具中的直线命令按钮 ╱，在命令行提示指定第一点时，单击"对象捕捉"工具条（见图 A-20）中的"捕捉自"按钮 ▆，在命令行"_from 基点："提示下，捕捉圆心并单击鼠标左键，在命令行"偏移"提示下输入相对坐标"@0，−70"，回车后即可通过间接捕捉确定直线的第一点，打开状态栏中的正交按钮，确定直线的方向为水平方向，在该方向上直接输入距离"50"后回车，绘制对称线左边的一段长 50 mm 的水平线，在向上的垂直方向上输入距离"10"，再利用自动捕捉和追踪功能绘制其他直线，完成底板和支承结构左半部分的绘制。

④ 单击修改工具条中的镜像命令按钮 ◿◺，从左到右全部框选已画的直线后，右键单击结束对象选择，捕捉垂直中心线的两端点作为镜像线，右键确认不删除原对象，完成主视图的绘制（见图 A-22）。

（4）绘制俯视图。

① 同时按下状态栏中的"对象捕捉"和"对象跟踪"按钮，系统可以沿着基于对象

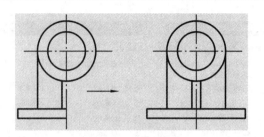

图 A-22　主视图的绘制

捕捉点的辅助线方向追踪，单击直线命令按钮 ，先将光标移动到一个对象捕捉点上（如主视图的左下端点），不要单击它，在追踪线的合适位置单击鼠标左键，绘制长 60 的直线，再利用自动追踪和捕捉功能绘制底板的其他直线（见图 A-23(a)）。

　　② 单击修改工具条中的倒圆角命令按钮 ，单击右键在菜单中选择半径，输入半径尺寸"20"，选择需倒圆角的两直线，完成底板的绘制（见图 A-23(b)）。

　　③ 单击绘图工具中的多段线命令按钮 或直线命令按钮 ，利用自动追踪功能，输入断面的两个宽度方向尺寸"8"和"27"，绘制支承结构的 T 形断面（见图 A-23(c)）。

　　④ 单击修改工具条中的倒圆角命令按钮 ，单击右键在菜单中选择半径，输入半径尺寸"3"，在绘图区再单击右键，在右键菜单中选择多段线，选择刚才绘制的多段线，则同时对多段线的所有直角处进行倒圆角（见图 A-23(d)）。

　　⑤ 单击绘图工具条中的圆命令按钮 ，使用对象捕捉工具条中的"捕捉自"按钮 ，在命令行"_from 基点:"提示下，捕捉交点（见图 A-23(e)所示中心线与后端面的交点）并单击鼠标左键，在命令行"偏移"提示下输入相对坐标"@-35，-40"，回车后即可通过间接捕捉确定圆的圆心点，再输入圆的半径尺寸"10"（见图 A-23(e)）。

　　⑥ 单击修改工具条中的镜像命令按钮 ，选择已画小圆，右键单击结束对象选择，捕捉竖直中心线的两端点作为镜像线，右键确认不删除原对象，完成俯视图的绘制（见图 A-23(f)）。

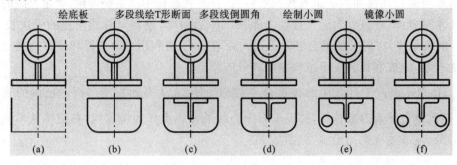

图 A-23　俯视图的绘制

（5）绘制主视图中的局部剖视图。将细实线图层设为当前图层，单击绘图工具条中的"样条"按钮 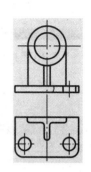，用鼠标拾取若干个点（首、尾两点一定要在上、下两条直线上，可用对象捕捉工具条中的捕捉最近点按钮 或追踪功能确定首、尾点），双击右键，生成局部剖的波浪线。再利用直线命令和自动追踪功能绘制小圆的外轮廓线，完成主俯视图的绘制（见图 A-24）。

（6）绘制左视图。切换到辅助线图层，用"绘图"菜单中的"射线"命令绘制 45°的射线，利用自动捕捉、自动追踪功能和直线命令绘制左视图（见图 A-25），最后关闭辅助线图层。

图 A-24　完成的
两视图

（7）绘制剖视图。单击绘图工具条中的"图案填充"命令 ，在出现的"图案填充和渐变色"对话框中选择"ANSI31"图案样式，角度为 0，比例为 1，单击对话框右侧的"添加：拾取点"按钮 ，在屏幕上拾取要填充的封闭区域，右键单击"预览"后确定，完成剖视图的绘制（见图 A-26）。

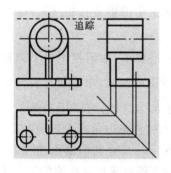

图 A-25　绘制左视图

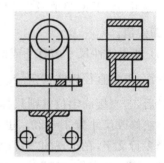

图 A-26　完成的三视图

（8）图形绘制好后，利用"修改"工具条中的缩放命令按钮 ，按需要出图的比例进行缩放。例如要将图形按 1∶n 比例输出，则将整个图形缩小 $1/n$。本例中按 1∶1输出，则不必进行缩放。

A.2.3　工程图标注

1. 尺寸标注

尺寸标注的步骤如下。

（1）切换尺寸标注图层作为当前层。

（2）为了使剖面线不影响捕捉目标点，暂时关闭剖面线所在的图层。

（3）在任意工具条上单击鼠标右键，在弹出的工具条菜单中选择"标注"工具条，"标注"工具条则出现在桌面上（见图 A-27）。由于样板文件中已设置好了名为 A3 的尺寸标注样式，因此在"样式"工具条中，将 A3 尺寸样式设置为当前尺寸标注的样式（见图 A-28）。

图 A-27　"标注"工具条

图 A-28　"样式"工具条

（4）利用"标注"工具条中各命令对图形进行尺寸标注。

若标注的尺寸有公差带代号或上、下偏差，可以先标注没有公差带代号的尺寸，再单击菜单中的"修改"→"对象"→"文字"→"编辑"命令，在弹出的"文字编辑"对话框中输入尺寸的公差带代号或上、下偏差值。

上、下偏差值的标注：在弹出的多行文字对话框中输入上、下偏差值后中间加"∧"号，选中上、下偏差值及"∧"后按多行文字对话框中的堆叠按钮 ⅙ ，即可添加上、下偏差值。

（5）如果线性尺寸前有 ϕ 或圆的直径前后有其他要求，如俯视图中小圆直径尺寸的标注，单击直径标注按钮 ，选择欲标直径的圆或圆弧，单击鼠标右键结束对象选择后，若直接确定位置则只标注尺寸的默认值 $\phi20$，这时，可以用步骤 4 中所介绍的方法修改尺寸为 $2\times\phi20$。也可在选择对象结束后再单击鼠标右键，在右键菜单中选择多行文字，在出现的"多行文字"对话框中，在 $\phi20$ 尺寸的前面添加"$2\times$"等字符，确定后关闭"多行文字"对话框，最后再单击鼠标左键确定尺寸线的位置。其他如线性尺寸前有 ϕ 或公差等与默认尺寸不同的尺寸标注，都可以采用上面介绍的两种方法。

2. 表面粗糙度的标注

（1）创建有属性的表面粗糙度图块。

按国家标准用直线命令画如图 A-29 所示的表面粗糙度符号并在图示位置注写符号"Ra"，再单击菜单"绘图"→"块"→"定义属性"，在弹出的对话框中定义块的属性，即块的属性为表面粗糙度值，属性的位置及插入点如图 A-30 所示，属性定义及设置如图 A-31 所示。

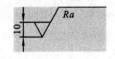

图 A-29　表面粗糙度符号

图 A-30　带属性的表面粗糙度符号

图 A-31　"属性定义"对话框

在命令行输入"wblock"后回车,弹出"写块"对话框。单击"基点"选区中的"拾取点"按钮,设定块的插入基点为符号的最低点;单击"对象"选区中的"选择对象"按钮,选取块的内容为如图 A-30 所示的图形及属性;最后设定块的名称及存储位置,单击"确定"按钮,即生成带属性的表面粗糙度符号,并保存在图块库中。

(2)标注图样中的表面粗糙度符号。

单击菜单"插入"→"块"命令或单击"绘图"工具条中"插入块"按钮 ,在弹出的"选择图形文件"对话框中,选取已生成的表面粗糙度图块,弹出"插入块"对话框,单击对话框中的"确定"按钮,将表面粗糙度符号插到所需的位置,再在命令行中输入表面粗糙度的数值,如"6.3",则生成表面粗糙度值为 6.3 的表面粗糙度图块。

3. 几何公差、位置公差基准等其他技术要求的注写

(1)几何公差的标注　单击"标注"工具条中的几何公差按钮 ,在弹出的"形位公差"对话框中,设置公差类型、大小和基准,单击"确定"按钮,将几何公差放置到所需的位置。再在命令行输入"lead"命令,即可生成带箭头的直线。

(2)基准画法　对于几何公差的基准,可先创建带属性的块,再插入即可。

(3)插入技术要求　单击"绘图"工具条中的"文字"按钮 **A**,在图中插入所需的技术要求。

A. 2. 4　打印输出

单击"标准"工具条中的按钮 ,弹出"打印"对话框(见图 A-32),在"打印机名称"中选择与计算机连接好的打印机;"图纸尺寸"选择为"ISOA3(420×297 毫米)";

"打印范围"选择"窗口"并在绘图区框选整个图形;"打印编辑"选择"居中打印";"打印比例"设为 1∶1;"打印样式表"选为"monochrome. ctb";"图形方向"选为"横向"。设置完成后可单击"预览"按钮进行预览,若无错误则可打印出图。

图 A-32　打印设置

附录 B

Inventor 三维线路设计简介

机电设备中电气线路占有相当的比例，Inventor 2010 为此提供了三维线路设计环境。使用 Inventor 2010 线路设计工具，可以方便地进行线束段设计，完成导线、电缆及带状电缆的敷设。线路包括电气零件、连接器、线束段和库中检索出的导线、电缆及带状电缆。线束段是线路的路径，通过布线完成线路设计。

Inventor 2010 三维线路设计的主要功能有：创建线束部件文件、在装配环境中添加导线和电缆、对线路设计结果进行编辑或调整、创建钉板工程图等。

1. 三维线路设计环境

由于 Inventor 2010 三维线路是部件装配环境的附加模块，因此需经部件装配环境进入三维线路环境。首先打开或新建待布线的部件文件，单击部件工具面板上的"创建线束"按钮 ，如果没有保存部件文件，会弹出保存部件文件的提示，指定保存部件文件的名称和位置；在弹出的"创建线束"对话框中进行线束文件的相关保存设置后，单击"确定"按钮，此后部件装配环境界面自动切换至三维线路环境，同时在浏览器上显示所创建的线束部件结构，如图 B-1 所示。

图 B-1 "三维布线"工具面板和浏览器

工具面板包含创建导线、创建电缆、创建带状电缆、创建线束段、创建钉板工程图等工具。必须激活三维线路环境才能使用"三维线路"工具面板。

浏览器除了零部件的内容，在装配层次中还包含线束子部件的内容。线束子部件会自包含添加的所有线束对象，包括导线、电缆、带状电缆、线束段、接头和虚拟零件等。

在标准工具栏中,除了标准的工具外,还包含"中心线显示"工具 ,在其下拉列表框中可以进行导线、电缆、线束段的显示设置,如中心线显示、渲染图显示、自定义显示。

2. 三维布线设计流程

三维布线设计的基本流程如下:

(1) 创建具有接点的连接器零件;

(2) 在部件中放置并约束连接器零件;

(3) 在部件中创建线束子部件文件,激活三维布线环境;

(4) 创建导线或电缆;

(5) 创建线束段;

(6) 通过选定的线束段敷设导线和电缆;

(7) 在起始连接器和结束连接器之间连接带状电缆;

(8) 生成报告和钉板工程图。

1) 创建连接器零件

连接器是电气线路中的常用零件,其结构特点是具有一个或多个接(线)点和扩展特性,用于在布线时附着导线和电缆。

创建连接器零件的主要目的就是将连接点定义添加到原始连接器零件上,创建此类零件属于三维布线设计的准备工作。

例 B-1　完成连接器零件"接线端子.ipt"的接点放置。

解　操作步骤:

① 打开光盘 Inventor 原文件中的零件"接线端子.ipt";

② 单击标准工具栏右侧"线束"中的"放置接点"按钮 ,如图 B-2 所示。

图 B-2　单击"放置接点"按钮

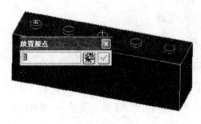

③ 根据提示选择接点位置。在图形区中将光标移至第一个接线柱的几何圆心上,此时该圆心亮显,单击后显示"放置接点"对话框,在对话框中选择使用默认的接点名称 1,如图 B-3 所示。重复上述过程,为其余四个圆心定义接点。

④ 单击鼠标右键,选择"完成",完成接点放置。

图 B-3　创建接点

如果要创建多个接点(如带状电缆连接器所需的接点),使用"放置接点组"按钮 ![icon] 可将接点作为一个组进行定义,而不是逐个进行定义。在"放置接点组"对话框中,设置起始位置、接点分布规律等,如图 B-4 所示。对接点组,可以提供一个前缀字母和起始编号,然后选择需要的命名方案(连续行、连续列或环绕)。注意放置接点与接点组两种操作中浏览器显示的变化。

图 B-4　创建接点组

一般零件设置了接点或接点组后还不能成为电气零件,必须向零件中添加一些特定的特性数据,以提供完整的电气定义,这些特性在部件的零件引用中也可见。选择零件后,单击工具面板上的"线束特性"按钮 ![icon] ,弹出"零件特性"对话框,如图 B-5所示。

图 B-5　"零件特性"对话框

在"零件特性"对话框的"常规"选项卡中可为零件添加参考指示器。参考指示器是将零件映射到电路图设计的唯一标识符,参考指示器在零件级时可选,对每个零件而言在被引用时它都是必需的。通常先在零件建模环境中添加参考指示器(如"W?"),而在部件编辑过程中为该零件的每个引用添加特定的参考指示器(如"W1"、"W2")。

2）装配连接器零件

创建了所需的连接器零件后,需在部件中装入和约束连接器零件,操作方法与一般装配相同。同样,也可以从资源中心调入常规连接器零件。如图 B-6 所示,电路板与壳体组成了布线装配体,其中装了四个连接器和一个从资源中心调入的常规连接器 D-Sub 卷边公头(9 针)。当连接器零件在部件中的引用需要特性时,可以使用引用级特性值来替代零件级特性值。例如,在放置零件并添加线束部件后,可通过特性对话框为每个连接器零件的引用设置特定的参考指示器。

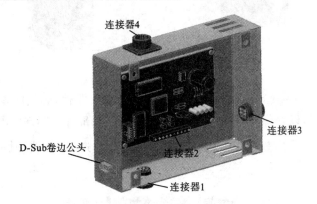

图 B-6　布线装配体

3）创建导线和电缆

当完成了连接器零件的编制,并在部件中装入和约束连接器零件后,便可以在部件中开始布线设计。

首先是创建导线和电缆。打开需要布线的部件文件。

例 B-2　完成模型"布线装配体.iam"中导线和电缆的创建。

解　操作步骤如下。

(1) 创建导线。

① 打开需要布线的部件文件——光盘 Inventor 原文件中"布线装配体.iam",如图 B-6 所示。

② 单击部件工具面板上的"创建线束"按钮 ，在弹出的"创建线束"对话框中进行线束文件(此处为线束 1)的相关保存设置后,单击"确定"按钮,进入三维线路环境,浏览器上同时显示了需创建的线束部件结构。选择浏览器上的线束 1,单击鼠标右键,在右键菜单中选择"线束设置",弹出"线束设置"对话框,选择"导线、电缆"选项卡中的"具有自然曲率",单击"确定"按钮,关闭"线束设置"对话框。

③ 单击三维布线工具面板中的"创建导线"按钮 创建导线，在弹出的"创建导线"对话框(见图 B-7(a))中确认默认设置或按需更改类别和名称，并在连接器 1 上选定起始接点，在连接器 2 上选定终止接点，单击"应用"创建导线 1；用同样的方法创建导线 2。如图 B-7(b)所示。单击"取消"关闭"创建线束"对话框。单击按钮 完成三维布线，退出三维布线环境。若创建的导线接点不符合要求，在浏览器中选择"线束"。单击鼠标右键，在右键菜单中选择"编辑"，重新进入该线束的三维布线环境，再选择导线。单击鼠标右键，在右键菜单中选择"编辑导线"，弹出"编辑导线"对话框，修改接点。

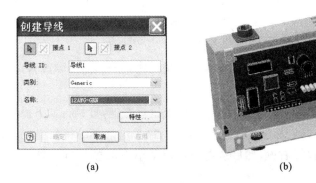

(a)　　　　　　　　　　　　　　　(b)

图 B-7　创建导线

(a) "创建导线"对话框；(b) 创建导线

(2) 创建电缆。

① 再次单击"创建线束"按钮 三维布线，新建和保存"线束 2"。选择浏览器上的零件"Connector2：1"，单击鼠标右键，在右键菜单中选择"线束特性"，弹出"零件特性"对话框(见图 B-5)，将其中"参考指示器"中的"?"改为"7"，用同样的方法将零件"Connector2：2"的"参考指示器"中的"?"改为"8"。

② 单击三维布线工具面板中的"创建电缆"按钮 创建电缆，在弹出的"创建电缆"对话框中确认默认设置(即选定的电缆包含两条电缆线)。

③ 在连接器 4 与连接器 3 上为每条电缆线选定起始接点 1 和终止接点 2(系统会从第一条电缆线开始自动依次连接每条电缆线)。

④ 单击"确定"按钮，完成电缆线(一红一黑)的创建，如图 B-8(a)所示。用同样的方法在"线束 1"中创建连接器 4 与连接器 2 之间的导线、连接器 4 与连接器 3 之间的电缆(一白一黑一绿)，如图 B-8(b)所示。

完成导线和电缆的创建后，用户还可以添加工作点，以添加以下各项的形状：导线头和电缆线头、未布线的导线和电缆线。激活线束部件，选择要编辑的导线，单击鼠标右键，选择右键快捷菜单中的"添加点"。在导线路径上移动光标，然后单击该路径，在拾取位置创建工作点。添加的工作点位置不符合要求时，可以编辑工作点。可

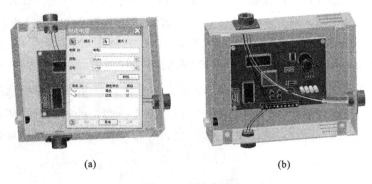

图 B-8　创建电缆

(a)"创建电缆"对话框;(b) 创建电缆

以调整它们的位置和偏移值以获得合适的形状。注意不能向电缆或备用电缆线添加工作点。

编辑工作点时,拾取导线上的工作点,单击鼠标右键,可执行如下操作。

(1) 重定义工作点。若再选择新的工作点,需单击该点的特征或位置;若要更改偏移值,需再次单击鼠标右键,然后从右键快捷菜单中选择"编辑偏移",输入新的偏移值。

(2) 三维移动/旋转。动态重定位导线点或按精确坐标进行重新定位。

(3) 删除工作点。选择包含要删除的工作点的一条或多条导线或电缆线,单击鼠标右键后选择"删除所有点",除起点和终点之外的所有工作点都将被删除。

4) 创建线束段和布线

线束段表示导线和电缆线在线束部件中可能采用的路径,它表示虚拟的导线束和电缆束。由于导线和电缆的创建工作已在前面完成,此时的设计工作就在于为导线和电缆创建敷设路径,而这一任务则通过创建线束段来完成。

布线是将导线和电缆置于线束段(布线的路径)中,是导线和电缆布线设计的最后一步。

只能将导线和电缆敷设到激活的线束段中。从点到点状态布线后,将删除导线和电缆上所有工作点。注意,若要在图形区中选择导线,需将"选择"工具设定为"选择草图特征"。

要创建线束段,至少需要选择两个点:起点和终点。还可以在线束段的关键处添加线束段工作点,以适应部件中的更改。

例 B-3　完成例 B-2 中的线束段的创建与布线。

解　具体操作步骤如下。

(1) 打开需要布线的部件文件——光盘 Inventor 原文件中"布线装配体-1. iam"文件,在浏览器中找到"线束 2",单击右键,选择右键菜单中的"编辑",激活"线束 2"。

（2）在三维布线工具面板上单击"创建线束段"按钮 ，在图形区中，选择线束段的起点（在刚刚创建的电线的端点附近，注意光标的提示），若要在定义线束段路径时更改偏移值，可单击鼠标右键，然后选择"编辑偏移"。在"编辑偏移"对话框中，输入偏移值，然后单击"确定"按钮。

（3）选择其他中间工作点或终点（壳体壁上的点）来定义路径，确定线束段形状，单击鼠标右键，选择"完成"，完成线束段的创建，如图 B-9（a）所示。若所创建的线束段与壳体发生干涉，可以添加工作点，并改变该工作点的偏移量。

（4）在三维布线工具面板上单击"自动布线"按钮 ，弹出"自动布线"对话框，选择"所有未布线的导线"的复选框，系统会自动选择线束 2 中的电缆（两条导线），如图 B-9（b）所示。单击"确定"按钮完成布线。

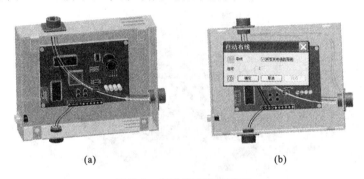

图 B-9　创建线束段与布线

(a) 创建线束段；(b)"自动布线"对话框

（5）退出三维布线环境，激活"线束 1"，用同样的方法为"线束 1"创建线束段；也可从现有线束段中创建一个新的线束作为分支，将光标悬停在主要分支的线束段上，然后在现有线束段上单击分支的起点。其中表示原始线束段的两条线束段将被约束为彼此相切。进行敷设时，三条线束段中的每条线束段都是独立的实体，并可以使用不同的直径，如图 B-10（a）所示。

与上文提到的编辑导线点类似，通过右键快捷菜单可删除线束段和线束段工作点。对线束段工作点可以进行的操作有：重定义工作点、三维移动/旋转（见图 B-10（b））和删除工作点。如果删的工作点是两条线束段的公用端点，则两条线束段将合并为一条；如果是三条以上线束段的公用端点，则不会合并，而是在每条线束段的端点处都将获得唯一的工作点且这些工作点可单独操作。

（6）按第（4）步的方法为线束 1 布线，如图 B-11 所示。若布线不正确，可单击三维布线面板上的"取消布线"按钮，将弹出"取消布线"对话框。有三种取消导线和电缆布线的方式：对所有线束段取消选定导线或电缆线的布线（默认），将删除所有导线或电缆工作点；对所有线束段取消所有导线或电缆线的布线，将删除所有导线或电缆工作点；对选定的线束段取消选定导线或电缆线的布线，将保留工作点。

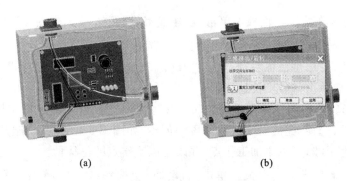

(a)　　　　　　　　　　　　　　(b)

图 B-10　创建线束段分支、编辑线束段

（a）创建线束段分支；（b）编辑线束段

图 B-11　完成布线

　　此外，还可为线束部件运行若干标准报告类型，例如导线接线列表、BOM 列表等。钉板是线束部件的二维表示，用在导线束、电缆或带状电缆的制造中。在钉板中，所有导线、电缆和线束段都用直线绘制（保持原始显示颜色），带状电缆被绘制成矩形。详细介绍可参考相关的帮助文件和有关教程。

　　至此，完成了三维布线设计的基本步骤。

附录 C

常用的设计资料

一、常用的螺纹及螺纹紧固件

（一）普通螺纹（GB/T 193—2003、GB/T 196—2003）

标记示例：

公称直径为 10 mm，螺距为 1.5 mm，右旋粗牙普通螺纹，公差代号 6g，其标记为

$$M10-6g$$

公称直径为 10 mm，螺距为 1 mm，左旋细牙普通螺纹，公差代号 7H，其标记为

$$M10\times1LH-7H$$

内、外螺纹旋合的标记为　　　　　　　$M10-7H/6g$

表 C-1　直径与螺距系列、基本尺寸　　　　　　（单位：mm）

公称直径 D、d		螺距 P		粗牙小径 D_1、d_1	公称直径 D、d		螺距 P		粗牙小径 D_1、d_1
第一系列	第二系列	粗牙	细牙		第一系列	第二系列	粗牙	细牙	
3		0.5		2.459	8		1.25	1，0.75，(0.5)	6.647
	3.5	(0.6)	0.35	2.850	10		1.5	1.25，1，0.75，(0.5)	8.376
4		0.7		3.242	12		1.75	1.5，1.25，1，(0.75)，(0.5)	10.106
	4.5	(0.75)	0.5	3.688		14	2	1.5，1.25，1，(0.75)，(0.5)	11.835
5		0.8		4.134	16		2	1.5，1，(0.75)，(0.5)	13.835
6		1	0.75，(0.5)	4.917		18	2.5	2，1.5，1，(0.75)，(0.5)	15.294

注：① 应优先选用第一系列，括号内尺寸尽可能不用；
　　② 螺纹公差带代号，外螺纹有 6e、6f、6g、8g、4h、6h、8h 等，内螺纹有 4H、5H、6H、7H、5G、6G、7G 等。

（二）55°非密封的管螺纹（GB/T 7307—2001）

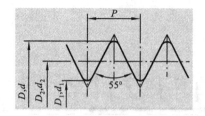

标记示例：

尺寸代号为 $\frac{1}{4}$ 的右旋 A 级内螺纹，其标记为

$$G\ \frac{1}{4}A$$

尺寸代号为 $\frac{1}{4}$ 的左旋 B 级外螺纹，其标记为

$$G\ \frac{1}{4}B\text{-}LH$$

表 C-2　55°非密封的管螺纹　　　　　　　　（单位：mm）

尺寸代号	每 25.4 mm 内的牙数 n	螺 距 P	基 本 尺 寸	
			大径 D、d	小径 D_1、d_1
$\frac{1}{8}$	28	0.90	9.728	8.566
$\frac{1}{4}$	19	1.337	13.157	11.445
$\frac{3}{8}$	19	1.814	16.662	14.950
$\frac{1}{2}$	14	1.814	20.995	18.631
$\frac{5}{8}$	14	1.814	22.911	20.587
$\frac{3}{4}$	14	1.814	26.441	24.117
$\frac{7}{8}$	14	2.309	30.201	27.877
1	11	2.309	33.249	30.291

（三）螺栓

六角头螺栓 C 级（GB/T 5780—2000）　　　　　六角头螺栓 A 和 B 级（GB/T 5782—2000）

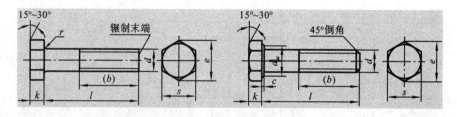

标记示例：

螺纹规格 d＝M10×1、公称长度 l＝50 mm、性能等级为 8.8 级，表面氧化的 A 级六角头螺栓，其标记为

$$螺栓　GB/T\ 5782　M10×1×30$$

表 C-3　螺栓各部分尺寸　　　　　　　　（单位：mm）

螺纹规格 d			M3	M4	M5	M6	M8	M10	M12	M14	M16	M20
b 参考	$l \leqslant 125$		12	14	16	18	22	26	30	34	38	46
	$125 < l \leqslant 200$		18	20	22	24	28	32	36	40	44	52
	$l > 200$		31	33	35	37	41	45	49	57	57	65
c			0.4	0.4	0.5	0.5	0.6	0.6	0.6	23.36	0.8	0.8
d_w	产品等级	A	4.6	5.9	6.9	8.9	11.6	14.6	16.6	22.78	22.5	28.2
		B,C	—	—	6.7	8.7	11.4	14.4	16.4	21	22	27.7
e	产品等级	A	6.07	7.66	8.79	11.05	14.38	17.77	20.03	20.67	26.75	33.53
		B,C			8.63	10.89	14.20	17.59	19.85	20.16	26.17	32.95
k 公称			2	2.8	3.5	4	5.3	6.4	7.5	8.8	10	12.5
r			0.1	0.2	0.2	0.25	0.4	0.4	0.6	0.6	0.6	0.8
s 公称			5.5	7	8	10	13	16	18	20	24	30
l（商品规格范围）			20～30	25～40	25～50	30～60	35～80	40～100	45～120	50～140	55～160	65～200

注：① A 级用于 $d \leqslant 24$ 和 $l \leqslant 10d$ 或 $l \leqslant 150$ mm 的螺栓，B 级用于 $d > 24$ 和 $l > 10d$ 或 $l > 150$ mm 的螺栓；

②　螺纹规格 d 范围，GB/T 5780 为 M5～M64，GB/T 5782 为 M1.6～M64；

③　公称长度范围，GB/T 5780 为 25～500，GB/T 5782 为 12～500。

（四）螺母

1 型六角螺母 A 和 B 级　　　　　六角薄螺母　　　　　　六角螺母 C 级

（GB/T 6170—2000）　　　　（GB/T 6172.1—2000）　　　（GB/T 41—2000）

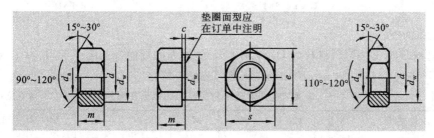

标记示例：

螺纹规格 $D = M5$，性能等级为 5 级，不经表面处理的 C 级六角螺母，其标记为

螺母　GB/T 41　M5

螺纹规格 $D = M5$，性能等级为 8 级，不经表面处理的 A 级 1 型六角螺母，其标记为

螺母　GB/T 6170　M5

表 C-4　螺母各部分尺寸 　　　　　　　　　　　　　　　　（单位：mm）

螺纹规格 D		M3	M4	M5	M6	M10	M12	M14	M16	M20
e	GB/T 41			8.63	10.89	17.59	19.85	22.78	26.17	32.95
	GB/T 6170	6.01	7.66	8.79	11.05	17.77	20.03	23	26.75	32.95
	GB/T 6172.1	6.01	7.66	8.79	11.05	17.77	20.03	23.35	26.75	32.95
s	GB/T 41			8	10	16	18	21	24	30
	GB/T 6170	5.5	7	8	10	16	18	21	24	30
	GB/T 6172.1	5.5	7	8	10	16	18	21	24	30
m	GB/T 41			5.6	6.1	9.5	12.2	13.9	15.9	18.7
	GB/T 6170	2.4	3.2	4.7	5.2	8.4	10.8	12.8	14.8	18
	GB/T 6172.1	1.8	2.2	2.7	3.2	5	6	7	8	10

注：A 级用于 $D{\leqslant}16$ mm 的螺母，B 级用于 $D{>}16$ mm 的螺母；本表仅按商品规格和通用规格列出。

（五）端面带孔圆螺母（GB/T 815—1988）和侧面带孔圆螺母（GB/T 816—1988）

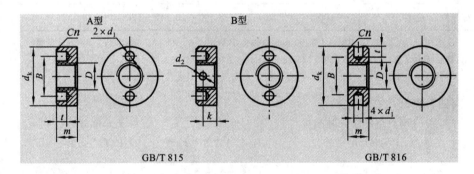

标记示例：

螺纹规格 $D{=}M5$，材料为 Q235，不经表面处理的端面带孔圆螺母，其标记为

　　　　　螺母　GB/T 815　M5

表 C-5　端面带孔圆螺母和侧面带孔圆螺母各部分尺寸 　　　　　（单位：mm）

螺纹规格 D		M2	M2.5	M3	M4	M5	M6	M8	M10
d_k		5.5	7	8	10	12	14	18	22
m		2	2.2	2.5	3.5	4.2	5	6.5	8
d_1		1	1.2	1.5			2.5	3	3.5
t	GB/T 815	2	2.2	1.5	2	2.5	3	3.5	4
	GB/T 816	1.2		1.5	2	2.5	3	3.5	4
B		4	5	5.5	7	8	10	13	15
k		1	1.2	1.3	1.8	2.1	2.5	3.3	4
d_2		M1.2	M1.4	M1.4	M2	M2	M2.5	M3	M3

（六）双头螺柱 GB/T 897—1988($b_m = d$),GB/T 898—1988($b_m = 1.25d$),GB/T 899—1988($b_m = 1.5d$),GB/T 900—1988($b_m = 2d$)

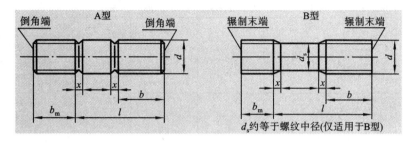

标记示例:

两端均为粗牙普通螺纹,$d = 5$ mm,$l = 25$ mm,性能等级为 4.8 级,不经表面处理,B 型,$b_m = 1d$ 的双头螺柱,其标记为

螺柱　GB/T 897　M5×25

若为 A 型,其标记为

螺柱　GB/T 897　A M5×25

表 C-6　双头螺柱各部分尺寸　　　　　　　（单位:mm）

螺纹规格	b_m 公称				x	l/b	
d	GB/T 897	GB/T 898	GB/T 899	GB/T 900	max	b	l
M2			3	4		6	12~16
						10	18~25
M2.5			3.5	5		8	14~18
						11	20~30
M3			4.5	6		6	16~20
						12	22~40
M4			6	8	2.5P	8	16~22
						14	25~40
M5	5	6	8	10		10	16~22
						16	25~50
M6	6	8	10	12		10	20~22
						14	25~30
						18	32~75
M8	8	10	12	16		12	20~22
						16	25~30
						22	32~90

续表

螺纹规格	b_m公称				x		l/b	
d	GB/T 897	GB/T 898	GB/T 899	GB/T 900	max	b		l
M10	10	12	15	20		14		25～28
						16		30～38
						26		40～120
						32		130
M12	12	15	18	24		16		25～30
						20		32～40
						30		45～120
						36		130～180
M14	14	18	21	28	2.5P	18		30～35
						25		38～45
						34		50～120
						40		130～180
M16	16	20	24	32		20		30～38
						30		40～50
						38		60～120
						44		130～200
M20	20	25	30	40		25		35～40
						35		45～60
						46		65～120
						52		130～200

注：① P 表示粗牙螺纹的螺距；
　　② 材料为钢的性能等级有 4.8、5.8、6.8、8.8、10.9、12.9 级，其中 4.8 级为常用。

（七）螺钉

开槽圆柱头螺钉（GB/T 65—2000）　　　　开槽沉头螺钉（GB/T 68—2000）

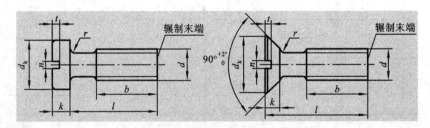

标记示例：

螺纹规格 d＝M5，公称长度 l＝20 mm，性能等级为 4.8 级，不经表面处理的开槽圆柱头螺钉，其标记为

螺钉　GB/T 65　M5×20

表 C-7 开槽圆柱头螺钉(GB/T 65—2000)、开槽沉头螺钉(GB/T 68—2000)各部分尺寸

(单位:mm)

螺纹规格 d	M3	M4	M5	M6	M8	M10
P(螺距)	0.5	0.7	0.8	1	1.25	1.5
b	25	38	38	38	38	38
d_k	5.5	7	8.5	10	13	16
k	2	2.6	3.3	3.9	5	6
n	0.8	1.2	1.2	1.6	2	2.5
r	0.1	0.2	0.2	0.25	0.4	0.4
t	0.85	1.1	1.3	1.6	2	2.4
公称长度 l	4~30	5~40	6~50	8~60	10~80	12~80
l 系列	4,5,6,8,10,12,(14),16,20,25,30,35,40,45,50,(55),60,(65),70,(75),80					

注:① 标准规定螺纹规格 d=M1.6~M10;

② 螺钉的公称长度系列 l 为 2、2.5、3、4、5、6、8、10、12、(14)、16、20、25、30、35、40、45、50、(55)、60、(65)、70、

(75)、80 mm,尽可能不采用括号内的数值;

③ 无螺纹部分杆径约等于中径或等于螺纹大径;

④ 材料为钢的螺钉性能等级有 4.8、5.9 级,其中 4.8 级为常用等级。

(八)内六角圆柱头螺钉(GB/T 70.1—2008)

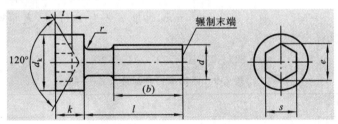

标记示例:

螺纹规格 d=M5,公称长度 l=20 mm,性能等级为 8.8 级,表面氧化的内六角

圆柱头螺钉,其标记为

螺钉 GB/T 70.1 M5×20

表 C-8 内六圆柱头螺钉(GB/T 70.1—2008)各部分尺寸 (单位:mm)

螺纹规格 d	M3	M4	M5	M6	M8	M10	M12	M14	M16	M20
P(螺距)	0.5	0.7	0.8	1	1.25	1.5	1.75	2	2	2.5
b 参考	18	20	22	24	28	32	36	40	44	52
d_k	5.5	7	8.5	10	13	16	18	21	24	30
k	3	4	5	6	8	10	12	14	16	20
t	1.3	2	2.5	3	4	5	6	7	8	10

续表

螺纹规格 d	M3	M4	M5	M6	M8	M10	M12	M14	M16	M20
s	2.5	3	4	5	6	8	10	12	14	17
e	2.87	3.44	4.58	5.72	6.86	9.15	11.43	13.72	16	29.44
r	0.1	0.2	0.2	0.25	0.4	0.4	0.6	0.6	0.6	0.8
公称长度 l	3～20	5～30	6～40	8～50	8～60	10～80	12～80			
l 系列	2.5,3,4,5,6,8,10,12,16,20,25,30,35,40,45,50,55,60,65,70,80,90,100,110,120,130,140,150,160,170,180,200,220,240,260,280,300									

注:① 标准规定螺纹规格 d=M1.6～M64;

② 材料为钢的性能等级有 8.8、10.9、12.9 级,其中 8.8 级为常用等级。

(九) 紧定螺钉

开槽锥端紧定螺钉　　　　　开槽平端紧定螺钉　　　　开槽长圆柱端紧定螺钉

（GB/T 71—1985）　　　　　（GB/T 73—1985）　　　　（GB/T 75—1985）

标记示例:

螺纹规格 d=M5,公称长度 L=20 mm,性能等级为 14H 级,表面氧化的开槽锥端紧定螺钉,其标记为

螺钉　GB/T 71　M5×20

表 C-9　紧定螺钉各部分尺寸　　　　　　　　　　（单位:mm）

螺纹规格 d			M2	M2.5	M3	M4	M5	M6	M8	M10	M12
d_f			螺 纹 小 径								
n			0.25	0.4	0.4	0.6	0.8	1	1.2	1.6	2
t		max	0.84	0.95	1.05	1.42	1.63	2	2.5	3	3.6
GB/T 71—1985	d_t	max	0.2	0.25	0.3	0.4	0.5	1.5	2	2.5	3
	<	120°	3		—	—	—	—	—	—	—
		90°	3～10	4～12	4～16	6～20	8～25	8～30	10～40	12～50	14～60
GB/T 73—1985 GB/T 75—1985	d_p	max	1	1.5	2	2.5	3.5	4	5.5	7	8.5
GB/T 73—1985	L	120°	2～2.5	2.5～3	3	4	5	6	—	—	—
		90°	3～10	4～12	4～16	5～20	6～25	8～30	8～40	10～50	12～60

续表

螺纹规格 d			M2	M2.5	M3	M4	M5	M6	M8	M10	M12
GB/T 75—1985	Z	max	1.25	1.5	1.75	2.25	2.75	3.25	4.3	5.3	6.3
	L	120°	3	4	5	6	8	8~10	10~14	12~16	14~20
		90°	4~10	5~12	6~16	8~20	10~25	12~30	16~40	20~50	25~60

注:① GB/T 71—1985 和 GB/T 73—1985 规定螺钉的螺纹规格 $d=$M1.2~M12,公称长度 $L=2$~60 mm,
GB/T 75—1985 规定螺钉的螺纹规格 $d=$M1.6~M12,公称长度 $L=2.5$~60 mm;

② 公称长度 L(系列)为 2、2.5、3、4、5、6、8、10、12、(14)、16、20、25、30、35、40、45、50、(55)、60 mm,尽可能不
采用括号内的数值;

③ 材料为钢的紧定螺钉性能等级有 14H、22H 级,其中 14H 级为常用等级。

(十)平垫圈

　　小垫圈(GB/T 848—2002)　　　　　平垫圈—倒角型(GB/T 97.2—2002)

　　平垫圈(GB/T 97.1—2002)　　　　　大垫圈(A 级产品)(GB/T 96.1—2002)

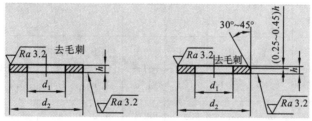

标记示例:

　　标准系列、公称尺寸 $d=5$ mm,性能等级为 200HV 级,不经表面处理的平垫圈,
其标记为

垫圈　GB/T 97.1　5

表 C-10　平垫圈各部分尺寸　　　　　　　　　　　　(单位:mm)

公称尺寸(螺纹规格)d		1.6	2	2.5	3	4	5	6	8	10	12	14	16	20
d_1	GB/T 848	1.7	2.2	2.7	3.2	4.3	5.3	6.4	8.4	10.5	13	15	17	21
	GB/T 97.1	1.7	2.2	2.7	3.2	4.3	5.3	6.4	8.4	10.5	13	15	17	21
	GB/T 97.2						5.3	6.4	8.4	10.5	13	15	17	21
d_2	GB/T 848	3.5	4.5	5	6	8	9	11	15	18	20	24	28	34
	GB/T 97.1	4	5	6	7	9	10	12	16	20	24	28	30	37
	GB/T 97.2						10	12	16	20	24	28	30	37
h	GB/T 848	0.3	0.3	0.5	0.5	0.5	1	1.6	1.6	1.6	2	2.5	2.5	3
	GB/T 97.1	0.3	0.3	0.5	0.5	0.5	1	1.6	1.6	2	2.5	2.5	3	3
	GB/T 97.2						1	1.6	1.6	2	2.5	2.5	3	3

注:① 性能等级有 140HV、200HV、300HV 级,其中 140HV 级最为常用,140HV 级表示材料的硬度,HV 表示
维氏硬度,140 为硬度值;

② 产品等级是由产品质量和公差大小确定的,A 级的公差较小。

(十一) 弹簧垫圈

标准型弹簧垫圈(GB/T 93—1987)

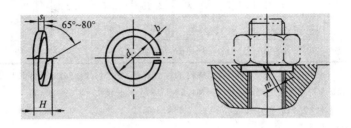

标记示例:

规格为 6 mm,材料为 65 Mn,表面氧化的标准型弹簧垫圈,其标记为

垫圈 GB/T 93 6

表 C-11　标准型弹簧垫圈各部分尺寸　　　　　　(单位:mm)

规格(螺纹大径)		3	4	5	6	8	10	12	16	20
	d	3.1	4.1	5.1	6.1	8.1	10.2	12.2	16.2	20.2
$s(b)$	GB/T 93	0.8	1.1	1.3	1.6	2.1	2.6	3.1	4.1	5
H	GB/T 93	2	2.2	2.6	3.2	4.2	5.2	6.2	8.2	10
	GB/T 859	1.5	1.6	2.2	2.6	3.2	4	5	6.4	8
$m \leqslant$	GB/T 93	0.4	0.55	0.65	0.8	1.05	1.3	1.55	2.5	2.5
	GB/T 859	0.3	0.4	0.55	0.65	0.8	1	1.25	1.6	2

二、键和销

(一) 平键

普通平键的形式尺寸(GB/T 1095—2003、GB/T 1096—2003)

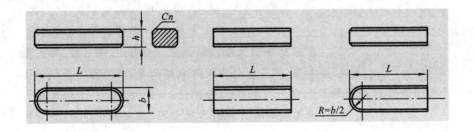

键和键槽的断面尺寸(GB/T 1095—2003)

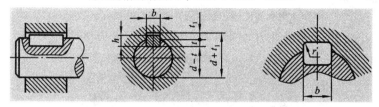

标记示例：

圆头普通平键(A 型)$b=6$ mm、$h=6$ mm、$L=30$ mm,其标注为

键　$6×30$　GB/T 1096

平头普通平键(B 型)$b=6$ mm、$h=6$ mm、$L=30$ mm,其标注为

键　B $6×30$　GB/T 1096

单圆头普通平键(C 型)$b=6$ mm、$h=6$ mm、$L=30$ mm,其标注为

键　C $6×30$　GB/T 1096

表 C-12　键及键槽的尺寸　　　　　　　　　(单位:mm)

轴	键			键　槽								
					宽　　度 b					深　　度		
公称直径 d	公称尺寸 $b×h$	长度 L	公称尺寸 b	偏　　差						轴 t		毂 t_1
				较松键连接		一般键连接		较紧键连接				
				轴 H9	毂 D10	轴 N9	毂 Js9	轴和毂 P9		公称	偏差	公称	偏差
自 6~8	2×2	6~20	2	+0.025 0	+0.060 +0.020	−0.004 −0.029	±0.012 5	−0.006 −0.031		1.2		1.0	
>8~10	3×3	6~36	3							1.8		1.4	
>10~12	4×4	8~45	4	+0.030 0	+0.078 +0.030	0 −0.030	±0.015	−0.012 −0.042		2.5	+0.10	1.8	+0.10
>12~17	5×5	10~56	5							3.0		2.3	
>17~22	6×6	14~70	6							3.5		2.8	
>22~30	8×7	18~90	8	+0.036 0	+0.098 +0.040	0 −0.036	±0.018	−0.015 −0.051		4.0		3.3	
>30~38	10×8	22~110	10							5.0		3.3	
>38~44	12×8	28~140	12	+0.043 0	+0.120 +0.050	0 −0.043	±0.021 5	−0.018 −0.061		5.0		3.3	
>44~50	14×9	36~160	14							5.5		3.8	
>50~58	16×10	45~180	16							6.0	+0.20	4.3	+0.20
>58~65	18×11	50~200	18							7.0		4.4	
>65~75	20×12	56~220	20	+0.052 0	+0.149 +0.065	0 −0.052	±0.026	−0.022 −0.074		7.5		4.9	
>75~85	22×14	63~250	22							9.0		5.4	
>85~95	25×14	70~280	25							9.0		5.4	
>95~110	28×16	80~320	28							10.0		6.4	
L 系列	6、8、10、12、14、16、18、20、22、25、28、32、36、40、45、50、56、63、70、80、90、100、110、125、140、160、180、200、220、250、280、320、360、400、450、500												

注:① 标准规定键宽 $b=2$~50 mm,公称长度 $L=6$~500 mm;

　　② 在零件图中轴槽深用 $d-t$、轮毂槽深用 $d+t_1$ 标注,键槽的极限偏差按 t(轴)和 t_1(毂)的极限偏差选取,但轴槽深 $d-t$ 的极限偏差应取负号(—);

　　③ 键的材料常用 45 钢。

（二）圆柱销

不淬硬钢和奥氏体不锈钢圆柱销 GB/T 119.1—2000

淬硬钢和马氏体不锈钢圆柱销 GB/T 119.2—2000

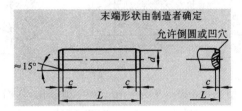

标记示例：

公称直径 $d=3$ mm，长度 $L=10$ mm，材料为 35 钢，不经淬火，不经表面处理的圆柱销，其标记为

销　GB/T 119.1　3×10

表 C-13　圆柱销（GB/T 119.1—2000、GB/T 119.2—2000）各部分尺寸　（单位：mm）

	d	3	4	5	6	8	10
	$c \approx$	0.50	0.63	0.80	1.2	1.6	2.0
L 范围	GB/T 119.1	8～30	8～40	10～50	12～60	14～80	18～95
	GB/T 119.2	8～30	10～40	12～50	14～60	18～80	22～100
	L 系列	2,3,4,5,6～32（2 进位），35～100（5 进位），120～200（20 进位）					
	d	12	16	20	25	30	
	$c \approx$	2.5	3.0	3.5	4.0	5.0	
L 范围	GB/T 119.1	22～140	26～180	35～200	50～200	60～200	
	GB/T 119.2	26～100	40～100	50～100	—	—	
	L 系列	2,3,4,5,6～32（2 进位），35～100（5 进位），120～200（20 进位）					

注：① GB/T 119.1—2000 规定圆柱销的公称直径 $d=0.6～50$ mm，公称长度 $L=2～200$ mm，公差有 m6 和 h8，GB/T 119.2—2000 规定圆柱销的公称直径 $d=1～20$ mm，公称长度 $L=3～100$ mm，公差仅有 m6；

② 圆柱销的公差为 h8 时，其表面粗糙度 $Ra \leqslant 1.6$ μm；

③ 圆柱销的材料通常用 35 钢。

（三）圆锥销（GB/T 117—2000）

A 型（磨削）　B 型（切削或冷墩）

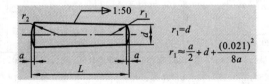

标记示例：

公称直径 $d=3$ mm，长度 $L=16$ mm，材料为 35 钢，热处理硬度为 $28～38$ HRC，表面氧化处理的 A 型圆锥销，其标记为

销　GB/T 117　A 3×16

表 C-14　圆锥销各部分尺寸　　　　　　　　　（单位:mm）

d	3	4	5	6	8	10	12	16	20	25	30
$a \approx$	0.4	0.5	0.63	0.8	1	1.2	1.6	2	2.5	3	4
L	12~45	14~55	18~60	22~90	22~120	26~160	32~180	40~200	45~200	50~200	55~200
L 系列	12,14,16,18,20,22,24,26,28,30,32,35,40,45,50,55,60,65,70,75,80,85,90,95,100,120,140,160,180,200											

注:标准规定圆锥销的公称直径 $d = 0.6 \sim 50$ mm。

（四）开口销（GB/T 91—2000）

标记示例:

公称直径 $d = 2$ mm,长度 $L = 20$ mm,材料为 Q215 或 Q235 钢,不经表面处理的开口锥销,其标记为

销　GB/T 91　2×20

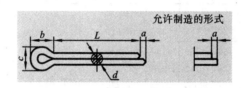

表 C-15　开口销各部分尺寸　　　　　　　　　（单位:mm）

公称规格		1	1.2	1.6	2	2.5	3.2	4	5	6.3	8	10	13
d_{max}		0.9	1	1.4	1.8	2.3	2.9	3.7	4.6	5.9	7.5	9.5	12.4
c	max	1.8	2	2.8	3.6	4.6	5.8	7.4	9.2	11.8	15	19	24.8
	min	1.6	1.7	2.4	3.2	4	5.1	6.5	8	10.3	13.1	16.6	21.7
$b \approx$		3	3	3.2	4	5	6.4	8	10	12.6	16	20	26
a_{max}		1.6		2.5			3.2		4			6.3		
L 范围		6~20	8~25	8~32	10~40	12~50	14~63	18~80	22~100	32~125	40~160	45~200	71~250
L 公称长度(系列)		4,5,6,8,10,12,14,16,18,20,22,24,25,28,32,36,40,45,50,56,63,71,80,90,95,100,112,125,140,160,180,200,224,250,280											

注:公称规格为销孔的公称直径,标准规定公称规格为 0.6~20 mm,根据供需双方的协议,可采用公称规格为 3 mm、6 mm、12 mm 的开口销。

三、轴、孔的极限偏差

表 C-16　轴的极限偏差（摘自 GB/T 1800.2—2009）

基本尺寸 /mm		常用公差带/μm												
		a	b		c			d				e		
大于	至	11	11	12	9	10	11	8	9	10	11	7	8	9
—	3	−270 −330	−140 −200	−140 −240	−60 −85	−60 −100	−60 −120	−20 −34	−20 −45	−20 −60	−20 −80	−14 −24	−14 −28	−14 −39
3	6	−270 −345	−140 −215	−140 −260	−70 −100	−70 −118	−70 −145	−30 −48	−30 −60	−30 −78	−30 −105	−20 −32	−20 −38	−20 −50
6	10	−280 −370	−150 −240	−150 −300	−80 −116	−80 −138	−80 −170	−40 −62	−40 −76	−40 −98	−40 −130	−25 −40	−25 −47	−25 −61
10	14	−290 −400	−150 −260	−150 −330	−95 −138	−95 −165	−95 −205	−50 −77	−50 −93	−50 −120	−50 −160	−32 −50	−32 −59	−32 −75
14	18													
18	24	−300 −430	−160 −290	−160 −370	−110 −162	−110 −194	−110 −240	−65 −98	−65 −117	−65 −149	−65 −195	−40 −61	−40 −73	−40 −92
24	30													
30	40	−310 −470	−170 −330	−170 −420	−120 −182	−120 −220	−120 −280	−80 −119	−80 −142	−80 −180	−80 −240	−50 −75	−50 −89	−50 −112
40	50	−320 −480	−180 −340	−180 −430	−130 −192	−130 −230	−130 −290							
50	65	−340 −530	−190 −380	−190 −490	−140 −214	−140 −260	−140 −330	−100 −146	−100 −174	−100 −220	−100 −290	−60 −90	−60 −106	−60 −134
65	80	−360 −550	−200 −390	−200 −500	−150 −224	−150 −270	−150 −340							
80	100	−380 −600	−200 −440	−220 −570	−170 −257	−170 −310	−170 −399	−120 −174	−120 −207	−120 −260	−120 −340	−72 −107	−72 −126	−72 −159
100	120	−410 −630	−240 −460	−240 −590	−180 −267	−180 −320	−180 −400							
120	140	−460 −710	−260 −510	−260 −660	−200 −300	−200 −360	−200 −450	−145 −208	−145 −245	−145 −305	−145 −395	−85 −125	−85 −148	−85 −185
140	160	−520 −770	−280 −530	−280 −680	−210 −310	−210 −370	−210 −460							
160	180	−580 −830	−310 −560	−310 −710	−230 −330	−230 −390	−230 −480							
180	200	−660 −950	−340 −630	−340 −800	−240 −355	−240 −425	−240 −530	−170 −242	−170 −285	−170 −355	−170 −460	−100 −146	−100 −172	−100 −215
200	225	−740 −1030	−380 −670	−380 −840	−260 −375	−260 −445	−260 −550							
225	250	−820 −1110	−420 −710	−420 −880	−280 −395	−280 −465	−280 −570							

续表

基本尺寸/mm		常用公差带/μm											
		a	b		c			d				e	
大于	至	11	11	12	9	10	11	8	9	10	11	7	8	9
250	280	−920 −1240	−480 −800	−480 −1000	−300 −430	−300 −510	−300 −620	−190 −271	−190 −320	−190 −400	−190 −510	−110 −162	−110 −191	−110 −240
280	315	−1050 −1370	−540 −860	−540 −1060	−330 −460	−330 −540	−330 −650							
315	355	−1200 −1560	−600 −960	−800 −1170	−360 −500	−360 −590	−360 −720	−210 −299	−210 −350	−210 −440	−210 −570	−125 −182	−125 −214	−125 −265
355	400	−1350 −1710	−680 −140	−680 −1250	−400 −540	−400 −630	−400 −760							

基本尺寸/mm		常用公差带/μm														
		f					g			h							
大于	至	5	6	7	8	9	5	6	7	5	6	7	8	9	10	11	12
—	3	−6 −10	−6 −12	−6 −16	−6 −20	−6 −31	−2 −6	−2 −8	−2 −12	0 −4	0 −6	0 −10	0 −14	0 −25	0 −40	0 −60	0 −100
3	6	−10 −15	−10 −18	−10 −22	−10 −28	−10 −40	−4 −9	−4 −12	−4 16	0 −5	0 −8	0 −12	0 −18	0 −30	0 −48	0 −75	0 −120
6	10	−13 −19	−13 −22	−13 −28	−13 −35	−13 −49	−5 −11	−5 −14	−5 −20	0 −6	0 −9	0 −15	0 −22	0 −36	0 −58	0 −90	0 −150
10	18	−16 −24	−16 −27	−16 −34	−16 −43	−16 −59	−6 −14	−6 −17	−6 −24	0 −8	0 −11	0 −18	0 −27	0 −43	0 −70	0 −110	0 −180
18	30	−20 −29	−20 −33	−20 −41	−20 −53	−20 −72	−7 −16	−7 −20	−7 −28	0 −9	0 −13	0 −21	0 −33	0 −52	0 −84	0 −130	0 −210
30	50	−25 −36	−25 −41	−25 −50	−25 −64	−25 −87	−9 −20	−9 −25	−9 −34	0 −11	0 −16	0 −25	0 −39	0 −62	0 −100	0 −160	0 −250
50	80	−30 −43	−30 −49	−30 −60	−30 −76	−30 −104	−10 −23	−10 −29	−10 −40	0 −13	0 −19	0 −30	0 −46	0 −74	0 −120	0 −190	0 −300
80	120	−36 −51	−36 −58	−36 −71	−36 −90	−36 −123	−12 −27	−12 −34	−12 −47	0 −15	0 −22	0 −35	0 −54	0 −87	0 −140	0 −220	0 −350
120	180	−43 −61	−43 −68	−43 −83	−43 −106	−43 −143	−14 −32	−14 −39	−14 −54	0 −18	0 −25	0 −40	0 −63	0 −100	0 −160	0 −250	0 −400
180	250	−50 −70	−50 −79	−50 −96	−50 −122	−50 −165	−15 −35	−15 −44	−15 −61	0 −20	0 −29	0 −46	0 −72	0 −115	0 −185	0 −290	0 −460
250	315	−56 −79	−56 −88	−56 −108	−56 −137	−56 −185	−17 −40	−17 −49	−17 −69	0 −23	0 −32	0 −52	0 −81	0 −130	0 −210	0 −320	0 −520
315	400	−62 −87	−62 −98	−62 −119	−62 −151	−62 −202	−18 −43	−18 −54	−18 −75	0 −25	0 −36	0 −57	0 −89	0 −140	0 −230	0 −360	0 −570

续表

基本尺寸/mm		常用公差带/μm														
		js			k			m			n			p		
大于	至	5	6	7	5	6	7	5	6	7	5	6	7	5	6	7
—	3	±2	±3	±5	+4/0	+6/0	+10/0	+6/+2	+8/+2	+12/+2	+8/+4	+10/+4	+14/+4	+10/+6	+12/+6	+16/+6
3	6	±2.5	±4	±6	+6/+1	+9/+1	+13/+1	+9/+4	+12/+4	+16/+4	+13/+8	+16/+8	+20/+0	+17/12	+20/12	+24/12
6	10	±3	±4.5	±7	+7/+1	+10/+1	+16/+1	+12/+6	+15/+6	+21/+6	+16/+10	+19/+10	+25/+10	+21/+13	+24/+15	+30/+15
10	18	±4	±5.5	±9	+9/+1	+12/+1	+19/+1	+15/+7	+18/+7	+25/+7	+20/+12	+23/+12	+30/+12	+26/+18	+29/+18	+36/+18
18	30	±4.5	±6.5	±10	+11/+2	+15/+2	+23/+2	+17/+8	+21/+8	+29/+8	+24/+15	+28/+15	+36/+15	+31/+22	+35/+22	+43/+22
30	50	±5.5	±8	±12	+13/+2	+18/+2	+27/+2	+20/+9	+25/+9	+34/+9	+28/+17	+33/+17	+42/+17	+37/+26	+42/+26	+51/+26
50	80	±6.5	±9.5	±15	+15/+2	+21/+2	+32/+2	+24/+11	+30/+11	+41/+11	+33/+20	+39/+20	+50/+20	+45/+32	+51/+32	+62/+32
80	120	±7.5	±11	±17	+18/+3	+25/+3	+38/+3	+28/+13	+35/+13	+48/+13	+38/+23	+45/+23	+58/+23	+52/+37	+59/+37	+72/+37
120	180	±9	±12.5	±20	+21/+3	+28/+3	+43/+3	+33/+15	+40/+15	+55/+15	+45/+27	+52/+27	+67/+27	+61/+43	+68/+43	+83/+43
180	250	±10	±14.5	±23	+24/+4	+33/+4	+50/+4	+37/+17	+46/+17	+63/+17	+51/+31	+60/+31	+77/+31	+70/+50	+79/+50	+96/+50
250	315	±11.5	±16	±26	+27/+4	+36/+4	+56/+4	+43/+20	+52/+20	+72/+20	+57/+34	+66/+34	+86/+34	+79/+56	+88/+56	+108/+56
315	400	±12.5	±18	±28	+29/+4	+40/+4	+61/+4	+46/+21	+57/+21	+78/+21	+62/+37	+73/+37	+94/+37	+87/+62	+98/+62	+119/+62

基本尺寸/mm		常用公差带/μm														
		r			s			t			u		v	x	y	z
大于	至	5	6	7	5	6	7	5	6	7	6	7	6	6	6	6
—	3	+14/+10	+16/+10	+20/+10	+18/+14	+20/+14	+24/+14	—	—	—	+24/+18	+28/+18	—	+26/+20	—	+32/+26
3	6	+20/+15	+23/+15	+27/+15	+24/+19	+27/+19	+31/+19	—	—	—	+31/+23	+35/+23	—	+36/+28	—	+43/+35
6	10	+25/+19	+28/+19	+34/+19	+29/+23	+32/+23	+38/+23	—	—	—	+37/+28	+43/+28	—	+43/+34	—	+51/+42
10	14	+31/+23	+34/+23	+41/+23	+36/+28	+39/+28	+46/+28	—	—	—	+44/+33	+51/+33	—	+51/+40	—	+61/+50
14	18							—	—	—	+44/+33	+51/+33	+50/+39	+56/+45	—	+71/+60

续表

基本尺寸/mm		常用公差带/μm														
		r			s			t			u		v	x	y	z
大于	至	5	6	7	5	6	7	5	6	7	6	7	6	6	6	6
18	24	+37 +28	+41 +28	+49 +28	+44 +35	+48 +35	+56 +35	—	—	—	+54 +41	+62 +41	+60 +47	+67 +54	+76 +63	+86 +73
24	30							+50 +41	+54 +41	+62 +41	+61 +48	+69 +48	+68 +55	+77 +64	+88 +75	+101 +88
30	40	+45 +34	+50 +34	+59 +34	+54 +43	+59 +43	+68 +43	+59 +48	+64 +48	+73 +48	+76 +60	+85 +60	+84 +68	+96 +80	+110 +94	+128 +112
40	50							+65 +54	+70 +54	+79 +54	+86 +70	+95 +70	+97 +81	+113 +97	+130 +114	+152 +136
50	65	+54 +41	+60 +41	+71 +41	+66 +53	+72 +53	+83 +53	+79 +66	+85 +66	+96 +66	+106 +87	+117 +87	+121 +182	+141 +122	+163 +144	+191 +172
65	80	+56 +43	+62 +43	+72 +43	+72 +59	+78 +59	+89 +59	+88 +75	+94 +75	+105 +75	+121 +102	+132 +102	+139 +120	+165 +146	+193 +174	+229 +210
80	100	+66 +51	+73 +51	+86 +51	+86 +71	+93 +71	+106 +71	+106 +91	+113 +91	+126 +91	+146 +124	+159 +124	+168 +146	+200 +178	+236 +214	+280 +258
100	120	+69 +54	+76 +54	+89 +54	+91 +79	+101 +79	+114 +79	+119 +104	+126 +104	+136 +104	+166 +144	+179 +144	+194 +172	+232 +210	+276 +254	+332 +310
120	140	+81 +63	+88 +63	+103 +63	+110 +92	+117 +92	+132 +92	+140 +122	+147 +122	+162 +122	+195 +170	+210 +170	+227 +202	+273 +248	+325 +300	+390 +365
140	160	+83 +65	+90 +65	+105 +65	+118 +100	+125 +100	+140 +100	+152 +134	+159 +134	+174 +134	+215 +190	+230 +190	+253 +228	+305 +280	+365 +340	+440 +415
160	180	+86 +68	+93 +68	+108 +68	+126 +108	+133 +108	+148 +108	+164 +146	+171 +146	+186 +146	+235 +210	+250 +210	+277 +252	+335 +310	+405 +380	+490 +465
180	200	+97 +77	+106 +77	+123 +77	+142 +122	+151 +122	+168 +122	+186 +166	+195 +166	+212 +166	+265 +236	+282 +236	+313 +284	+379 +350	+454 +425	+549 +520
200	225	+100 +80	+109 +80	+126 +80	+150 +130	+159 +130	+176 +130	+200 +180	+209 +180	+226 +180	+287 +258	+304 +258	+339 +310	+414 +385	+499 +470	+604 +575
225	250	+104 +84	+113 +84	+130 +84	+160 +140	+169 +140	+186 +140	+216 +196	+225 +196	+242 +196	+313 +284	+330 +284	+369 +340	+454 +425	+549 +520	+669 +640
250	280	+117 +94	+126 +94	+146 +94	+181 +158	+290 +158	+210 +158	+241 +218	+250 +218	+270 +218	+347 +315	+367 +315	+417 +385	+507 +475	+612 +580	+742 +710
280	315	+121 +98	+130 +98	+150 +98	+193 +170	+202 +170	+222 +170	+263 +240	+272 +240	+292 +240	+382 +350	+402 +350	+457 +425	+557 +525	+682 +650	+822 +790
315	355	+133 +108	+144 +108	+165 +108	+215 +190	+226 +190	+247 +190	+293 +268	+304 +268	+325 +268	+426 +370	+447 +390	+511 +475	+626 +590	+766 +730	+936 +900
355	400	+139 +114	+150 +114	+171 +114	+233 +208	+244 +208	+265 +208	+319 +294	+330 +294	+351 +294	+471 +435	+492 +435	+566 +530	+696 +660	+856 +820	+1036 +1000

注:基本尺寸≤1mm 时,各级的 a 和 b 均不采用。

表 C-17　孔的极限偏差(摘自 GB/T 1800.2—2009)

基本尺寸/mm 大于	至	A 11	B 11	B 12	C 11	D 8	D 9	D 10	D 11	E 8	E 9	F' 6	F' 7	F' 8	F' 9
—	3	+330 / +270	+200 / +140	+240 / +140	+120 / +60	+34 / +20	+45 / +20	+60 / +20	+80 / +20	+28 / +14	+39 / +14	+12 / +6	+16 / +6	+20 / +6	+31 / +6
3	6	+345 / +270	+215 / +140	+260 / +140	+145 / +70	+48 / +30	+60 / +30	+78 / +30	+105 / +30	+38 / +20	+50 / +20	+18 / +10	+22 / +10	+28 / +10	+40 / +10
6	10	+370 / +280	+240 / +150	+300 / +150	+170 / +80	+62 / +40	+76 / +40	+98 / +40	+170 / +40	+47 / +25	+61 / +25	+22 / +13	+28 / +13	+35 / +13	+49 / +13
10	14	+400 / +290	+260 / +150	+330 / +150	+205 / +95	+77 / +50	+93 / +50	+120 / +50	+160 / +50	+59 / +32	+75 / +32	+27 / +16	+34 / +16	+43 / +16	+59 / +16
14	18	+400 / +290	+260 / +150	+330 / +150	+205 / +95	+77 / +50	+93 / +50	+120 / +50	+160 / +50	+59 / +32	+75 / +32	+27 / +16	+34 / +16	+43 / +16	+59 / +16
18	24	+430 / +300	+290 / +160	+370 / +160	+240 / +110	+98 / +65	+117 / +65	+149 / +65	+195 / +65	+73 / +40	+92 / +40	+33 / +20	+41 / +20	+53 / +20	+72 / +20
24	30	+430 / +300	+290 / +160	+370 / +160	+240 / +110	+98 / +65	+117 / +65	+149 / +65	+195 / +65	+73 / +40	+92 / +40	+33 / +20	+41 / +20	+53 / +20	+72 / +20
30	40	+470 / +310	+330 / +170	+420 / +170	+280 / +120	+119 / +80	+142 / +80	+180 / +80	+240 / +80	+89 / +50	+112 / +50	+41 / +25	+50 / +25	+64 / +25	+87 / +25
40	50	+480 / +320	+340 / +180	+430 / +180	+290 / +130	+119 / +80	+142 / +80	+180 / +80	+240 / +80	+89 / +50	+112 / +50	+41 / +25	+50 / +25	+64 / +25	+87 / +25
50	65	+530 / +340	+380 / +190	+490 / +190	+330 / +140	+146 / +100	+170 / +100	+220 / +100	+290 / +100	+106 / +60	+134 / +60	+49 / +30	+60 / +30	+76 / +30	+104 / +30
65	80	+550 / +360	+390 / +200	+500 / +200	+340 / +150	+146 / +100	+170 / +100	+220 / +100	+290 / +100	+106 / +60	+134 / +60	+49 / +30	+60 / +30	+76 / +30	+104 / +30
80	100	+600 / +380	+440 / +220	+570 / +220	+390 / +170	+174 / +120	+207 / +120	+260 / +120	+340 / +120	+125 / +72	+159 / +72	+58 / +36	+71 / +36	+90 / +36	+123 / +36
100	120	+630 / +410	+460 / +240	+590 / +240	+400 / +180	+174 / +120	+207 / +120	+260 / +120	+340 / +120	+125 / +72	+159 / +72	+58 / +36	+71 / +36	+90 / +36	+123 / +36
120	140	+710 / +460	+510 / +260	+660 / +260	+450 / +200	+208 / +145	+245 / +145	+305 / +145	+395 / +145	+148 / +85	+185 / +85	+68 / +43	+83 / +43	+106 / +43	+143 / +43
140	160	+770 / +520	+530 / +280	+680 / +280	+460 / +210	+208 / +145	+245 / +145	+305 / +145	+395 / +145	+148 / +85	+185 / +85	+68 / +43	+83 / +43	+106 / +43	+143 / +43
160	180	+830 / +580	+560 / +310	+710 / +310	+480 / +230	+208 / +145	+245 / +145	+305 / +145	+395 / +145	+148 / +85	+185 / +85	+68 / +43	+83 / +43	+106 / +43	+143 / +43
180	200	+950 / +660	+630 / +340	+800 / +340	+530 / +240	+242 / +170	+285 / +170	+355 / +170	+460 / +170	+172 / +100	+215 / +100	+79 / +50	+96 / +50	+122 / +50	+165 / +50
200	225	+1030 / +740	+670 / +380	+840 / +380	+550 / +260	+242 / +170	+285 / +170	+355 / +170	+460 / +170	+172 / +100	+215 / +100	+79 / +50	+96 / +50	+122 / +50	+165 / +50
225	250	+1110 / +820	+710 / +420	+880 / +420	+570 / +280	+242 / +170	+285 / +170	+355 / +170	+460 / +170	+172 / +100	+215 / +100	+79 / +50	+96 / +50	+122 / +50	+165 / +50

续表

基本尺寸/mm		常用公差带/μm													
		A	B	C		D				E		F			
大于	至	11	11	12	11	8	9	10	11	8	9	6	7	8	9
250	280	+1240 +920	+800 +480	+1000 +480	+620 +300	+271 +190	+320 +190	+400 +190	+510 +190	+191 +110	+240 +110	+88 +56	+108 +56	+137 +56	+186 +56
280	315	+1370 +1050	+860 +540	+1060 +540	+650 +330										
315	355	+1560 +1200	+960 +600	+1170 +600	+720 +360	+299 +210	+350 +210	+440 +210	+570 +210	+214 +125	+265 +125	+98 +62	+119 +62	+151 +62	+202 +62
355	400	+1710 +1350	+1040 +680	+1250 +680	+760 +400										

基本尺寸/mm		常用公差带/μm															
		G		H							JS			K			M		
大于	至	6	7	6	7	8	9	10	11	12	6	7	8	6	7	8	6	7	8
—	3	+8 +2	+12 +2	+6 0	+10 0	+14 0	+25 0	+40 0	+60 0	+100 0	±3	±5	±7	0 −6	0 −10	0 −14	−2 −8	−2 −12	−2 −16
3	6	+12 +4	+16 +4	+8 0	+12 0	+18 0	+30 0	+48 0	+75 0	+120 0	±4	±6	±9	+2 −6	+3 −9	+5 −13	−1 −9	0 −12	+2 −16
6	10	+14 +5	+20 +5	+9 0	+15 0	+22 0	+36 0	+58 0	+90 0	+150 0	±4.5	±7	±11	+2 −7	+5 −10	+6 −16	−3 −12	0 −15	+1 −21
10	14	+17 +6	+24 +6	+11 0	+18 0	+27 0	+43 0	+70 0	+110 0	+180 0	±5.5	±9	±13	+2 −9	+6 −12	+8 −19	−4 −15	0 −18	+2 −25
14	18																		
18	24	+20 +7	+28 +7	+13 0	+21 0	+33 0	+52 0	+84 0	+130 0	+210 0	±6.5	±10	±16	+2 −11	+6 −15	+10 −23	−4 −17	0 −21	+4 −29
24	30																		
30	40	+25 +9	+34 +9	+16 0	+25 0	+39 0	+62 0	+100 0	+160 0	+250 0	±8	±12	±19	+3 −13	+7 −18	+12 −27	−4 −20	0 −25	+5 −34
40	50																		
50	65	+29 +10	+40 +10	+19 0	+30 0	+46 0	+74 0	+120 0	+190 0	+300 0	±9.5	±15	±23	+4 −15	+9 −21	+14 −32	−5 −24	0 −30	+5 −41
65	80																		
80	100	+34 +12	+47 +12	+22 0	+35 0	+54 0	+87 0	+140 0	+220 0	+350 0	±11	±17	±27	+4 −18	+10 −25	+16 −38	−6 −28	0 −35	+6 −43
100	120																		
120	140	+39 +14	+54 +14	+25 0	+40 0	+63 0	+100 0	+160 0	+250 0	+400 0	±12.5	±20	±31	+4 −21	+12 −28	+20 −43	−8 −33	0 −40	+8 −55
140	160																		
160	180																		
180	200	+44 +15	+61 +15	+29 0	+46 0	+72 0	+115 0	+185 0	+290 0	+460 0	±14.5	±23	±36	+5 −24	+13 −33	+22 −50	−8 −37	0 −46	+9 −63
200	225																		
225	250																		
250	280	+49 +17	+69 +17	+32 0	+52 0	+81 0	+130 0	+210 0	+320 0	+520 0	±16	±26	±40	+5 −27	+16 −36	+25 −56	−9 −41	0 −52	+9 −72
280	315																		
315	355	+54 +18	+75 +18	+36 0	+57 0	+89 0	+140 0	+230 0	+360 0	+570 0	±18	±28	±44	+7 −29	+17 −40	+28 −61	−10 −46	0 −57	+11 −78
355	400																		

续表

基本尺寸 /mm		常用公差带/μm											
		N			P		R		S		T		U
大于	至	6	7	8	6	7	6	7	6	7	6	7	7
—	3	−4/−10	−4/−14	−4/−18	−6/−12	−6/−16	−10/−16	−10/−20	−14/−20	−14/−24	—	—	−18/−28
3	6	−5/−13	−4/−16	−2/−20	−9/−17	−8/−20	−12/−20	−11/−23	−16/−24	−15/−27	—	—	−19/−31
6	10	−7/−16	−4/−19	−3/−25	−12/−21	−9/−24	−16/−25	−13/−28	−20/−29	−17/−32	—	—	−22/−37
10	18	−9/−20	−5/−23	−3/−30	−15/−26	−11/−29	−20/−31	−16/−34	−25/−36	−21/−39	—	—	−26/−44
18	24	−11/−24	−7/−28	−3/−36	−18/−31	−14/−35	−24/−37	−20/−41	−31/−44	−27/−48	—	—	−33/−54
24	30										−37/−50	−33/−54	−40/−61
30	40	−12/−28	−8/−33	−3/−42	−21/−37	−17/−42	−29/−45	−25/−50	−38/−54	−34/−59	−43/−59	−39/−64	−51/−76
40	50										−49/−65	−45/−70	−61/−86
50	65	−14/−33	−9/−39	−4/−50	−26/−45	−21/−51	−35/−54	−30/−60	−47/−66	−42/−72	−60/−79	−55/−85	−76/−106
65	80						−37/−56	−32/−62	−53/−72	−48/−78	−69/−88	−64/−94	−91/−121
80	100	−16/−38	−10/−45	−4/−58	−30/−52	−24/−59	−44/−66	−38/−73	−64/−86	−58/−93	−84/−106	−78/−113	−111/−146
100	120						−47/−69	−41/−76	−72/−94	−66/−101	−97/−119	−91/−126	−131/−166
120	140	−20/−45	−12/−52	−4/−67	−36/−61	−28/−68	−56/−81	−48/−88	−85/−110	−77/−117	−115/−140	−107/−147	−155/−195
140	160						−58/−83	−50/−90	−93/−118	−85/−125	−127/−152	−110/−159	−175/−215
160	180						−61/−86	−53/−93	−101/−126	−93/−133	−139/−164	−131/−171	−195/−235

续表

基本尺寸/mm		常用公差带/μm										
		N			P		R		S		T		U
大于	至	6	7	8	6	7	6	7	6	7	6	7	7
180	200						−68 −97	−60 −106	−113 −142	−101 −155	−157 −186	−149 −195	−219 −265
200	225	−22 −51	−14 −60	−5 −77	−41 −70	−33 −79	−71 −100	−63 −109	−121 −150	−113 −159	−171 −200	−163 −209	−241 −287
225	250						−75 −104	−67 −113	−131 −160	−123 −169	−187 −216	−179 −225	−267 −313
250	280	−25 −57	−14 −66	−5 −86	−47 −79	−36 −88	−85 −117	−74 −126	−149 −181	−138 −190	−209 −241	−198 −250	−295 −347
280	315						−89 −121	−78 −130	−161 −193	−150 −202	−231 −263	−220 −272	−330 −382
315	355	−26 −62	−16 −73	−5 −94	−51 −87	−41 −98	−97 −133	−87 −144	−179 −215	−169 −226	−257 −293	−247 −304	−369 −426
355	400						−103 −139	−93 −150	−197 −233	−187 −244	−283 −319	−273 −330	−414 −471

四、标准结构

（一）零件倒角、倒圆（摘自 GB/T 6403.4—2008）

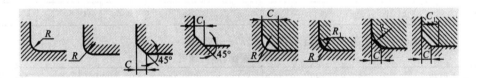

表 C-18　零件倒角、倒圆　　　　　　　　　（单位：mm）

d、D	～3	>3～6	>6～10	>10～18	>18～30	>30～50	>50～80	>80～120	>120～180	>180～250
C、R	0.2	0.4	0.6	0.8	1.0	1.6	2.0	2.5	3.0	4.0

（二）普通螺纹退刀槽（摘自 GB/T 3—1997）

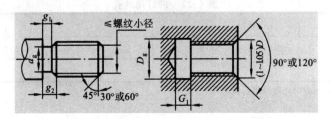

表 C-19　普通螺纹退刀槽　　　　　　　　　（单位：mm）

螺距	外　螺　纹			内　螺　纹		螺距	外　螺　纹			内　螺　纹	
	g_{2max}	g_{1min}	d_g	G_1	D_g		g_{2max}	g_{1min}	d_g	G_1	D_g
0.5	1.5	0.8	$d-0.8$	2		1.75	5.25	3	$d-2.6$	7	
0.7	2.1	1.1	$d-1.1$	2.8	$D+0.3$	2	6	3.4	$d-3$	8	
0.8	2.4	1.3	$d-1.3$	3.2		2.5	7.5	4.4	$d-3.6$	10	$D+0.5$
1	3	1.6	$d-1.6$	4		3	9	5.2	$d-4.4$	12	
1.25	3.75	2	$d-2$	5	$D+0.5$	3.5	10.5	6.2	$d-5$	14	
1.5	4.5	2.5	$d-2.3$	6		4	12	7	$d-5.7$	16	

（三）砂轮越程槽（摘自 GB/T 6403.5—2008）

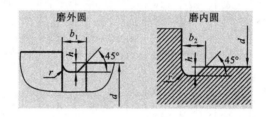

表 C-20　砂轮越程槽　　　　　　　　　（单位：mm）

d、D	～10			>10～50		>50～100		>100	
b_1	0.6	1.0	1.6	2.0	3.0	4.0	5.0	8.0	10
b_2	2.0	3.0		4.0		5.0		8.0	10
h	0.1	0.2		0.3		0.4		0.6	0.8	1.2

（四）螺栓、螺钉通孔（摘自 GB/T 5277—1985）

表 C-21　螺栓、螺钉通孔

螺纹规格 d	M2	M2.5	M3	M3.5	M4	M4.5	M5	M6	M8	M10	M12
精装配	2.2	2.7	3.2	3.7	4.3	4.8	5.3	6.4	8.4	10.5	13
中装配	2.4	2.9	3.4	3.9	4.5	5	5.5	6.6	9	11	13.5
粗装配	2.6	3.1	3.6	4.2	4.8	5.3	5.8	7	10	12	14.5

（五）铆钉用通孔（摘自 GB/T 152.3—1988）

表 C-22　铆钉用通孔

铆钉规格 d	1	2	2.5	3	3.5	4	5	6	8	10	12
精装配	1.3	2.1	2.6	3	3.5	4.1	5.2	6.2	8.2	10.3	12.4
粗装配										11	13

注：铆钉直径小于 8 mm 时一般只进行精装配。

参 考 文 献

[1] 杨惠英,王玉坤.机械制图[M].北京:清华大学出版社,2002.

[2] 董祥国.现代工程制图:理论编[M].南京:东南大学出版社,2003.

[3] 续丹.3D机械制图[M].北京:机械工业出版社,2002.

[4] 常明.画法几何及机械制图[M].4版.武汉:华中科技大学出版社,2009.

[5] 胥北澜.工程制图[M].武汉:华中科技大学出版社,2003.

[6] 窦忠强,续丹,陈锦昌.工业产品设计与表达[M].北京:高等教育出版社,2006.

[7] 王晓琴.工程制图与图学思维方法卷[M].武汉:华中科技大学出版社,2005.

[8] 陈伯雄.Autodesk Inventor Professional 2008 机械设计实战教程[M].北京:化学工业出版社,2008.